W0261642

Aufgaben

für

physikalische Schülerübungen.

Von

Dr. Karl Noack.

Zweite, verbesserte Auflage.

Mit 95 in den Text gedruckten Figuren.

Berlin.
Verlag von Julius Springer.
1911.

ISBN-13: 978-3-642-90203-1   e-ISBN-13: 978-3-642-92060-8
DOI: 10.1007/978-3-642-92060-8

Softcover reprint of the hardcover 2nd edition 1911

Vorwort.

Seit dem Erscheinen der ersten Auflage dieses Buches ist auf dem Gebiete der physikalischen Schülerübungen insofern ein wesentlicher Fortschritt zu verzeichnen, als an einer größeren Anzahl von Schulen mit Erfolg der Versuch gemacht worden ist, schon den ersten physikalischen Unterricht der Unterstufe auf der Grundlage von Klassenübungen aufzubauen.

Ich mußte daher die Frage prüfen, inwieweit dieser Erweiterung des Arbeitsgebietes bei einer Neuauflage der Aufgaben für physikalische Schülerübungen Rechnung zu tragen sei. Ich bin nach reiflicher Erwägung des Für und Wider zu dem Ergebnis gekommen, an dem Charakter des Buches nichts zu ändern. Es war in erster Linie für die Schüler der oberen Klassen bestimmt, die sich die Elemente der Physik auf der Unterstufe bereits angeeignet haben, also für die überwältigende Mehrzahl aller derjenigen Schulen, die in absehbarer Zeit kaum Aussicht haben, schon auf der Unterstufe elementare Klassenübungen zur Grundlage des Unterrichts zu machen, und die um so mehr eine Vertiefung des Unterrichts auf der Oberstufe durch Übungen, seien es nun Einzelübungen, seien es Klassenübungen, durchaus nötig haben. Dieser Aufgabe möge das Buch auch weiter dienen.

Zur Erreichung dieser Absicht wird es besonders förderlich sein, daß sich die Verlagsbuchhandlung in sehr dankenswerter Weise trotz einer kleinen Vermehrung der Aufgabenzahl zu einer erheblichen Herabsetzung des Preises entschlossen hat. Wir hoffen, daß dadurch das Buch mehr als seither in die Hände der Schüler selbst gelangen wird; denn nur auf diese Weise kann es seinen vollen Nutzen entfalten, indem es dazu beiträgt, die Schüler zu selbständigem Nachdenken und Arbeiten und zu tieferem Eindringen in die Art und Weise des naturwissenschaftlichen Denkens zu erziehen.

Bei der Angabe des zu jeder Aufgabe erforderlichen „Zubehör" habe ich es schon in der ersten Auflage vermieden, durch detaillierte Angaben über die Ausführung der zu verwendenden Apparate auch nur den Anschein zu erwecken, als wäre ein besonderes Instrumentarium unerläßliche Bedingung für die Einrichtung und den Betrieb solcher Übungen. An diesem Verhalten möchte ich auch festhalten. Vielleicht wird es aber manchem Leser angenehm sein, daß ich in der zweiten Auflage bei Angabe des Zubehör durch Verweisung auf die Zeitschrift für den physikalischen und chemischen Unterricht von Poske (unter P. Z.) und meine Abhandlung „Elementare Messungen aus der Elektrostatik" in den Abhandlungen zur Didaktik und Philosophie der Naturwissenschaften, herausgegeben von Poske Bd. II, Heft I (unter E. M. E.), auf Ausführungsformen und Anordnungen hingewiesen habe, die sich für die besonderen Zwecke der Schülerübungen bewährt haben.

Gießen, im November 1910.

Karl Noack.

Inhaltsverzeichnis.

Inhaltsverzeichnis. IX

Seite

I. Aufgaben über das Wiegen.

1. Das spezifische Gewicht eines festen Körpers mit dem Meßzylinder zu bestimmen.

Erklärung. Um das spezifische Gewicht eines Körpers, d. h. das Gewicht der Raumeinheit — des Kubikzentimeters — zu bestimmen, muß man das absolute Gewicht und das Volumen kennen, denn wenn v ccm eines Stoffes p g wiegen, so wiegt 1 ccm $\frac{p}{v} = s$ g. Das einfachste Verfahren zur Messung des Volumens beruht auf der Wasserverdrängung des Stückes, die in einem Meßzylinder leicht ermittelt werden kann.

Zubehör. Wage, Gewichtsatz, Kästchen mit Objekten, Stellbrett, Wasserwage, Meßzylinder, ein Stückchen Glasspiegel, Pinzette.

Ausführung. 1. Die Wägung. Zunächst wird die Wage mittels der Stellschrauben nivelliert, bis das Senkel auf die Mitte des Ringes (oder die Spitze) einspielt; dann wird die Arretierung gelöst und das Einspielen des Zeigers auf die mit 10 bezeichnete Skalenmitte durch vorsichtiges Drehen des über der Mitte des Wagebalkens befindlichen Hebelchens herbeigeführt. Besonders zu beachten ist, daß alle Vornahmen an der Wage, auch das Auflegen und Abnehmen von Gewichten, bei zuvor arretiertem Balken auszuführen sind.

Nun legt man das Objekt auf die linke Schale, bringt auf die rechte ein abgeschätztes Gewichtstück und prüft nach Lösung der Arretierung die Gleichheit; war das Gewichtstück zu leicht, so wählt man ein größeres und prüft wieder; in der angegebenen Weise fährt man fort, bis der Zeiger der Wage auf 10 einsteht oder symmetrisch zu 10 schwingt. Es ist hierbei empfehlenswert, die aufeinanderfolgenden Gewichtstücke stets so zu wählen, daß sie den wahren Wert einschließen, der Zeiger also abwechselnd links und rechts ausschlägt; dieses allmähliche Eingrenzen des gesuchten Gewichtes lernt man rasch, wenn man sich gewöhnt, auf die Lebhaftigkeit des beim Lösen der Arretierung erfolgenden Ausschlags im Verhältnis zur vorausgegangenen Belastungsänderung zu achten.

Ein zuverlässigeres Verfahren als das Beobachten der ruhenden Wage ist das Abwiegen aus Schwingungen, welches folgendermaßen ausgeführt wird. Zunächst bestimmt man die Ruhelage des Zeigers in der Weise, daß man bei schwingender Wage 5 Umkehrpunkte — 3 links und 2 rechts — beobachtet. Das Mittel der 3 ungeraden Ablesungen (links) und das der beiden geraden (rechts) werden zu einem neuen Mittel vereinigt, welches die Ruhelage des Zeigers angibt.

Nun wiegt man den Körper nach dem ersten Verfahren bis auf 0,01 g, so daß die Zugabe eines weiteren Zentigrammstückes den Zeiger auf die andere Seite der Ruhelage bringt. Für beide Belastungen beobachtet man wieder je 5 Umkehrpunkte und berechnet daraus die Einstellung des Zeigers. Die Ergebnisse schreibt man in folgender Weise an:

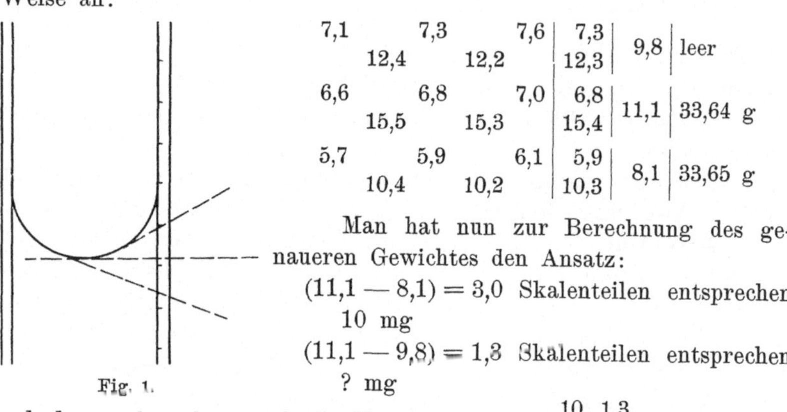

7,1		7,3		7,6	7,3	9,8	leer
	12,4		12,2		12,3		
6,6		6,8		7,0	6,8	11,1	33,64 g
	15,5		15,3		15,4		
5,7		5,9		6,1	5,9	8,1	33,65 g
	10,4		10,2		10,3		

Man hat nun zur Berechnung des genaueren Gewichtes den Ansatz:

$(11,1 - 8,1) = 3,0$ Skalenteilen entsprechen 10 mg

$(11,1 - 9,8) = 1,3$ Skalenteilen entsprechen ? mg

und daraus berechnet sich die Mehrbelastung zu $\dfrac{10 \cdot 1,3}{3,0} = 4$ mg, also das gesuchte Gewicht = 36,644 g.

2. Die Volumbestimmung. Nachdem man das Stellbrett mittels der Wasserwage nivelliert hat, stellt man den Meßzylinder darauf und füllt denselben so weit mit Wasser, daß der zu untersuchende Körper beim Eintauchen vom Wasser völlig bedeckt wird.

Hierauf bestimmt man den Stand des Wassers ohne den eingetauchten Körper, indem man Zehntel der eingravierten Kubikzentimeter zu schätzen sucht. Hierbei ist es nötig, das ablesende Auge genau in die Höhe der Wasserkuppe zu bringen, da man sonst, wie Fig. 1 zeigt, einen nicht unerheblichen Ablesefehler begehen könnte (Parallaxe). Dieser Gefahr entgeht man, wenn man einen Streifen Glasspiegel gegen die Rückseite des Meßzylinders andrückt und das Auge so richtet, daß Wasserkuppe und Spiegelbild der Pupille zusammenfallen.

Alsdann bestimmt man den neuen Stand des Wassers, nachdem man den Körper mit einer Pinzette vorsichtig eingesenkt hat. Die Differenz beider Ablesungen ist das gesuchte Volumen.

Aus v und p ergibt sich s nach der Erklärung.

2. Das spezifische Gewicht eines festen Körpers mit dem Ausflußgläschen zu bestimmen.

Erklärung. Selbst bei Anwendung eines recht engen Meßzylinders kann die in der vorigen Aufgabe benutzte Methode der Messung des Volumens doch nur unsichere Resultate geben. Genauer wird die Volumbestimmung, wenn man das von dem eingetauchten Körper verdrängte Wasser auffängt und wiegt.

Zubehör. Wage, Gewichtsatz, Kästchen mit Objekten, Stellbrett, Wasserwage, Ausflußgläschen, Wiegegläschen, Pinzette.

Ausführung. Zunächst werden das zu prüfende Stück und das leere, trockene Wiegegläschen gewogen. Hierauf wird das Stellbrett mit Hilfe der Wasserwage nivelliert, das Ausflußgläschen darauf gesetzt und mit Wasser gefüllt bis zum beginnenden Ausfließen. Tropft kein Wasser von dem Ausflußröhrchen mehr ab, so wird unter Vermeidung von Verschiebungen das Wiegegläschen untergesetzt und der Körper mit der Pinzette vorsichtig eingesenkt. Nach beendigtem Ausfluß wird das Wiegegläschen mit Wasserinhalt wieder gewogen. Subtrahiert man von letzterem Gewicht das des leeren Gläschens, so erhält man das Gewicht des verdrängten Wassers in Gramm; ebensoviel Kubikzentimeter beträgt das Volumen des versenkten Körpers.

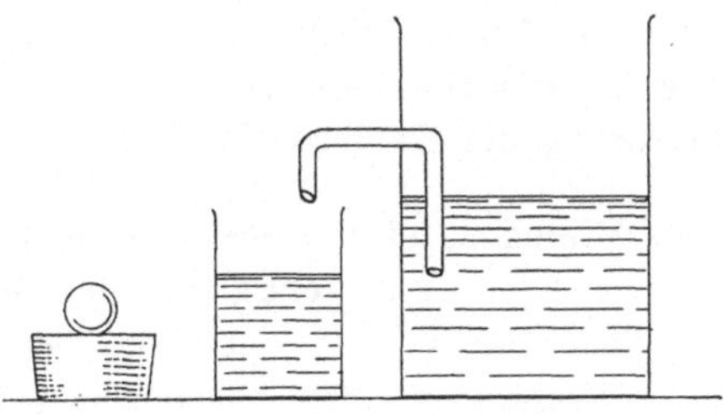

Fig. 2.

3. Das spezifische Gewicht eines festen Körpers mit der hydrostatischen Wage zu bestimmen.

Erklärung. Nach dem archimedischen Satze wird ein Körper beim vollständigen Eintauchen in Wasser um so viel Gramm leichter, als das verdrängte Wasser wiegt bezw. Kubikzentimeter beträgt. Es gibt also der Gewichtsverlust in Gramm zugleich das Volumen des Körpers in Kubikzentimeter.

1*

Zubehör. Wage mit kurzer Schale, Gewichtsatz, Kästchen mit Objekten, Pinsel, Schlinge von Lametta, Tischchen, Glasgefäß.

Ausführung. Man knüpft die Enden eines 15 cm langen Lamettafadens zusammen und hängt mit einer daraus hergestellten Schlinge den zu prüfenden Körper unter die kurze Wagschale. Zunächst wird das Gewicht in Luft bestimmt; dann wird von unten das mit Wasser gefüllte Gefäß hochgehoben, so daß der Körper eintaucht, und das Tischchen untergeschoben. Dabei ist darauf zu achten, daß der Körper auch bei schwingender Wage stets ganz unter Wasser steht.

Fig. 3.

Nachdem man mit dem Pinsel etwa anhaftende Luftblasen sorgfältig entfernt hat, wird abermals gewogen. Die Differenz der zweiten und ersten Wägung gibt nach der Erklärung die Kubikzentimeterzahl des Volumens.

4. Welches ist das spezifische Gewicht und das Mischungsverhältnis des Münzgoldes?
(Mit der Senkwage.)

Erklärung. Die Senkwage (Fig. 4) ist so gebaut, daß der Auftrieb in Wasser größer ist als ihr Gewicht. Es bedarf also einer gewissen Belastung der unteren Schale von P g, damit das Instrument bis zu einer festen Marke einsinkt. Bringt man das zu wiegende Stück auf die untere Schale, so müssen noch p g hinzugefügt werden, damit die Marke einspielt; demnach ist $(P-p)$ g das Gewicht des Stückes. Bringt man aber den Körper auf die unter Wasser befindliche obere Schale, wo es um den Auftrieb leichter ist, so bedarf es einer um ebensoviel größeren Belastung von π g der unteren Schale, um abermals das Einspielen zu erzielen; also ist $(\pi-p)$ g der Gewichtsverlust.

Daraus ergibt sich $s = \dfrac{P-p}{\pi-p}$.

Münzgold ist eine Legierung von Gold (spez. Gew. 19,2) und Kupfer (spez. Gew. 8,7); es soll aus dem gefundenen spezifischen Gewicht s der Legierung der Feingehalt an Gold berechnet werden. **Anleitung:** In 1000 g Münzgold sind x g Feingold und $(1000-x)$ g Kupfer; da man von den drei Stoffen die spezifischen Gewichte kennt, so kann man Ausdrücke für die Volumina berechnen; dann ist die Summe der Volumina von Au und Cu gleich dem Volumen des Münzgoldes.

Zubehör. Senkwage, Gestell mit Becherglas, ausgekochtes Wasser von Zimmertemperatur, Gewichtsatz, Pinsel, Pinzette, Doppelkrone.

Ausführung. Man senkt den Schwimmer vorsichtig und langsam zur Vermeidung anhängender Luftblasen in das Wasser ein und hilft erforderlichenfalls mit dem Pinsel nach; dann sucht man, wie beim Wiegen, diejenige Belastung der unteren Schale, bei der die feine Spitze des Schwimmers von unten gesehen ihr Spiegelbild in der Wasseroberfläche berührt. Glaubt man dieses Ziel erreicht zu haben, so gibt man dem Schwimmer einen leisen Anstoß nach oben bezw. unten und sieht zu, ob er sich wieder richtig einstellt. Ist das der Fall, so wird das Ergebnis angeschrieben und die Wägung wiederholt, nachdem man die **Münze** in die untere Schale gelegt hat. Zur dritten, sonst ganz gleichen Wägung bringt man die Münze sehr vorsichtig mit der Pinzette unter Vermeidung bezw. Beseitigung von Luftblasen in die obere Schale.

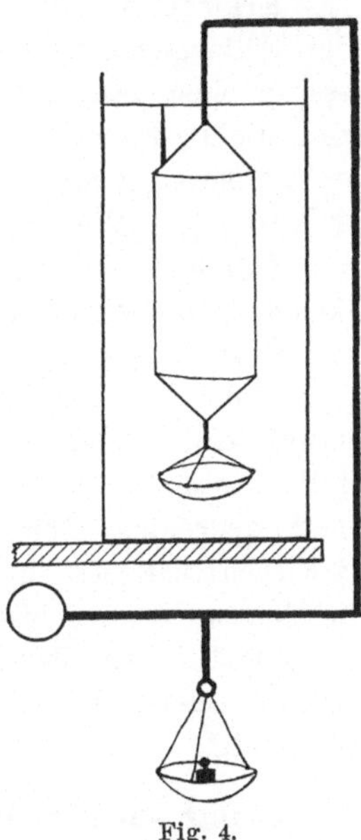

Fig. 4.

5. Das spezifische Gewicht einer Flüssigkeit mit dem Meßzylinder zu bestimmen.

Erklärung. Bei einer Flüssigkeit ist die Bestimmung des Volumens mit dem Meßzylinder natürlich das nächstliegende Mittel, wenn es auch keine sehr genauen Werte liefert. Man kann dabei zweckmäßig so verfahren, daß man den Meßzylinder zugleich als Wiegeglas benutzt.

Zubehör. Wage, Gewichtsatz, Meßglas bis 20 ccm, Flasche mit Zinksulfatlösung, Stellbrett, Wasserwage, ein Stückchen Glasspiegel.

Ausführung. Man wiegt zunächst den leeren, gut ausgetrockneten Meßzylinder, bringt ihn dann auf das zuvor mit Hilfe der Wasserwage nivellierte Stellbrett und füllt ihn mit der gewünschten Menge Zinksulfatlösung — etwa 15 ccm. Nachdem man unter Benutzung des Spiegels (vergl. Aufg. 1) das Volumen so genau wie möglich bestimmt hat, wird der Zylinder wieder auf die Wage gebracht und nun mit Inhalt gewogen. Der Unterschied der zweiten und ersten Wägung ist das Gewicht der gemessenen Flüssigkeitsmenge.

6. Das spezifische Gewicht einer Flüssigkeit mit dem Pyknometer zu bestimmen.

Erklärung. Das Pyknometer, ein enghalsiges Fläschchen mit einer Füllungsmarke am Halse, ist ein viel sichereres Mittel zur Abmessung einer bestimmten Flüssigkeitsmenge, als der weite Meßzylinder, zumal die Bestimmung des abgegrenzten Volumens bequem und genau durch Auswiegen mit Wasser geschehen kann. Faßt das Gläschen bis zur Marke p g Wasser, so beträgt das abgegrenzte Volumen p ccm.

Zubehör. Wage, Gewichtsatz, Pyknometer, destilliertes Wasser, Alkohol, Kupfervitriollösung, Fließpapier.

Ausführung. Das Pyknometer wird gereinigt, mit Alkohol nachgespült und gut getrocknet (zuletzt vorsichtig über der Gasflamme). Hierauf wird es leer gewogen, mit Kupfervitriollösung bis zur Marke gefüllt (Abtupfen etwa überstehender Flüssigkeit mit einem aus Fließpapier gedrehten Röhrchen) und wieder gewogen. Nun wird das Fläschchen entleert, unter der Wasserleitung gut ausgespült, mit destilliertem Wasser bis zur Marke gefüllt und wieder gewogen.

Die Differenz der zweiten und ersten Wägung gibt das Gewicht, der Unterschied der dritten und ersten Wägung das Volumen der Flüssigkeit.

7. Das spezifische Gewicht einer Flüssigkeit mit der hydrostatischen Wage zu bestimmen.

Erklärung. Hängt man einen Glaskörper mittels einer Lamettaschlinge an der kurzen Schale einer hydrostatischen Wage auf und bestimmt einmal sein Gewicht in Luft, darauf in Wasser, so gibt die Differenz der zweiten und ersten Wägung das Gewicht der von dem Körper verdrängten Wassermasse in Gramm oder sein Volumen in Kubikzentimeter.

Wiegt man denselben Glaskörper in einer Flüssigkeit von unbekanntem spezifischen Gewicht, so gibt die Differenz dieser und der ersten Wägung das Gewicht der von dem Körper verdrängten Flüssigkeitsmenge, deren Volumen bereits bestimmt ist. Aus beiden Zahlen ergibt sich das gesuchte spezifische Gewicht.

Zubehör. Wage mit kurzer Schale, Gewichtsatz, Glaskörper mit Lamettaschlinge, Glasgefäß, Tischchen, Flasche mit Kupfervitriollösung, Pinsel.

Ausführung. Der Glaskörper wird an die kurze Wagschale gehängt und gewogen; dann wird verfahren wie bei Aufg. 3 und das Gewicht des Körpers in Wasser bestimmt. Hierauf entleert und trocknet man das Gefäß und bringt es gefüllt mit Kupfervitriollösung wieder auf das Tischchen unter die Wage, um das Gewicht des Körpers in dieser Lösung zu bestimmen.

Die Berechnung des spezifischen Gewichtes geschieht nach den Angaben der Erklärung.

8. Bestimmung des spezifischen Gewichtes einer Flüssigkeit aus Steighöhen.

Erklärung. Taucht man die langen Schenkel eines ⋂-Rohres in Glasschalen, deren eine die zu prüfende Flüssigkeit, z. B. Alkohol, die andere Wasser enthält, und saugt an der an-
geschmolzenen Röhre, so steigen die Flüssig-
keiten in den beiden Röhren verschieden hoch.

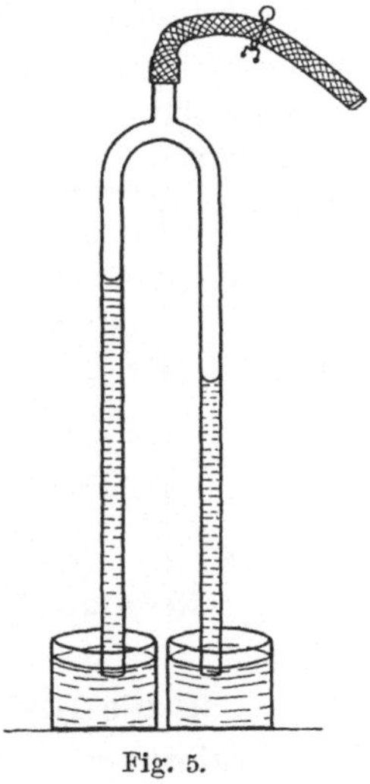

Sind H_a und H_w die Höhen der beiden Flüssigkeitssäulen, q der Querschnitt der Glas-
röhren, Sp die Spannung der eingeschlossenen Luft, b der Barometerstand oder Luftdruck, s und 1 die spezifischen Gewichte von Alkohol und Wasser, so bestehen die Gleichungen:

$$H_a \cdot q \cdot s + Sp = b = H_w \cdot q \cdot 1 + Sp$$
$$\text{oder } H_a : H_w = 1 : s,$$

d. h. die Steighöhen verhalten sich umgekehrt wie die spezifischen Gewichte.

Läßt man durch den Quetschhahn etwas Luft eintreten, so sinken die beiden Flüssigkeitssäulen auf die Beträge h_a und h_w, für welche dieselbe Proportion gilt. Demnach hat man auch

Fig. 5.

$$H_a : H_w = h_a : h_w,$$

und hieraus folgt durch Vertauschung der Innenglieder und korrespondierende Subtraktion

$$H_a - h_a : H_w - h_w = H_a : H_w = 1 : s,$$

d. h. auch die Höhenabnahmen verhalten sich umgekehrt wie die spezifischen Gewichte.

Während die Höhen H_a und H_w nur dann richtig gemessen werden können, wenn der Nullpunkt des Maßstabes mit den betreffenden Flüssigkeitsoberflächen in den Glasschalen zusammenfällt, braucht diese Bedingung nicht erfüllt zu sein, wenn man die Höhenunterschiede $H_a - h_a$ und $H_w - h_w$ miteinander vergleicht.

Zubehör. Doppelröhre mit Maßstab, Schlauch und Quetschhahn, Stativ dazu, 2 Glasschalen, Flaschen mit Alkohol und destilliertem Wasser, Stellbrett, Senkel.

Ausführung. Man befestigt die Doppelröhre am Stativ und stellt dasselbe mit untergesetzten Glasschalen auf das Stellbrett; dann gibt man den Röhren mit Hilfe des Senkels und der Stellschraube genau senkrechte Lage und füllt die Schalen mit Alkohol und Wasser. Saugt man nun die Flüssigkeiten auf, bis die Alkoholsäule nahe der Umbiegung steht, und schließt den Quetschhahn, so ist der Apparat zum Versuch fertig.

Nachdem man den Stand der Kuppen abgelesen hat, läßt man durch sehr vorsichtiges Öffnen des Quetschhahnes etwas Luft eintreten und notiert den neuen Stand der Kuppen; in dieser Weise werden auf jeder Seite $2n$ Ablesungen vorgenommen; die erste und $(n+1)$te, die zweite und $(n+2)$te usw. werden dann in der oben angegebenen Weise kombiniert.

Höhe der Alkohol-Säule	Höhe der Wasser-Säule	$H_a - h_a$	$H_w - h_w$	s
65,00	52,55			
. . . . .	. . . . .			
35,17	28,46	29,83	24,09	0,808
. . . . .	. . . . .	. . . . .	. . . . .	. . . . .

Die Resultate können nach nebenstehendem Muster angeschrieben werden.

9. Die Gleicharmigkeit einer Wage zu prüfen.

Erklärung. Der linke Hebelarm sei a cm, der rechte b cm lang; die Last L in der rechten Schale werde ausgeglichen durch das Gewicht P_1 g in der linken; dann besteht die Gleichung

$$a \cdot P_1 = b \cdot L.$$

Bringt man dagegen die Last L in die linke Schale, so sind in der rechten vielleicht P_2 g zum Ausgleich erforderlich und man hat die zweite Gleichung

$$b \cdot P_2 = a \cdot L.$$

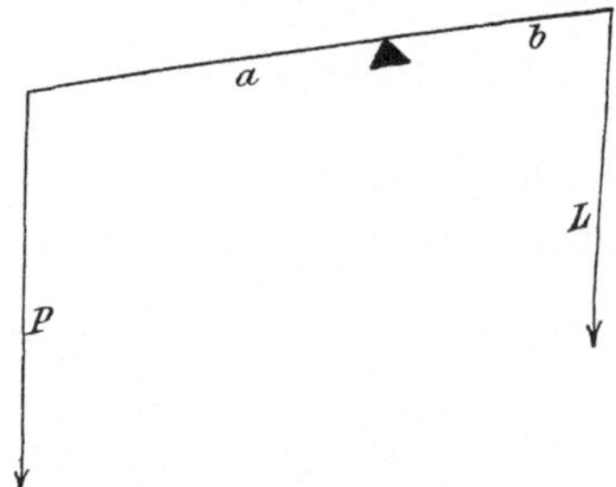

Fig. 6.

Durch Multiplikation bezw. Division der beiden Gleichungen findet man

$$1.\ P_1 \cdot P_2 = L^2; \qquad 2.\ P_1 : P_2 = \left(\frac{b}{a}\right)^2.$$

Die Gleichung 1 zeigt, wie man trotz der Ungleicharmigkeit den richtigen Wert für $L = \sqrt{P_1 \cdot P_2}$ durch eine sogen. Doppelwägung finden kann. Aus Gleichung 2 ergibt sich ein Wert für das Verhältnis der Hebelarme $b : a = \sqrt{P_1 : P_2}$; bei einer guten Wage wird dieses Verhältnis nur wenig von 1 abweichen.

Zubehör. Wage, Gewichtsatz, ein Stück Messing.

Ausführung. Der Erklärung gemäß wie bei Aufg. 1.

10. Das spezifische Gewicht von Paraffin zu bestimmen.

Erklärung. Das Volumen von Paraffin kann nicht ohne weiteres nach Aufg. 3 bestimmt werden, weil dieser Stoff in Wasser schwimmt; man muß vielmehr das beschwerte Stück unter Wasser wiegen (Fig. 7).

Fig. 7.

Wenn man von dem so gefundenen Wassergewicht das Wassergewicht des Ballastes abzieht, erhält man das gesuchte Wassergewicht des Stückes. Das Luftgewicht des Ballastes braucht demnach gar nicht bestimmt zu werden.

War P g das Gewicht des Paraffins, p g das Wassergewicht von Paraffin und Ballast, π g das Wassergewicht des Ballastes allein, so ist $(p - \pi)$ g das Wassergewicht des Paraffinstückes und $[P - (p - \pi)]$ sein Volumen, also $P : [P - (p - \pi)]$ sein spezifisches Gewicht.

Zubehör. Wage mit kurzer Schale, Gewichtsatz, Paraffinstück, Lamettaschlinge, Messingkugel mit Haken, Tischchen mit Glasgefäß, Pinsel.

Ausführung. Im allgemeinen wird verfahren wie bei Aufg. 3; nur wird an die Lamettaschlinge, die das Paraffinstück trägt, die Messingkugel angehängt und das Ganze in Wasser gewogen. Alsdann nimmt man das Paraffin aus der Schlinge heraus und wiegt die Kugel für sich allein in Wasser.

Die Berechnung ergibt sich aus der Erklärung.

11. Das spezifische Gewicht von Glasschrot zu bestimmen.

Erklärung. Auch auf körnige Stoffe ist das Verfahren von Aufg. 3 nicht anwendbar; dagegen kann in diesem Falle das Pyknometer zur Bestimmung des Volumens dienen; denn wenn man das Pyknometer (Aufg. 6) mit Wasserfüllung wiegt und den zu prüfenden Körper einfüllt, so steigt das Gewicht um das bekannte Gewicht des Körpers und nimmt ab um das Gewicht des verdrängten Wassers.

Ist π das Gewicht der Substanz, p das Gewicht des Pyknometers voll Wasser, P das Gewicht der beiden letzteren nach Einfüllung der Substanz, so ist $[(\pi + p) - P]$ das Gewicht des verdrängten Wassers und daher $s = \pi : (\pi + p - P)$.

Zubehör. Wage, Gewichtsatz, Pyknometer, Fließpapier, Glasschrot.

Ausführung. Bezüglich der Ausführung kann auf Aufg. 6 verwiesen werden; nur ist besonders zu beachten, daß nach Eintragen des Körpers in das mit Wasser gefüllte Pyknometer durch vorsichtiges Schütteln etwa vorhandene Luftblasen beseitigt werden müssen.

12. Die Abhängigkeit des spezifischen Gewichtes einer Salzlösung vom Prozentgehalt zu untersuchen.

Erklärung. Hat man hintereinander die spezifischen Gewichte einer Anzahl von Lösungen zu bestimmen, so ist hierfür die Mohrsche Wage sehr bequem. An dem in 10 gleiche Teile geteilten längeren Arm einer ungleicharmigen Wage hängt an einem feinen Platindraht ein kleines Thermometer als Tauchkörper (Aufg. 7). Dasselbe ist abgeglichen durch ein Gegengewicht am kurzen Arm, der in eine

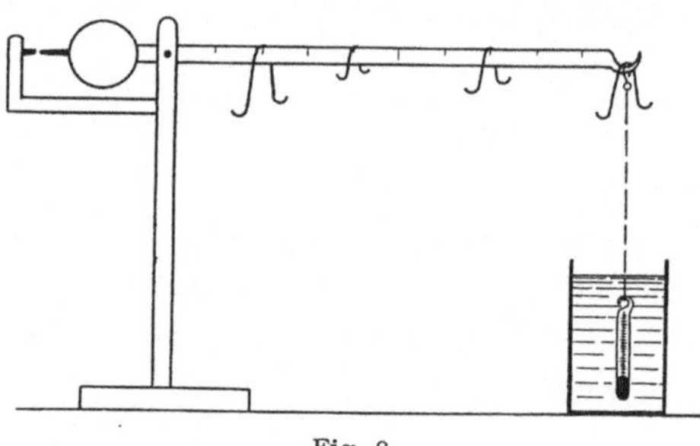

Fig. 8.

Spitze ausläuft, um das Einspielen an einer Marke beobachten zu können.

Läßt man den Glaskörper in ein Gefäß mit Wasser eintauchen, so kann man die Wage wieder zum Einspielen bringen, wenn man einen der großen Reiter auf den Endhaken hängt; das Gewicht dieses Reiters ist also gleich dem Gewicht des vom Thermometer verdrängten Wassers. Füllt man das Glasgefäß mit einer Salzlösung, deren spezifisches Gewicht bestimmt werden soll, so muß man den zweiten Reiter auch noch anhängen, vielleicht auf den Teilstrich 5, damit die

Wage wieder einspielt. Demnach wiegt die von dem Tauchkörper verdrängte Flüssigkeit anderthalbmal soviel wie die gleiche Wassermenge, d. h. ihr spezifisches Gewicht ist 1,5. Für die Angabe weiterer Dezimalstellen dienen Reiter von $^1/_{10}$ und $^1/_{100}$ des Gewichtes eines der beiden größeren; die Anordnung der Reiter in Fig. 8 würde demnach dem spezifischen Gewicht 1,274 entsprechen.

Die Aufgabe ist nunmehr so zu behandeln, daß man sich zuerst eine Anzahl Lösungen von verschiedenem Prozentgehalt herstellt und dann deren spezifische Gewichte bestimmt.

Zubehör. Wage, Gewichtsatz, Uhrglas, Becherglas für 100 g, Tarierschrot, Meßzylinder für 50 ccm, Tropfenzähler, Hornlöffel, Pinzette, ein Satz von 100 g-Fläschchen mit Etiketten, Zinkvitriol, destilliertes Wasser, Mohrsche Wage, Fließpapier, Koordinatenpapier (2 mm).

Ausführung. 1. Herstellung der Lösungen. Das Uhrglas wird auf der Wage mit Schrot tariert, auf die andere Schale ein 10 g-Stück gebracht und mit Löffel und Pinzette die entsprechende Menge Salz in das Glas eingefüllt. Dann bringt man das Salz in eins der Fläschchen und bezeichnet die Etikette mit „10 $^0/_0$“. In gleicher Weise füllt man in die übrigen Fläschchen 20 g, 30 g . . . . 60 g Salz ein und bezeichnet sie dementsprechend. Hierauf füllt man das Becherglas mit Wasser, gießt dasselbe wieder aus und tariert das benetzte Glas auf der Wage mit Schrot; alsdann wiegt man mit Meßglas und Tropfenzähler 90 g, 80 g . . . . 40 g Wasser ab und gießt dasselbe in der angegebenen Reihenfolge in die mit Salz beschickten Fläschchen. Bei lebhaftem Umschütteln löst sich das Salz ziemlich rasch; bei den hohen Prozentgehalten kann man auch durch Erwärmen im Wasserbad auf 40—60⁰ nachhelfen.

2. Bestimmung des spezifischen Gewichtes. Das Verfahren ergibt sich ohne weiteres aus der Erklärung; man muß nur auf zwei Punkte achten. Erstens sollen derartige Messungen bei der Normaltemperatur von 18⁰ ausgeführt werden; man muß daher die Fläschchen in ein Wasserbad von dieser Temperatur bringen, aus dem man sie erst unmittelbar vor Gebrauch einzeln herausnimmt. Zweitens muß der Zylinder, in den das Thermometer beim Wiegen eintaucht, vor jeder neuen Wägung mit Wasser ausgespült und gut mit Fließpapier getrocknet werden.

Aus den Versuchsergebnissen, die man nach beifolgendem Muster anschreiben kann, berechnet man zunächst die Differenz je zweier folgender spezifischen Gewichte. Welche physikalische Bedeutung hat dieselbe? Was lehren die Zahlen dieser Kolonne?

$^0/_0$	Spez. Gew.	Zuwachs des spez. Gew. in $^0/_{00}$
0	1,000	.....
.....	.....	

Außerdem empfiehlt es sich, eine graphische Darstellung der Resultate vorzunehmen, indem man den Prozentgehalt als Abszisse (z. B. $1\,^0/_0 = 2$ mm), das spezifische Gewicht als Ordinate $(0,01 = 2$ mm) aufträgt, und zwar nur die Werte über 1, also das spezifische Gewicht des Wassers als Abszissenachse. Hat man die Kurve der spezifischen Gewichte konstruiert, so ziehe man die durch die spezifischen Gewichte von Wasser und $20\,^0/_0$ Lösung bestimmte Gerade (Diskussion).

13. Bestimmung eines Drahtdurchmessers durch Wiegen.

Erklärung. Kennt man die Länge l cm des Drahtes und sein Volumen v ccm, so bietet die Gleichung $\dfrac{d^2}{4}\pi l = v$ ein geeignetes Mittel, den Durchmesser d des Drahtes zu finden; es ergibt sich $d = 2\sqrt{v : l\pi}$ cm.

Zubehör. Wage, Gewichtsatz, Tischchen, Glasgefäß, Stahldraht, Metermaßstab, Lametta, Mikrometer.

Ausführung. Man schneidet ein Stück des Drahtes von $1^1/_2$ bis 2 m Länge ab und mißt sorgfältig seine Länge; dann wickelt man es zu einem Reif von 2—3 cm Durchmesser zusammen, schlingt das Ende einigemal herum und hängt den Ring mit einer Lamettaschlinge an die Wage. Im weiteren Verlauf folgt man den Angaben von Aufg. 3, nur ist hier ganz besonderer Wert auf sorgfältiges Arbeiten zu legen, da es sich um kleine Größen handelt, bei denen auch mäßige Fehler schon einen bedenklichen Einfluß haben können. Zum Schlusse kann man das gewonnene Resultat mit dem Mikrometer nachprüfen.

Die Wägungsergebnisse bieten zugleich Gelegenheit zur Berechnung des spezifischen Gewichtes des Drahtmaterials.

14. Bestimmung des inneren Durchmessers einer Kapillarröhre durch Wägung des Quecksilberinhalts.

Erklärung. Die Aufgabe wird ganz ähnlich behandelt wie die vorige, indem man einen Quecksilberfaden, der ein gemessenes Stück der Röhre ausfüllt, wiegt. Nur ist es hier nicht nötig, das Volumen zu messen, sondern man kann von dem hinreichend genau bekannten spezifischen Gewicht des reinen Quecksilbers ausgehen (13,55 bei 18°) und die Gleichung benutzen $\dfrac{d^2}{4}\,\pi\,l\,.\,s = p$.

Zubehör. Papiermaché-Schale, Porzellanschälchen, Quecksilber, Trichterchen, Schlauchstückchen, Wage, Gewichtsatz, Kapillarrohr, Maßstab, Lupe, Wiegeglas.

Ausführung. Man stellt das Porzellanschälchen in die Papiermaché-Schale und legt ein kleines Korkscheibchen auf seinen Boden; dann verbindet man die Kapillarröhre mittels Gummischlauch mit dem kleinen Trichter, setzt sie senkrecht mit dem offenen Ende auf das Korkscheibchen und füllt das Trichterchen unter leichtem Andrücken der Röhre an den Kork mit Quecksilber. Wenn man nun vorsichtig mit dem Druck nachläßt, füllt sich die Röhre mit Quecksilber; ist das geschehen, so nimmt man Trichter und Schlauch weg und legt das Röhrchen, indem man den Kork immerwährend anpreßt, wagrecht in die Papiermaché-Schale. Durch vorsichtiges Neigen kann man nun leicht dem Quecksilberfaden eine passende Länge geben, die man mißt, indem man die Röhre auf den Maßstab legt und mit Hilfe einer Lupe den Ort der Endkuppen bestimmt.

Darauf läßt man den Faden in das Wiegeglas fließen und ermittelt sein Gewicht (Aufg. 2). Nach der Erklärung ist hiernach unschwer d zu berechnen.

15. Prüfung des archimedischen Satzes vom Auftrieb.

Erklärung. Wenn ein Körper schwimmt, so ist sein Gewicht gleich dem Gewicht des verdrängten Wassers, d. h. gleich dem Volumen des unter Wasser befindlichen Teiles in Kubikzentimetern. Diese Beziehung kann leicht geprüft werden an einer zylindrischen, unten geschlossenen und so beschwerten Glasröhre, daß sie in Wasser aufrecht schwimmt, die mit einer am unteren Ende beginnenden Zentimeterteilung versehen ist. Bestimmt man das Gewicht dieser Röhre $= p$ g, ihren Durchmesser $= d$ cm und die Tiefe ihres Eintauchens $= h$ cm, so muß $p = \dfrac{d^2}{4}\,.\,\pi\,.\,h$ sein.

Zubehör. Schwimmerröhre, Stellbrett mit Wasserwage, Standzylinder von Glas, Tarierwage, Gewichtsatz, Schrot, Auflage für die Röhre mit Tara, Mikrometer.

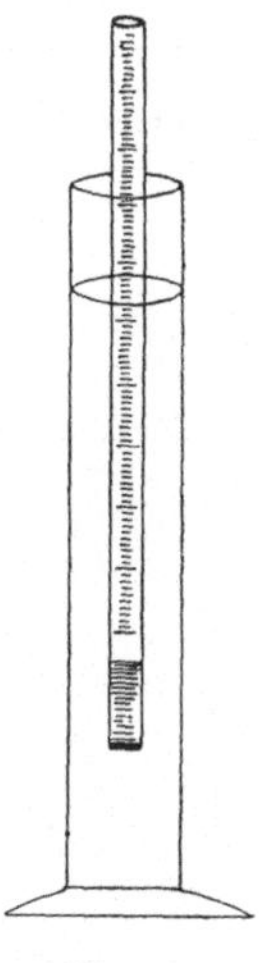

Fig. 9.

Ausführung. Man nivelliert das Stellbrett mit der Wasserwage, setzt das Standgefäß darauf und füllt es bis zur Marke mit Wasser; dann legt man auf die eine Wagschale die Auflage für die Röhre, auf die andere deren Tara und bestimmt das Gewicht der Röhre. Läßt man nun die Röhre im Zylinder schwimmen und achtet darauf, daß sie nirgends die Wände desselben berührt, so kann man sehr genau die Stelle der Teilung bestimmen, bis zu der die Röhre eintaucht, indem man von unten gegen den Wasserspiegel blickt. Hierauf nimmt man die Schwimmerröhre heraus, trocknet sie gut ab und wiegt abermals, nachdem man eine Anzahl Schrotkörner hineingelegt hat; dann läßt man wieder schwimmen usf. Endlich bestimmt man an mehreren Stellen den Röhrendurchmesser und nimmt das Mittel der einzelnen Messungen.

Die Ergebnisse können in folgender Weise angeschrieben werden:

Länge des eintauchenden Teiles	Gewicht der Röhre		Volumen des eintauchenden Teiles
37,86 cm	leer	98,75 g	98,92 ccm
39,88 „	+ 10 Schrote	104,21 „	104,20 „
....	....	....	....

(Mittlerer Durchmesser der Spindel = 1,823 cm.)

Die letzte Kolonne enthält die aus Länge und Durchmesser berechneten Volumina. Die Übereinstimmung der Zahlen der dritten und vierten Kolonne beweist die Richtigkeit des Satzes.

II. Aufgaben aus der Mechanik.

16. Die Spannkraft k_1 einer Spiralfeder bei einer Verlängerung um 1 cm zu bestimmen.

Erklärung. Hängt man an einer Spiralfeder eine Wagschale auf und belastet dieselbe mit p g, so verlängert sich die Feder so lange, bis die hierbei entstehende Spannkraft der Belastung das Gleichgewicht hält. Aus einer Reihe solcher Versuche wird man also feststellen können, welche Beziehung zwischen der Verlängerung einerseits und der Belastung oder der ihr gleichen Spannkraft andererseits besteht. Ist aber dieser Zusammenhang bekannt, so kann daraus die gestellte Frage beantwortet werden.

Zubehör. Spiralfeder, Gestell mit Spiegelmaßstab, Diopter mit Marke, Wagschale, Gewichtsatz, Pinsel. (Universalapparat für Mechanik, P. Z. 23. 147.)

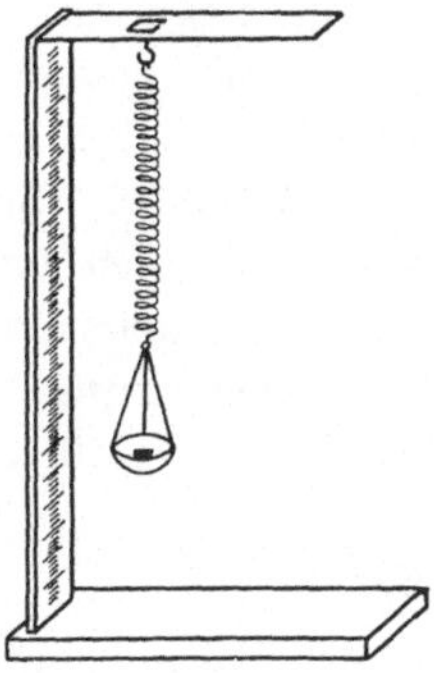

Ausführung. Man hängt an den Haken des Gestells die Spiralfeder und an ihr unteres Ende das Diopter (ein mit Haken versehenes Glasscheibchen mit wagrechtem Diamantstrich) mit der Wagschale; dann dreht man den Haken des Gestelles um seine senkrechte Achse so lange, bis das Diopter dem Maßstab parallel steht. Nun ist es leicht, am Spiegelmaßstab den Ort der Marke ohne

Fig. 10.

parallaktischen Fehler zu bestimmen (vergl. Aufg. 1), indem man die Schwingungen des Drahtes mit Hilfe des Pinsels dämpft. In derselben Weise verfährt man nach Belastung der Schale mit 50 g, 100 g bis 500 g, und wiederholt hierauf die Messung bei abnehmender Belastung mit 500 g, 450 g .... bis 0 g. Aus zwei zusammengehörigen Einstellungen wird jedesmal das Mittel genommen.

Die Resultate werden tabellarisch nach folgendem Muster angeschrieben; in der dritten Kolonne werden die Verlängerungen der Feder, ausgehend von der Länge der unbelasteten, eingetragen. Da diese Verlängerungen augenscheinlich proportional den Belastungen wachsen, so können durch einfache Schlußrechnung aus den Zahlen der dritten Kolonne die der vierten berechnet werden.

Be-lastung	Einstellung der Marke	Ver-längerung	Ver-längerung durch 100 g
0 g	28,30	—	—
50 „	29,68	1,38	2,76
. . . . .	. . . . .	. . . .	. . . .

Das Mittel dieser Zahlen ist die Verlängerung l, der eine Feder-spannung von 100 g entspricht; dann ist die Spannkraft k_1 der Feder für 1 cm Verlängerung $= \dfrac{100}{l}$ g.

17. Die Spannkraft k_1 eines Stahlstreifens bei einer Biegung um 1 cm zu bestimmen.

Erklärung. Klemmt man ein Ende eines Stahlstreifens in wag-rechter Lage an einer Tischplatte fest und belastet das andere, so stellen sich entsprechende Verhältnisse ein, wie bei voriger Aufgabe, indem sich der Stab mit wachsender Belastung biegt.

Zubehör. Schemel, Unterleg-Keile, 20 Kilo-Stück, Schrauben-zwinge, Diopter mit Marke, Spiegelmaßstab, Wagschale, Pinsel, Ge-wichtsatz, Stahlstreifen. (Universalapparat für Mechanik, P. Z. 23. 148.)

Ausführung. Man setzt auf den Tisch einen Schemel, belastet denselben mit 20 kg und stellt ihn durch Unterschieben eines Keiles fest; dann befestigt man mit der Schraubenzwinge die Holzbacken, zwischen denen der Stahlstreifen auf die gewünschte Länge verschoben werden kann, an der Platte des Sche-mels. Hierauf hängt man an das Ende des Stahl-streifens das Diopter mit Wagschale und stellt den Spiegelmaßstab dicht da-hinter, doch so, daß er

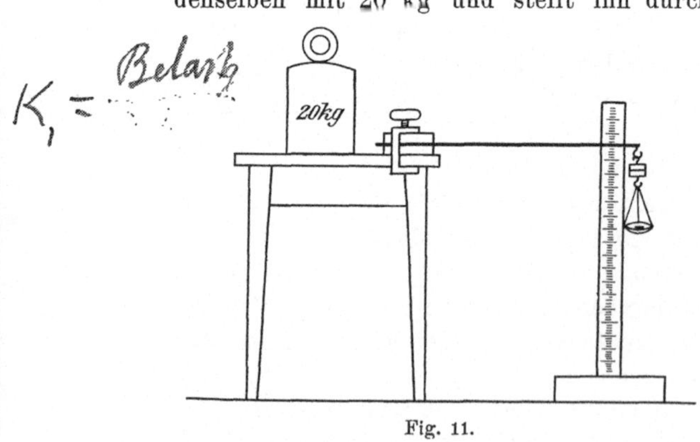

Fig. 11.

die Wagschale nicht berührt; nachdem man den Maßstab mittels der Fußschrauben senkrecht gestellt hat, kann die Messung beginnen.

Die anzuwendende Belastung richtet sich natürlich nach der gewählten Stablänge und muß durch einen Vorversuch ermittelt werden. Die weitere Ausführung und das Anschreiben der Ergebnisse entspricht durchaus den Angaben·von Aufg. 16.

18. Die Torsionskraft k_1 eines Stahldrahtes bei einer Drillung um 57,3° zu bestimmen.

Erklärung. Ein Draht, der in senkrechter Lage an seinem oberen Ende festgeklemmt ist und an seinem unteren Ende eine kleine Trommel trägt, kann mit Hilfe zweier um die Trommel herumgeschlungener Fäden gedrillt werden. Wirkt an jedem Faden die Kraft p g und hat die Trommel den Radius r cm, so ist die Ursache der stattfindenden Drillung das Drehmoment $2 \cdot p \cdot r$ und die in dem Draht hierdurch entstandene Torsionsspannung ist demnach auch ein Drehmoment. Als Einheit der eingetretenen Drillung betrachtet man diejenige, für welche der Bogen gleich dem Radius ist; diesem Bogen entspricht aber der Zentriwinkel 57,3° wegen der Beziehung $x : 360 = r : 2\,r\,\pi$. Im übrigen führt die Ermittelung desjenigen Drehmomentes, welches den Draht um 57,3° drillt, zu einem ähnlichen Verfahren, wie das in Aufg. 16 und 17 angewendete.

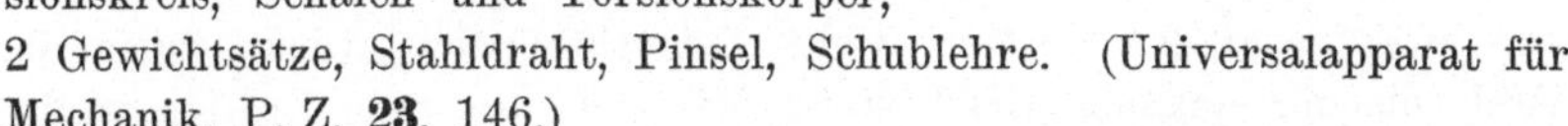

Fig. 12.

Zubehör. Torsionsgestell mit Torsionskreis, Schalen und Torsionskörper, 2 Gewichtsätze, Stahldraht, Pinsel, Schublehre. (Universalapparat für Mechanik, P. Z. **23**. 146.)

Ausführung. Am unteren Ende des Stahldrahtes befestigt man den Torsionskörper mit Hilfe des eingeschraubten Stiftklöbchens und schraubt dann das obere Ende in dem an der Torsionsscheibe befindlichen, der Länge nach ganz durchbohrten Stiftklöbchen fest.

Alsdann legt man die am Torsionskörper angeknüpften Fäden mit den Wagschalen über die an den Säulen verschiebbaren Rollen und gibt denselben eine solche Stellung, daß die Fäden wagrecht in der Richtung der Rollenebenen verlaufen. Endlich nivelliert man das

Gestell mit Hilfe der Fußschrauben derart, daß die Säulen dem senkrechten Torsionsdraht parallel sind.

Der radiale Arm am Torsionskörper wird hierauf zwischen die Zinken der Gabel gelegt und die Torsionsscheibe so gedreht, daß er vollkommen frei zwischen den Zinken schwebt, wobei man durch leichtes Klopfen auf die Bodenplatte und Dämpfung der Schwingungen mit einem Pinsel die richtige Einstellung beschleunigt.

Nachdem man die Anfangsstellung der Scheibe abgelesen und angeschrieben hat, belastet man beide Wagschalen entsprechend der Drahtstärke beispielsweise mit je 5 g, 10 g .... bis 50 g und bestimmt jedesmal die Drehung der Torsionsscheibe, die erforderlich ist, um den Zeiger wieder zum freien Einspielen zwischen den Zinken zu bringen.

Die Resultate kann man nach folgendem Schema anschreiben; dabei ist zu beachten, daß beim Überschreiten von 360^0 die Ablesungen um diese Zahl zu erhöhen sind, also 387^0 statt 27^0.

Belastung	Einstellung der Scheibe	Drillung	Drillung für 2.10 g-cm
0 g	286^0		
$5 + 5$ g	322^0	36,0	36,0
....	.....	....	....

Sonst wird genau wie in den beiden letzten Aufgaben verfahren, nur muß am Schluß statt der Kraft 10 g das Drehmoment in Rechnung gestellt werden, zu welchem Zweck der Trommeldurchmesser zu bestimmen ist; man bedient sich zu diesem Zweck am einfachsten der Schublehre.

19. Den Satz vom Drehmoment an einem geraden Hebel zu prüfen.

Erklärung. An einem geraden Hebel, an dem beiderseits je eine von zwei parallelen Kräften wirkt, herrscht Gleichgewicht, wenn die Drehmomente einander gleich sind. Bei mehr als zwei Kräften ist im Gleichgewichtsfalle die Summe der im Uhrzeigersinn wirkenden Drehmomente gleich der Summe der im Gegensinn wirkenden. Die Prüfung dieser Beziehung erfordert die Messung der wirkenden Kräfte und ihrer Hebelarme.

Zubehör. Einfacher Hebelapparat, Satz von Bleikugeln von 50 g, Wagschale von 10 g, Gewichtsatz, Maßstab. (Universalapparat für Mechanik, P. Z. **23**. 142.)

Ausführung. 1. Nachdem man sich überzeugt hat, daß sich der Hebel nach einem gegebenen Anstoß wieder wagrecht einstellt, bringt man etwa an der linken Seite an willkürlicher Stelle eine Kraft an, die durch eine beliebige Anzahl aneinander gehängter Kugeln gegeben ist. Dann sucht man Gleichgewicht herzustellen, indem man an der rechten Seite an einem anderen Hebelarm die Wagschale anhängt und so belastet, daß Gleichgewicht entsteht. Dann mißt man die Hebelarme und berechnet die beiderseitigen Drehmomente.

2. Man wiederholt den Versuch, indem man an der rechten Seite zunächst mit Hilfe einiger Bleikugeln an einem geeigneten Hebelarm ein zu kleines Drehmoment anbringt und dann an einem anderen Hebelarm die Wagschale anhängt und so belastet, daß wieder Gleichgewicht eintritt. Im übrigen verfährt man wie oben.

3. Man berechnet das Drehmoment der am linken Hebelarm angebrachten Kraft, zerlegt es in zwei oder drei Summanden oder Teildrehmomente und sucht diese durch geeignete Kräfte an passenden Hebelarmen rechts zu verwirklichen.

20. Den Satz vom Drehmoment an einer Drehscheibe zu prüfen.

Erklärung. Gibt man einer wagrechten kreisförmigen Scheibe, die um eine senkrechte Mittelpunktsachse leicht drehbar ist, durch zwei nach entgegengesetzter Richtung wirkende, gespannte Spiralfedern eine feste Gleichgewichtslage und läßt dann auf diese Scheibe eine Anzahl wagrechter Kräfte wirken, so wird im allgemeinen das Gleichgewicht gestört.

Wählt man die im allgemeinen einander nicht parallelen Kräfte bezw. ihre

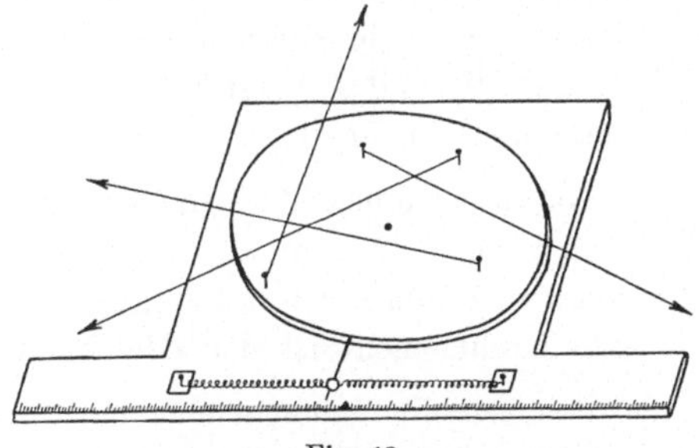

Fig. 13.

wagrechten Richtungen so, daß das Gleichgewicht wieder hergestellt ist, so ist die Summe der im Uhrzeigersinn wirkenden Drehmomente gleich der Summe der im Gegensinn wirkenden. Im Falle des gestörten Gleichgewichtes kann dasselbe dadurch wieder hergestellt werden, daß man die eine der beiden Federn stärker anspannt; dadurch kommt zu den schon vorhandenen ein neues Drehmoment hinzu, durch dessen Berücksichtigung die Momentensummen wieder gleich werden.

Hat man die zur Herstellung des Gleichgewichtes erforderliche Verlängerung der Feder $= l$ cm gemessen und kennt man die Größe k_1 (Aufg. 16), so ist $k_1 \cdot l$ die neu hinzugekommene Kraft.

Zubehör. Drehmomentenapparat, Stativtisch, Kasten mit Bleigewichten, Spiralfedern, Gestell mit Spiegelmaßstab, Diopter mit Marke, Wagschale, Gewichtsatz, Pinsel, Millimetermaßstab. (Universalapparat für Mechanik, P. Z. **23**. 143.)

Ausführung. Zunächst hat man nach Aufg. 16 für die beiden Federn die Spannkraft k_1 zu bestimmen; die hierfür geeignete Belastung ist 20, 40—100 g. Die gefundenen Werte notiert man auf Etiketten, die an den Federn befestigt werden.

Dann legt man den Apparat auf das Stativtischchen, befestigt die Federn an dem Arm der Scheibe und an den Stiften der beiden Schieber und reguliert ihre Spannung, so daß die Nadel am Zeigerarm auf die Marke am Grundbrett einspielt. Hierauf befestigt man die sechs Rollen am Umfang des Grundbrettes, legt je einen Seidenfaden darüber und hängt dessen Schlinge an einen der Scheibenstifte, jedoch so, daß der Faden über ein möglichst großes Segment der Scheibe hinweggeht.

Nun belastet man die herabhängenden Fadenenden mit einer willkürlichen Zahl von Bleistücken (zwischen 50 und 150 g) und korrigiert die Rollenstellung nach der Fadenrichtung. Man wird nun finden, daß die Spitze nicht mehr auf die Marke einspielt, daß also die 6 Kräfte nicht mehr im Gleichgewicht sind.

Durch Spannen der einen Feder kann man leicht wieder das Einspielen herbeiführen; die hierzu erforderliche Verschiebung l des Schiebers wird gemessen und aufgeschrieben. Durch das so hinzugefügte siebente Drehmoment ist das Gleichgewicht wieder hergestellt.

Um nun die Summen der Drehmomente miteinander vergleichen zu können, müssen die Hebelarme bestimmt werden, d. h. die Abstände der Kraftrichtungen vom Drehpunkt. Dies geschieht ganz einfach so, daß man dem Faden entlang visiert und denjenigen der konzentrischen Zentimeter-Kreise bestimmt, den er zu berühren scheint, unter Abschätzung der Millimeter. Der Hebelarm der siebenten Kraft, d. h. der Abstand des Hakens von der Scheibenmitte, wird mit dem Maßstab gemessen.

Die Resultate werden tabellarisch folgendermaßen angeschrieben:

$$k_1 = 21{,}6 \text{ g}; \quad l = 1{,}26 \text{ cm}; \quad k_1 \cdot l = 27{,}2 \text{ g}.$$

Kraft	Hebelarm	Dreh-moment	Kraft	Hebelarm	Dreh-moment
110 g	16,5 cm	1815	140 g	7,3 cm	1022
150 „	12,1 „	1815	130 „	10,4 „	1352
90 „	14,5 „	1305	120 „	15,6 „	1860
			72,2 g	27,1 „	737
Summe der Dreh-momente		4935	Summe der Dreh-momente		4971

21. Das Gesetz der schiefen Ebene zu prüfen.

Erklärung. An einer schiefen Ebene herrscht Gleichgewicht, wenn sich die Kraft zur Last verhält wie die Steigung, d. h. wie die Höhe zur Länge. Die Prüfung des Gesetzes erfordert also die Messung von Kraft und Last sowie von Höhe und Länge der schiefen Ebene für jeden Fall.

Zubehör. Modell der schiefen Ebene, Walze mit Schnur und Wagschale, Wasserwage, Gewichtsatz. (Universalapparat für Mechanik, P. Z. **23.** 144.)

Ausführung. Man stellt das Modell so auf den Tisch, daß die Fadenrolle die Tischplatte überragt, löst die Schraube und stellt den beweglichen Schenkel auf den Nullpunkt des Höhenmaßstabes ein; dann nivelliert man den Apparat mit Hilfe der Fußschrauben nach der Wasserwage. Hierauf legt man die Walze, deren Masse 300 g beträgt, auf die Ebene, führt den Faden über die Rolle und hängt die 10 g schwere Wagschale daran; durch vorsichtiges Heben des beweglichen Schenkels wird nun diejenige Neigung aufgesucht, für welche die Kräfte gleich sind; glaubt man die richtige Stellung gefunden zu haben, so besteht die letzte Prüfung darin, daß man der Walze einen kleinen Anstoß nach unten und darauf nach oben gibt und zusieht, ob die Bewegung beide Male gleich lange anhält. Denselben Versuch wiederholt man mit beliebigen Belastungen der Schale. Die Resultate werden nach folgendem Muster angeschrieben:

Kraft K	Last L	$K:L$	Höhe h	Länge l	Neigung $\frac{h}{l}$
30 g	300 g	0,100	2,44 cm	24,12 cm	0.101

22. Wie hängt die Reibung eines Körpers, der auf wagrechter Unterlage bewegt wird, von seinem Gewicht ab?

Erklärung. Bekanntlich wächst die Reibung, die ein Körper erfährt, wenn man ihn auf wagrechter Ebene in Bewegung setzt, mit dem Druck, den er auf die Unterlage ausübt, in diesem Falle also mit seinem Gewicht. Wenn man die Kraft bestimmt, die erforderlich ist, um den ruhenden Körper auf ebener Fläche gerade in Bewegung zu setzen, so ist diese Kraft ein Maß für den Widerstand der Reibung. Es ist also zu prüfen, wie diese Kraft mit dem Gewicht des Körpers zunimmt.

Zubehör. Modell der schiefen Ebene, Hohlwürfel mit Schnur und Wagschale von 10 g, Wasserwage, Tarierwage, Gewichtsatz. (Universalapparat für Mechanik, P. Z. **23**. 144.)

Ausführung. Man stellt mit Hilfe der Wasserwage die Fläche der schiefen Ebene wagrecht, wiegt den Würfel, der an einer Seite offen ist, legt ihn mit der Öffnung nach hinten auf die wagerechte Fläche und führt die Schnur mit der Wagschale über die Rolle. Dann bringt man so lange Gewichte auf die Schale, bis der Würfel Neigung zum Gleiten zeigt. Die richtige Belastung der Schale erkennt man daran, daß der Würfel bei einem leichten Anstoß eine gleichförmige Bewegung annimmt. Dann notiert man das Gewicht des Würfels und die gefundene Kraft der Reibung. Hierauf vermehrt man den Druck des Würfels auf die Unterlage, indem man 100 g, 200 g ... hineinlegt und jedesmal verfährt wie im ersten Falle.

Die Resultate schreibt man tabellarisch folgendermaßen an:

Druck P	Reibung R	?

Hierauf prüft man durch eine graphische Darstellung auf Koordinatenpapier, in welchem Verhältnis die Ordinate R mit der Abzisse P wächst. Welcher konstante Ausdruck ist also in Kolonne 3 zu setzen? Welches ist seine physikalische Bedeutung?

23. Den Reibungskoeffizient verschiedener Flächen zu bestimmen.

Erklärung. Legt man auf den beweglichen Schenkel einer schiefen Ebene einen Würfel, so bleibt derselbe bei kleiner Neigung ruhig liegen, weil die Reibung größer ist als der Hangabtrieb; vergrößert man aber vorsichtig den Neigungswinkel, so wird bei einer bestimmten Größe der Würfel zu gleiten beginnen. In diesem Augenblick sind Reibung und Hangabtrieb gleichgroß.

Hat die schiefe Ebene den Reibungswinkel α, wenn das Gleiten eben beginnen will, und ist L g das Gewicht des gleitenden Körpers, so lehrt die Kraftzerlegung, daß der Bodendruck $B = L \cdot \cos \alpha$ und der Hangabtrieb $H = L \cdot \sin \alpha$ ist. Da nach der vorigen Aufgabe die Reibung ein bestimmter Prozentsatz μ des Bodendrucks ist (abhängig von der Beschaffenheit der gleitenden Flächen, z. B. $^1/_4$ oder 25 $^0/_0$ von B), so ist in dem oben dargestellten Falle $L \cdot \sin \alpha = \mu \cdot L \cdot \cos \alpha$ oder $\mu = tg\ \alpha$.

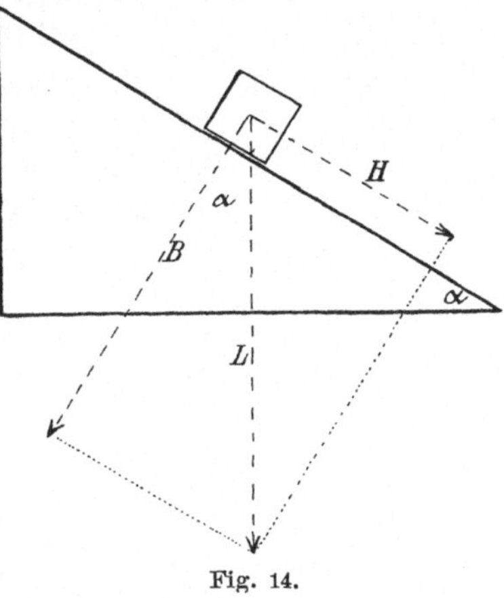

Fig. 14.

Damit ist also ein Mittel zur bequemen Messung des Reibungskoeffizienten μ gegeben.

Zubehör. Schiefe Ebene, Würfel mit Flächen verschiedenen Materials, Unterlagen verschiedenen Materials, Wasserwage. (Universalapparat für Mechanik, P. Z. **23**. 144.)

Ausführung. Die verschiedenen Flächen des Würfels sind belegt mit Glas (poliert und rauh), Messing, Holz; die Unterlagen sind Glas (poliert und matt), Messing und Holz. Es kann also die Reibung zwischen sehr verschiedenen Flächen untersucht werden; das Verfahren ist aus der Erklärung ohne weiteres ersichtlich. Daß man als Reibungswinkel das Mittel mehrerer Einstellungen nimmt, die unter sich kleine Abweichungen zeigen werden, ist wohl selbstverständlich.

Zur besseren Übersicht schreibt man die Resultate (nur die Werte von $\mu = tg\ \alpha$) tabellarisch nach folgendem Schema an:

Reibungskoeffizient μ	Unterlagen.			
	Glas, poliert	Glas, matt	Messing	Holz ||
Würfelflächen. Glas, poliert				
„ rauh .				
Messing. . .				
Holz || . . .				
„ + . . .				

Die Zeichen ∥ und + bei Holz beziehen sich auf die Richtung der Fasern in bezug auf die Richtung der eintretenden Bewegung.

24. Gleichgewichtsbedingung dreier Kräfte, die an einem Punkte angreifen.

Erklärung. Der Satz vom Parallelogramm der Kräfte, der lehrt, daß man die Ersatzkraft zweier Kräfte als die Diagonale des von ihnen gebildeten Parallelogramms finden kann, lautet in trigonometrischer Fassung: Zwei Kräfte und ihre Ersatzkraft verhalten sich wie die Sinus der Winkel des von ihnen gebildeten Dreiecks. Dieser Satz kann auch die Form erhalten: Drei Kräfte, die an einem Punkte sich im Gleichgewicht befinden, verhalten sich wie die Sinus ihrer Gegenwinkel; denn die Gegenkraft von R hält P und Q im Gleichgewicht und die Winkel dieser drei Kräfte sind die Supplemente der Dreieckswinkel.

In dieser letzteren Form kann der Satz leicht experimentell bestätigt werden, wenn man an drei Fäden, die miteinander verknüpft sind, drei Kräfte wirken läßt und nach eingetretenem Gleichgewicht die zugehörigen Winkel bestimmt.

Zubehör. Goniometer mit drei Rollen an den Enden der Arme (P. Z. **3**. 61), Dreifadenring, Nadel mit Knopf, Kästchen mit Bleigewichten. (Universalapparat für Mechanik, P. Z. **23**. 142.)

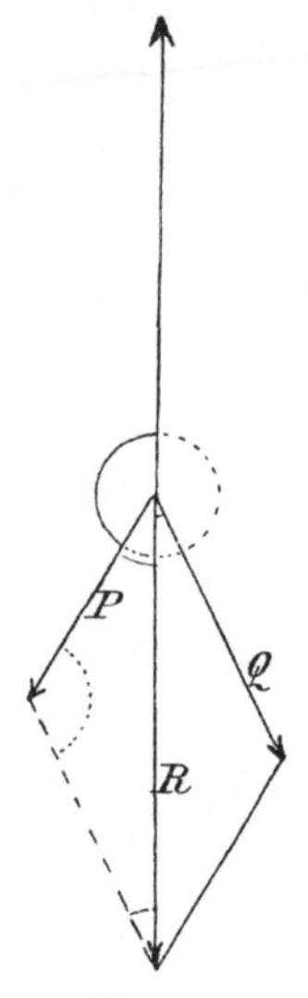

Fig. 15.

Ausführung. Man legt die Fäden über die Rollen und steckt die Nadel durch den Ring hindurch in die Bohrung der Goniometerachse, um die freie Beweglichkeit des Systems zu beschränken. Dann hängt man an die Haken der Fäden eine beliebige Zahl von Bleischeiben zwischen 2 und 7 (aber immer die Summe zweier Kräfte größer als die dritte), stellt einen Goniometerarm auf 0 ein und verschiebt dann mit den beiden Händen die beiden anderen Arme zuerst roh, dann fein, gleichzeitig so lange, bis der Ring die Nadel frei umspielt und seine Stellung auch nicht mehr verändert, wenn man das

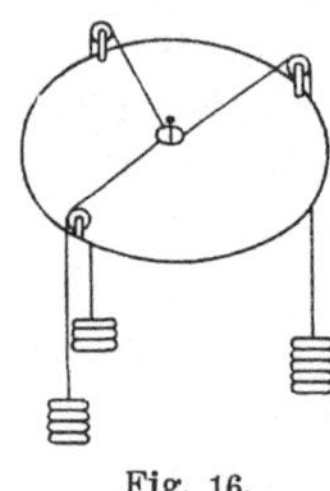

Fig. 16.

Fadensystem in transversale Schwingungen versetzt.

Hierauf notiert man die drei Kräfte, ihre Gegenwinkel und die konstanten Quotienten $k : \sin \alpha$ in folgender Weise:

Beispiel: $k_a = 6$ auf 0^0 $\qquad \alpha = 97^0\ 9'$ $\qquad k_a : \sin\alpha = 6{,}05$
$\qquad\quad k_b = 5$ auf $138^0\ 56'$ $\qquad \beta = 123^0\ 55'$ $\qquad k_b : \sin\beta = 6{,}03$
$\qquad\quad k_c = 4$ auf $236^0\ 5'$ $\qquad \gamma = 138^0\ 56'$ $\qquad k_c : \sin\gamma = 6{,}09$.

Anmerkung. Man kann die Aufgabe auch graphisch behandeln, indem man zeigt, daß die Summe der Projektionen von zwei Kräften auf die Verlängerung der dritten gleich der letzteren ist.

25. Prüfung des Wegegesetzes an der schiefen Ebene.

Erklärung. Während auf einen frei fallenden Körper sein volles Gewicht P bewegend wirkt, ist die bewegende Kraft beim Fall auf der schiefen Ebene der Hangabtrieb $P . \sin\alpha$ (Aufg. 21). Es muß unter dem Einfluß dieser konstanten Kraft demnach ebenfalls eine gleichförmig beschleunigte Bewegung nur mit kleinerer Beschleunigung eintreten. Es wird also auch für diese Fallbewegung die Gleichung bestehen $s = \dfrac{a}{2} t^2$ oder es muß sich für eine Reihe von Beobachtungen $2\,s : t^2 = a$ als konstant erweisen. Damit ist der Weg vorgezeichnet, den die Untersuchung einzuschlagen hat; es müssen die Wege gemessen werden, die eine Kugel in 1, 2 .... Sekunden zurücklegt, und es muß daraus der Quotient $2\,s : t^2$ berechnet werden.

Zubehör. Schiefe Ebene (Fallrinne) mit Unterlage, Wasserwage, Transporteur mit Senkel, Kugel, Metronom.

Ausführung. Nachdem der Fuß der schiefen Ebene auf die Unterlage gesetzt ist, wird die Fallrinne mittels der Schraube horizontal gestellt; dann gibt man ihr durch eine bestimmte Zahl n von Schraubenumdrehungen die größtmögliche Neigung und bestimmt durch Anlegen eines Transporteurs mit Senkel den Neigungswinkel α; daraus ergibt sich der Wert eines Schraubenganges in Winkelmaß $= \dfrac{\alpha}{n}$.

Hierauf stellt man die Fallrinne wieder horizontal, gibt ihr durch eine bestimmte Zahl von Schraubenumdrehungen eine passende Neigung, setzt das Metronom in Gang und läßt auf einen bestimmten Sekundenschlag die Kugel los, indem man mit Null zu zählen beginnt.

An den Ort der Fallrinne, wo die Kugel sich beim Sekundenschlag Eins befindet, bringt man den Anschlag und sucht nun bei einem zweiten und dritten Versuch die Stelle genauer zu ermitteln. Dabei empfiehlt es sich, die Kugel stets wieder in derselben Stellung an den Nullpunkt der Fallrinne zu bringen, was mit Hilfe zweier auf der Kugel markierten Punkte, von denen einer vorn, der andere oben sein soll, leicht möglich ist.

Ebenso verfährt man für 2 und mehrere Sekunden und berechnet dann nach den Angaben der Erklärung den Quotient $2s : t^2$.

26. Wie hängt bei der Fallrinne die Beschleunigung vom Neigungswinkel ab?

Erklärung. Nach Aufg. 25 kann der konstante Quotient $2s : t^2$, der die Beschleunigung bedeutet, für jeden Neigungswinkel aus einigen Versuchen ermittelt werden. Es muß also für die vorliegende Aufgabe diese Untersuchung auf eine Reihe von Neigungswinkeln ausgedehnt werden.

Zubehör. Fallrinne mit Unterlage, Wasserwage, Kugel, Metronom.

Ausführung. Entsprechend den Angaben der vorigen Aufgabe werden für 10, 20 . . . . 70 Schraubengänge die Werte von a bestimmt und die zusammengehörigen Winkel (1 Schraubengang z. B. $= 3{,}58$ min.) und Beschleunigungen nach folgendem Muster zusammengestellt:

Neigungs- winkel α	Beschleu- nigung a	?
. . . .	. . . .	. . . .
$1^0\,47{,}4'$	$18{,}2$ cm	
. . . .	. . . .	
$3^0\,34{,}8'$	$36{,}8$ cm	
. . . .	. . . .	

Welche Größe wäre wohl im Hinblick auf die Erklärung in Aufg. 25 in die dritte Kolonne zu schreiben, um den Zusammenhang von a und α zum Ausdruck zu bringen?

27. Wie hängt die Spannkraft k_1 eines Stahlstabes von seiner freien Länge ab?

Erklärung. Die Lösung der Aufgabe erfordert, daß man gemäß den Angaben von Aufg. 17 für eine Anzahl von freien Längen des Stabes die Spannkraft k_1 für eine Biegung von 1 cm bestimmt und den Zusammenhang beider Größen zu erforschen sucht. Von vornherein läßt sich erwarten, daß mit abnehmender Stablänge die Spannkraft zunehmen wird, und zwar in rascherem Verhältnis, warum?

Zubehör. Schemel, Keile, 20 kg-Stück, Schraubenzwinge, Diopter mit Marke, Spiegelmaßstab, Wagschale, Pinsel, Gewichtsatz, Stahlstab mit Holzbacken, Maßstab. (Universalapparat für Mechanik, P. Z. **23**. 148.)

Ausführung. Mit Hilfe der auf dem Stabe befindlichen Teilung von 5 zu 5 cm klemmt man den Stab mit freien Längen von 20—60 cm ein und bestimmt jedesmal k_1 als Mittel von mindestens fünf Versuchen mit verschiedenen Belastungen; die einzelnen Messungen schreibt man nach Aufg. 16 an. Die Belastungen müssen natürlich der freien Stablänge entsprechend gewählt werden, z. B. für unseren Stab:

Länge: 60   50   40   30   20 cm.
Belastung: 2—10 4—20 6—30 16—80 54—270 g.

Schließlich ordnet man die gefundenen Werte in einer kleinen Tabelle nach folgendem Muster an, nachdem man die markierten Stablängen genau nachgemessen hat.

Stablänge l	Spannkraft k_1	?
21,10	101,6 g	
. . . . .	. . . .	
40,10	12,82 g	
. . . . .	. . . .	

Welche konstante Größe müßte in die dritte Kolonne? Wie heißt also der gesuchte Zusammenhang in Worten? Welche physikalische Bedeutung hat die konstante Zahl?

28. Wie hängt die Spannkraft k_1 eines Stahlstabes von seiner Breite ab?

Erklärung. Eine einfache Überlegung macht es wahrscheinlich, daß die Spannkraft ceteris paribus proportional der Breite wächst. Um die Richtigkeit dieser Vermutung zu prüfen, muß man k_1 für einige gleichlange und gleichdicke Stahlstäbe von verschiedener Breite prüfen. Der Gang der Untersuchung ist also ähnlich der vorigen Aufgabe.

Zubehör. Schemel, Keile, 20 kg-Stück, Schraubenzwinge, Diopter mit Marke, Spiegelmaßstab, Wagschale, Pinsel, Gewichtsatz, Stahlstäbe von 35 cm Länge, 1 mm Dicke und 20, 15, 10 mm Breite, Schublehre, Maßstab. (Universalapparat für Mechanik, P. Z. **23**. 148.)

Ausführung. Man klemmt den zu prüfenden Stab mit Holzfutter und Schraubenzwinge derart fest, daß er die gewünschte freie Länge, z. B. von 30 cm, hat, bestimmt durch eine Reihe von Messungen k_1 und schreibt die Resultate nach Muster von Aufg. 16 an. In derselben Weise verfährt man mit den übrigen Stäben. Die angewandten Belastungen müssen auch hier der Stabbreite angemessen sein; ein Vorversuch mag darüber Aufschluß geben.

Nachdem man mit der Schublehre die Stabbreiten recht genau, jedesmal durch Messung an mehreren Stellen, ermittelt hat, faßt man die Resultate wieder in einer kleinen Tabelle wie in der vorigen Aufgabe zusammen und untersucht sie in ganz ähnlicher Weise. Es läßt sich der vermutete einfache Zusammenhang zwischen b und k_1 ermitteln und es ist die physikalische Bedeutung der Konstanten anzugeben.

29. Wie hängt die Spannkraft k_1 eines Stahlstabes von seiner Dicke ab?

Erklärung. Obwohl es einleuchtend ist, daß mit wachsender Dicke des Stabes seine Spannkraft wachsen muß, so läßt sich in diesem Falle doch nicht ohne weiteres angeben, in welchem Verhältnis dies geschieht. Es muß daher die Frage experimentell an gleichlangen und gleichbreiten Stäben verschiedener Dicke geprüft werden.

Zubehör. Schemel, Keile, 20 kg-Stück, Schraubenzwinge, Diopter mit Marke, Spiegelmaßstab, Wagschale, Pinsel, Gewichtsatz, Mikrometer, Maßstab, Holzfutter. Stahlstäbe von 35 cm Länge, 20 mm Breite und 1,5 mm, 1,0 mm und 0,5 mm Dicke. (Universalapparat für Mechanik, P. Z. **23**. 148.)

Ausführung. Der Gang der Untersuchung und die Verwertung der Resultate ist durchaus entsprechend der vorigen Aufgabe.

30. Wie hängt die Größe des Torsionsmomentes k_1 von der Länge des gedrillten Drahtes ab?

Erklärung. In Aufg. 18 ist gezeigt worden, daß es sich bei der Torsionselastizität um die Bestimmung eines Drehmomentes handelt und wie dieselbe ausgeführt werden kann. In der vorliegenden Aufgabe müssen wir also versuchen, dieses Torsionsmoment k_1 für mehrere Drähte verschiedener Länge aber sonst gleicher Beschaffenheit zu bestimmen; die gefundenen Zahlen werden dann auf ihren Zusammenhang zu prüfen sein.

Zubehör. Torsionsgestell mit Torsionskörper und Schalen, 2 Gewichtsätze, Pinsel, Schublehre, Stahldraht, Maßstab. (P. Z. **23**. 148.)

Ausführung. Zunächst ist durch eine Reihe von Versuchen nach den Vorschriften von Aufg. 18 für verschiedene Längen des Drahtes das Torsionsmoment k_1 zu bestimmen und jedesmal die Länge zwischen den Stiftklöbchen zu messen. Die für die verschiedenen Längen passenden Belastungen sind durch Vorversuche zu ermitteln.

Aus den gefundenen Werten des Torsionsmomentes k_1 und den zugehörigen Drahtlängen wird eine tabellarische Übersicht wie in den vorigen Aufgaben zusammengestellt, aus der sich das gesuchte Gesetz ergibt. Diskussion der Resultate.

31. Wie hängt die Größe des Torsionsmomentes k_1 von der Dicke des gedrillten Drahtes ab?

Erklärung. Es ist ohne weiteres einzusehen, daß von zwei Drähten gleicher Länge und gleichen Materials der dickere schwerer zu drillen ist und demgemäß bei gleicher Drillung um $57,3^0$ (Aufg. 18) das größere elastische Torsionsmoment k_1 erlangen wird. Um die Gesetzmäßigkeit zwischen k_1 und der Drahtdicke zu finden, ist es nötig, beide Größen an einigen Drähten zu messen und die Resultate nach dieser Richtung hin zu prüfen.

Zubehör. Torsionsgestell mit Torsionskörper und Schalen, 2 Gewichtsätze, Pinsel, Schublehre, drei Stahldrähte verschiedener Dicke, Schraubenmikrometer, Maßstab. (Universalapparat für Mechanik, P. Z. **23**. 146.)

Ausführung. Die Aufgabe wird ganz ebenso behandelt wie die vorige, nur daß man gleiche Drahtlängen zwischen den Stiftklöbchen einklemmt und die Dicken mit dem Mikrometer mißt. Die den Drahtdicken entsprechenden angemessenen Belastungen sind durch Vorversuche zu ermitteln.

Auch die Behandlung der Versuchsergebnisse und ihre Diskussion ist ganz die gleiche wie in der vorigen Aufgabe.

32. Prüfung der Schwingungsformel $t = 2\,\pi \,.\, \sqrt{m : k_1}$ für die Schwingungen einer belasteten Spiralfeder.

Erklärung. Steht eine Masse unter dem Einfluß einer Kraft, die proportional der Entfernung jener von der Gleichgewichtslage wächst, so treten nach einer vorübergehenden Störung des Gleichgewichts Schwingungsbewegungen ein, deren Schwingungsdauer durch die Formel $t = 2\,\pi \,\sqrt{m : k_1}$ gegeben ist. Hierin bedeutet t die Zeit einer **ganzen** Schwingung, also eines Hin- und Hergangs, m die Masse des schwingenden Körpers in Gramm und k_1 die Größe der bewegenden Kraft in Dyn beim Anschlag eins. ($1\,D = \dfrac{1}{981}$ der Schwere des Gramms).

Bei den Schwingungen eines Körpers an einer Spiralfeder handelt es sich um eine Bewegung dieser Art, denn nach den Ergebnissen von Aufg. 16 wächst die Spannkraft einer Spiralfeder proportional ihrer

Verlängerung; k_1 wäre also jene Spannkraft bei einer Verlängerung um 1 cm und m die Masse des an der Feder aufgehängten Körpers (unter der Voraussetzung, daß dagegen die Masse der Feder selbst verschwindend klein ist). Es sind also k_1 und m zu messen und die gefundenen Werte in die Formel einzusetzen; alsdann ist die Schwingungsdauer experimentell zu bestimmen und mit der berechneten Zahl zu vergleichen.

Zubehör. Spiralfeder, Gestell mit Spiegelmaßstab, Diopter mit Marke, Wagschale, Gewichtsatz, Pinsel, Beobachtungsuhr. (Universalapparat für Mechanik, P. Z. **23**. 145.)

Ausführung. Die Bestimmung von k_1 erfolgt nach dem Verfahren von Aufg. 16; die gefundene Zahl in Gramm ist durch Multiplikation mit 981 in Dyn zu verwandeln.

Die Bestimmung von t geschieht in der Weise, daß man die Wagschale direkt an die Spiralfeder befestigt, die an dem Gestell aufgehängt ist, und nun die gewünschte Masse auflegt; dabei ist natürlich die Masse der Wagschale mitzurechnen. Alsdann markiert man sich einen Punkt des Gestelles unmittelbar hinter der ruhenden Masse, etwa durch ein angeklebtes Papierstreifchen, versetzt die Masse vorsichtig in senkrechte Schwingungen (unter Vermeidung seitlicher Schwankungen) und bestimmt nach der Beobachtungsuhr die Zeit, die beispielsweise zwischen 101 gleichsinnigen Durchgängen der Masse durch die Gleichgewichtslage verstreicht.

Der beobachtete und der berechnete Wert von t werden bei sorgsamem Verfahren höchstens um 1 $^0/_0$ auseinandergehen.

33. Prüfung der Schwingungsformel $t = 2\,\pi \cdot \sqrt{m : k_1}$ für die Schwingungen eines belasteten Stabes.

Erklärung. Klemmt man wie in Aufg. 17 einen Stahlstab an einem Ende in wagerechter Lage fest und versetzt eine am freien Ende befestigte Masse in Schwingungen von kleiner Amplitude, so treffen die in Aufg. 32 aufgestellten Bedingungen zu. Es müssen also k_1 und m bestimmt und in die Schwingungsformel eingesetzt werden; das so berechnete t muß mit dem beobachteten in Übereinstimmung sein.

Zubehör. Schemel, Keile, 20-Kilostück, Schraubenzwinge, Diopter mit Marke, Spiegelmaßstab, Wagschale, Pinsel, Gewichtsatz, Stahlstab mit Holzfutter, ein Satz Bleischeiben von 50 g, Beobachtungsuhr. (Universalapparat für Mechanik, P. Z. **23**. 145).

Ausführung. Nach den Angaben von Aufg. 17 wird zunächst k_1 bestimmt und der gefundene Wert in Dyn ausgedrückt. Dann werden auf den Stift am freien Ende des Stabes eine Anzahl der Bleischeiben zu 50 g aufgesetzt und nach angemessener Markierung der Gleichgewichtslage wieder 51 oder 101 gleichsinnige Durchgänge durch die Gleichgewichtslage nach der Beobachtungsuhr gezählt. Im übrigen wird verfahren wie bei Aufg. 32.

34. Prüfung der Schwingungsformel $t = 2\pi \cdot \sqrt{m : k_1}$ für die Torsionsschwingungen eines belasteten Drahtes.

Erklärung. Schon bei Behandlung der Aufgaben 18, 30 und 31 konnte man gelegentlich Torsionsschwingungen der Trommel um den Draht als Achse beobachten. Die Resultate von Aufg. 18 zeigen, daß auch auf diesen Fall die Erwägungen von Aufg. 32 anwendbar sind. Die Prüfung wird also auch in ähnlicher Weise vorgenommen werden können.

Zubehör. Torsionsgestell mit Torsionskörper und Schalen, 2 Gewichtsätze, Stahldraht, Pinsel, Bleikörper von 500 und 1000 g mit Stiftklöbchen, Beobachtungsuhr. (Universalapparat für Mechanik, P. Z. **23**. 145.)

Ausführung. Die Bestimmung des Drehmomentes k_1 erfolgt nach den Vorschriften von Aufg. 18. Alsdann wird der Torsionskörper entfernt und ersetzt durch einen der zylindrischen Bleikörper, die oben mit einem Stiftklöbchen zur Befestigung am unteren Drahtende versehen sind. In der Hülse am oberen Ende des Bleikörpers wird ein kurzes Stück Strohhalm befestigt, um den Durchgang durch die Gleichgewichtslage beobachten zu können. Ausrechnung und Beobachtung der Schwingungsdauer t erfolgen ganz ebenso, wie in den vorhergehenden Aufgaben beschrieben wurde.

35. Prüfung der Formel $t = 2\pi \cdot \sqrt{m : k_1}$ für das Wasserpendel.

Erklärung. Versetzt man durch Neigen und Wiederaufrichten den Flüssigkeitsinhalt einer U-förmigen Röhre in Schwingungen, so ist nach Aufg. 32 in obiger Formel für m die ganze Flüssigkeitsmasse in Gramm und für k_1, d. i. die bewegende Kraft beim Ausschlag 1 cm, das Gewicht einer Flüssigkeitssäule vom Querschnitt der Röhre und 2 cm Länge in Dyn zu setzen; denn einem Ausschlag der Masse von 1 cm entspricht ein Höhenunterschied der Kuppen von 2 cm. Die Bestimmung von k_1 muß also durch Auswiegen der Röhre erfolgen.

Zubehör. U-Röhre auf Fuß mit Millimeterteilung auf den Schenkeln, Stellbrett, große Tarierwage und Gewichtsatz, Meßglas für 100 g, Tropfenzähler, Sekundenuhr.

Ausführung. 1. Bestimmung von k_1. Man tariert die leere U-Röhre auf der Wage und füllt genau 150 g Wasser ein, indem man

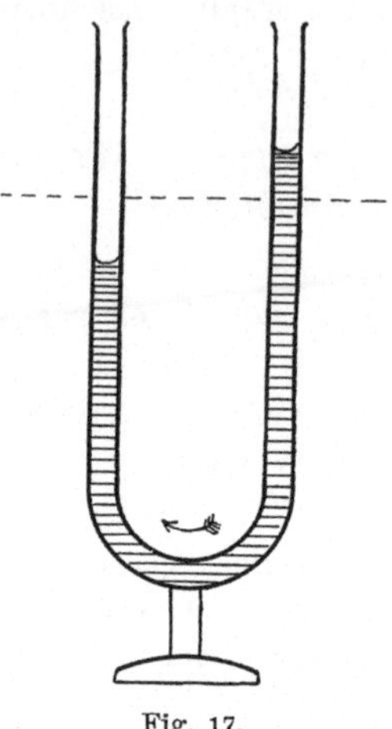

zunächst mit dem Meßglas etwas weniger eingießt und dann mit Hilfe des Tropfenzählers die Wage zum Einspielen bringt. Hierauf bringt man das U-Rohr auf das wagrechte Stellbrett und notiert den Stand der beiden Wasserkuppen. (Die zuerst eingefüllte Wassermenge muß so groß sein, daß die Kuppen in den geraden Teil der Schenkel fallen.) Dann bringt man das Gefäß wieder auf die Wage, füllt 100 g Wasser ein und bestimmt auf dem Stellbrett den Stand der Kuppen. In derselben Weise fährt man fort, bis das Gefäß mit Wasser gefüllt ist.

Fig. 17.

Je zwei aufeinanderfolgende Messungen geben die Länge einer Wassersäule, die 100 . 981 Dyn wiegt; die Ergebnisse können in der Weise angeschrieben werden, wie die nachstehende Tabelle zeigt.

Wasser-füllung	Stand der Kuppen		Gewicht der Wassersäule	Länge der Wassersäule
	links	rechts		
150 g	3,90 cm	3,78 cm	100 . 981 D	14,00 cm
250 „	10,90 „	10,78 „		
. . . . .	. . . .	. . . .	. . . .	. . . .

2. Messung der Schwingungsdauer. Man füllt eine bestimmte Wassermenge in die U-Röhre ein, entweder durch Wiegen oder nach der Skala unter Benutzung obiger Tabelle, setzt den Apparat auf das Stellbrett und bringt den Flüssigkeitsinhalt durch Neigen in Schwingungen. Während man diese zählt, um die Zeit T zu bestimmen, die beispielsweise für 100 Schwingungen erforderlich ist, muß man durch gelegentliches taktmäßiges Hineinblasen in den einen Schenkel die Schwingungsbewegung zu erhalten suchen, die sonst wegen der starken Dämpfung rasch aufhören würde.

Die so gefundene Schwingungsdauer $t = \dfrac{T}{n}$ wird auf etwa 1 % mit der aus m und k_1 berechneten übereinstimmen.

36. Einfluß von Amplitude, Fadenlänge und Masse auf die Schwingungsdauer eines Fadenpendels.

Erklärung. Beim Fadenpendel ist die bewegende Kraft die tangentiale Komponente der Schwerkraft $= m \cdot g \cdot \sin \alpha = \dfrac{mg \cdot s}{l}$. Für kleinere Amplituden α kann man s ersetzen durch den Bogen b, es ist also $k = \dfrac{m \cdot g}{l} \cdot b$, d. h. beim Fadenpendel wirkt auf die Masse m ebenfalls, wie in den vorausgehenden Aufgaben, eine Kraft, die proportional dem Ausschlag b wächst. Beim Ausschlag $b = 1$ ist also ihr Wert $k_1 = \dfrac{m \cdot g}{l}$; setzt man diesen Ausdruck in die allgemeine Schwingungsformel ein, so findet man $t = 2\pi \cdot \sqrt{l : g}$.

Diese Formel enthält weder m noch b; erstere Größe fällt heraus, wenn man den Ausdruck für k_1 in die allgemeine Schwingungsformel einsetzt, während b wegfällt, weil sich k_1 auf den Bogen 1 bezieht. Das heißt aber mit anderen Worten: Die Schwingungsdauer ist unabhängig von Masse und Amplitude (in engen Grenzen).

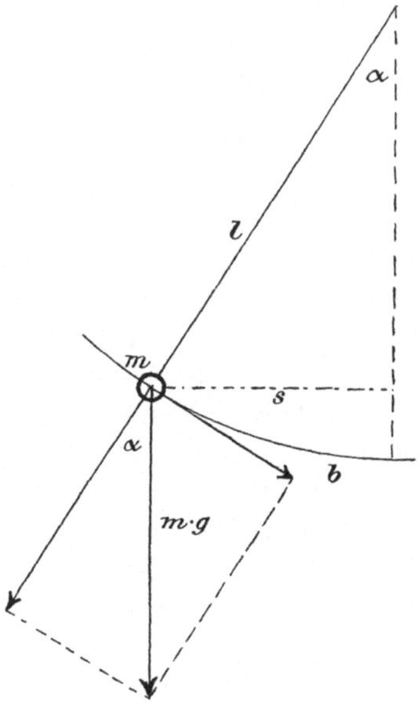

Zubehör. Pendelgestell, Aufhängedraht, Linsen von Blei, Messing,

Fig. 18.

Aluminium, Beobachtungsuhr, Spiegelmaßstab. (Universalapparat für Mechanik, P. Z. 23. 145.)

Ausführung. In die Schlinge des Aufhängedrahtes wird die Bleilinse mit ihrem offenen Haken eingehängt und dann das obere Drahtende durch eine Bohrung des Pendelgestells durchgezogen und festgeklemmt. Hierauf markiert man auf dem Tisch mit einem Kreidestrich oder auf andere Art die Gleichgewichtslage und beobachtet dann, wie in den vorhergehenden Aufgaben, die Zeit, die für eine größere Zahl von Schwingungen nötig ist, indem man zunächst mit großer Amplitude beginnt; in dem Maße wie die Amplitude kleiner wird, wiederholt man diese Messung und notiert jedesmal die Schwingungsdauer und die Aplitude am Anfang der Beobachtungsreihe. So erhält man eine Anzahl zusammengehöriger Werte von t und b, an denen die Beziehung und die Grenzen ihrer Gültigkeit geprüft werden können.

Um die Abhängigkeit der Schwingungsdauer von der Masse zu prüfen, bestimmt man nacheinander t, nachdem man je eine der drei Linsen an denselben Pendelfaden angehängt hat.

Hierauf prüft man das Gesetz der Länge, indem man den Pendelfaden allmählich verkürzt und jedesmal in der beschriebenen Weise die Schwingungsdauer bestimmt. Die gefundenen Zahlen für l und t^2 benutzt man zu einer graphischen Darstellung auf Koordinatenpapier. Woran erkennt man die Richtigkeit der Formel?

37. Bestimmung von g aus den Schwingungen eines Fadenpendels.

Erklärung. Die Versuche der vorigen Aufgabe zeigen, daß die Schwingungsdauer eines Pendels mit großer Genauigkeit bestimmt werden kann. Da auch die Messung der Pendellänge in einfacher und zuverlässiger Weise möglich ist, so ist in der Gleichung $t = 2\,\pi\,\sqrt{l : g}$ ein Mittel zur Bestimmung der Schwerebeschleunigung g gegeben.

Zubehör. Pendelgestell, Aufhängedraht, Bleilinse, Spiegelmaßstab, Beobachtungsuhr. (Universalapparat für Mechanik, P. Z. 23. 145.)

Ausführung. Man hängt an den Draht die Bleilinse und beobachtet wie in der vorigen Aufgabe die Zeit, die zwischen $n + 1$ gleichsinnigen Durchgängen durch die Gleichgewichtslage verstreicht; der $n$te Teil dieser Zeit ist die gesuchte Schwingungsdauer. Bei einer Pendellänge von 100 cm nehme man den Schwingungsbogen nicht größer als etwa 10 cm. Nachdem man die Zählung mehrmals durchgeführt und übereinstimmende Werte gefunden hat, bestimmt man l, indem man dicht hinter den Pendelfaden den Spiegelmaßstab vollkommen parallel zu dem ruhenden Pendel aufstellt. Nun bestimmt man recht sorgfältig die Lage des Aufhängepunktes und die Lage des obersten und untersten Punktes der Pendellinse; das arithmetische Mittel dieser beiden letzteren Ablesungen vermindert um die erste gibt l. Aus l und t berechnet man g nach obiger Gleichung.

38. Abhängigkeit des Trägheitsmomentes vom Achsenabstand der Masse.

Erklärung. Bei drehenden Bewegungen wächst der Beharrungswiderstand der Masse gegen eine Bewegungsursache im quadratischen Verhältnis ihres Abstandes von der Achse, und zwar deshalb, weil er erstens im x fachen Abstand von der Achse an einem x mal so langen

Hebelarm wirkt, zweitens weil dort der Masse für eine gleiche Winkelgeschwindigkeit eine x fache Lineargeschwindigkeit zu erteilen ist. Die Masse m g setzt im Abstand r cm von der Achse der bewegenden Kraft einen gleichen Widerstand entgegen, wie die Masse $(m \cdot r^2)$ g im Abstand 1 cm; man nennt diese Größe das Trägheitsmoment μ der Masse m im Abstand r.

Der Nachweis der Richtigkeit dieser Beziehung kann leicht mit Hilfe der Torsionsschwingungen erbracht werden, denn jede Verschiebung der Masse von der Achse weg muß einer scheinbaren Vergrößerung der Masse gleichkommen und eine entsprechende Verlangsamung der Schwingungen bewirken.

Zubehör. Torsionsgestell, Stahldraht, Aluminiumrohr, Bleikörper, Beobachtungsuhr. (Universalapparat für Mechanik, P. Z. 23. 145.)

Ausführung. Zunächst muß das Drehmoment k_1 der Torsion nach Aufg. 18 bestimmt werden. Alsdann befestigt man das Aluminiumrohr mittels des in seiner Mitte befindlichen Stiftkölbchens in wagrechter Lage an dem unteren Ende des Drahtes und versetzt das Ganze in Torsionsschwingungen. Aus dem beobachteten t und dem vorher bestimmten Wert von k_1 kann man das Trägheitsmoment des Rohres berechnen; man wird finden, daß es, wenn auch klein, doch ganz wesentlich größer ist als seine Masse.

Nun befestigt man beiderseits im Achsenabstand von 5 cm Massen von je 500 g und verfährt wieder ebenso; das jetzt berechnete Trägheitsmoment setzt sich additiv zusammen aus dem zuerst gefundenen des Rohres und dem zu prüfenden der Masse 1000 g im Achsenabstand 5 cm. In gleicher Weise verfährt man weiter bei anderen Achsenabständen der Masse.

Die erhaltenen Resultate kann man nach folgendem Muster anschreiben:

Bezeichnung der Zusammenstellung	Achsenabstand der Massen r	Schwingungsdauer t	$\mu = \dfrac{k_1 t^2}{4\pi^2}$	M	?
Rohr allein		1,124	3 091		
Rohr + 1000 g	5 cm	3,417	28 580		
. . . .	. . . . .	. . . . .	. . . . . .		

In die vorletzte Kolonne schreibt man das aus der beobachteten Schwingungsdauer berechnete ganze Trägheitsmoment μ vermindert um dasjenige des Aluminiumrohres, also das Trägheitsmoment der Bleikörper in den verschiedenen Achsenabständen; wie ändern sich diese Zahlen mit r?

39. Das Trägheitsmoment eines Stabes oder einer Scheibe zu bestimmen.

Erklärung. Die Versuche der vorigen Aufgabe weisen auf ein Verfahren zur Bestimmung des Trägheitsmoments eines Körpers hin, ohne daß es nötig ist, das Torsionsmoment des Drahtes zuvor zu kennen. Läßt man den Körper an einem Drahte schwingen und bestimmt die Schwingungsdauer $t_1 = 2\pi \cdot \sqrt{\mu : k_1}$, so enthält diese Gleichung die beiden Unbekannten μ und k_1. Verbindet man den Körper mit einem bekannten Trägheitsmoment μ_1 und bestimmt von neuem die Schwingungsdauer $t_2 = 2\pi \cdot \sqrt{(\mu + \mu_1) : k_1}$, so hat man eine zweite Gleichung für dieselben Unbekannten, die somit eindeutig bestimmt sind; man findet

$$\mu = \frac{\mu_1}{t_2{}^2 - t_1{}^2} \cdot t_1{}^2 \qquad k_1 = \frac{\mu_1}{t_2{}^2 - t_1{}^2} \cdot 4\pi^2.$$

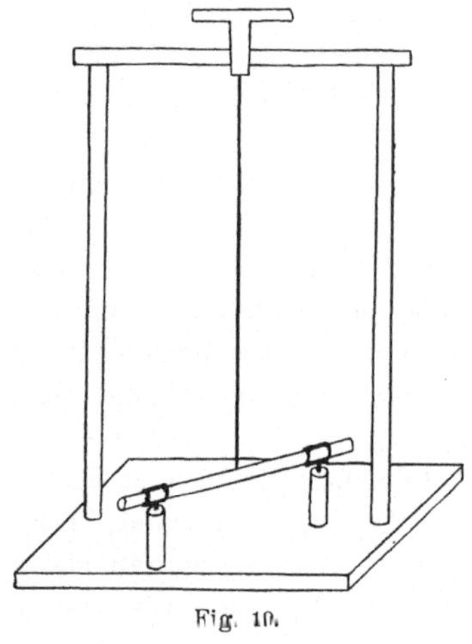

Zubehör. Torsionsgestell, Messingstab mit Stiftklöbchen in der Mitte, Torsionsdraht, Bleikörper (Messingscheibe, Bleimassen zum Aufstecken), Beobachtungsuhr. (Universalapparat für Mechanik, P. Z. 23. 145.)

Ausführung. Der Stab wird mit dem in seiner Mitte befindlichen Stiftklöbchen an dem unteren Ende des Torsionsdrahtes befestigt und das obere Ende am Torsionskreis eingeklemmt. Alsdann werden Torsionsschwingungen erregt und die Schwingungsdauer t_1 bestimmt.

Hierauf hängt man die beiden Massen von je 500 g beiderseits in gleichen Abständen r von der Achse an die Stange, läßt wieder schwingen und bestimmt abermals die Schwingungsdauer t_2.

Setzt man die beiden für t gefundenen Werte und für $\mu_1 = 1000 \cdot r^2$ in obige Gleichung ein, so findet man μ und k_1. Hat man letztere Größe außerdem direkt bestimmt, so ergibt sich eine willkommene Probe auf die Richtigkeit.

Ganz in derselben Weise kann das Trägheitsmoment einer Scheibe bestimmt werden.

III. Aufgaben über den Schall.

40. Chladnis Klangfiguren darzustellen und nachzuzeichnen.

Erklärung. Bringt man eine wagrecht in ihrem Mittelpunkt befestigte Metallplatte zum Tönen, indem man sie mit einem Fiedelbogen anstreicht, so bilden sich stehende Schwingungen aus, d. h. gewisse Teile der Platte, die sogen. Bäuche, schwingen gleichzeitig, einige aufwärts, andere abwärts, immer abwechselnd und getrennt durch kontinuierlich nebeneinander liegende Orte der Ruhe, die Knotenlinien. Chladni hat gezeigt, wie man durch aufgestreuten Sand diese Verhältnisse sichtbar machen kann.

Zubehör. Doppelschraubenzwinge und Scheiben, Dose mit Sand, Siebchen, Pinsel, Fiedelbogen.

Ausführung. Man befestigt die Doppelschraubenzwinge an der Tischplatte und klemmt dann die Metallscheibe in ihrem Mittelpunkt fest; kleine Versenkungen an der Unterseite der Scheibe und entsprechende Ansätze an der Schraubenzwinge sichern die richtige Lage. Nun streicht man zunächst die Scheibe in der Mitte einer Seite mit dem Fiedelbogen an und bestäubt, wenn sich ein reiner Ton ausgebildet hat, die Platte ganz dünn mit Sand. Die entstehenden Figuren werden sauber auf quadriertes Papier nachgezeichnet und die Streichstelle etwa durch ein Sternchen markiert. Man kann aber durch stärkeres oder schwächeres Streichen und durch veränderte Haltung des Bogens mehrere verschiedene Töne und entsprechende Figuren erhalten. Die Figuren sind im Heft in der Reihenfolge der entsprechenden Tonhöhen, vom tiefsten beginnend, einzutragen. Meist kann man drei bis vier Töne erhalten; will kein weiterer entstehen, so geht man dazu über, an einer Ecke der Scheibe zu streichen, und erhält so eine zweite Reihe von Figuren. Eine dritte und vierte ergeben sich, wenn man in der Mitte einer Seite streicht und eine Plattenecke durch Andrücken einer Feilenkante zu einem Knotenpunkt macht, oder umgekehrt.

Weitere Figuren kann man erhalten, wenn man die Scheibe an anderen Stellen einklemmt. Einfacher gestalten sich die Verhältnisse

bei der runden Scheibe; man erhält mit derselben hauptsächlich sternförmige Figuren mit verschiedener Strahlenzahl, die wieder nach der
Tonhöhe geordnet einzuzeichnen sind.

Welche Gesetzmäßigkeit ergibt sich dabei?

41. Bestimmung der Schwingungszahl einer Stimmgabel.

Erklärung. Eine Trommel, die um eine senkrechte Achse drehbar ist, kann vermittels einer Kurbel durch ein schweres Zentrifugalpendel in gleichförmige Umdrehung versetzt
werden. Die Umlaufszeit des Pendels und
die ihr gleiche Rotationsdauer der Trommel
können durch einen Vorversuch bestimmt
werden. Läßt man dann eine Schreibstimmgabel ihren Wellenzug auf den Trommelmantel aufzeichnen und zählt die Wellen,
die auf den Trommelumfang kommen, so
kann man die Zahl der Wellen berechnen,
die in einer Sekunde aufgezeichnet werden,
d. i. die Schwingungszahl der Gabel.

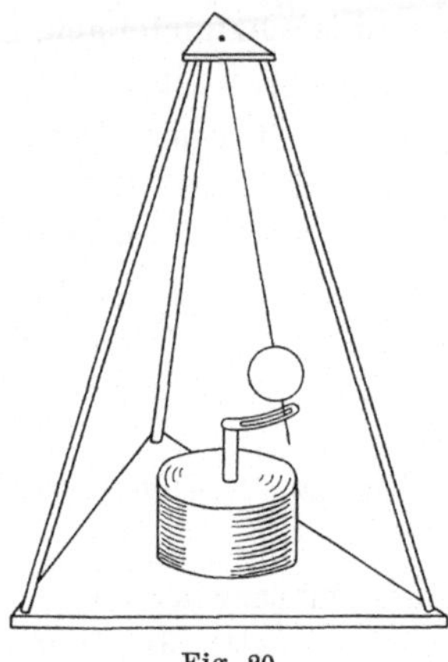

Fig. 20.

Zubehör. Rotierende Trommel, Beobachtungsuhr, Bärlappsamen, Vaselin, Siebchen, Fließpapier, Schreibstimmgabel, Lagergestell für die Trommel. (P. Z. 7. 120.)

Ausführung. Zunächst wird die Schreibfläche des Trommelmantels leicht mit Vaselin eingofettet und mit Fließpapier so lange
abgerieben, bis nur noch ein ganz dünner Hauch von Fett sichtbar ist.
Dann wird mittels des Siebchens etwas Lykopodium zerstäubt und die
Trommel so lange in der Staubwolke mit wagrechter Achse gedreht,
bis der Mantel mit einer gleichmäßigen Schicht von hinreichender
Dichtigkeit bedeckt ist. Nunmehr wird die Trommel in ihr Gestell
eingesetzt, dieses genau senkrecht gestellt und das Zentrifugalpendel
in Gang gesetzt. Man bemerkt dann, daß die Schwingungen des Pendels
zu rasch erfolgen, solange der Stift der Kugel am äußeren Ende des
Kurbelschlitzes anliegt, zu langsam, wenn dasselbe innen geschieht,
dagegen erweisen sich die Schwingungen als durchaus isochron, solange
der Stift sich frei im Schlitz bewegt. Während dieser Zeit hat man
also die Umlaufszeit zu bestimmen, indem man beobachtet, wieviel
Sekunden für 50 oder 100 Umläufe erforderlich sind.

Ist das geschehen, so wird die Stimmgabel angeschlagen und dann
mit recht ruhiger Hand die Schreibfeder leicht gegen den Mantel der

rotierenden Trommel angedrückt. Während sich die Trommel unter der Feder wegbewegt, wird die Stimmgabel um einige Millimeter gesenkt, so daß Anfang und Ende des Wellenzuges dicht untereinander liegen.

Hierauf wird die Trommel herausgenommen und in das Lagergestell gelegt; an der Stelle, wo der Wellenzug doppelt ist, zieht man mit einer Nadel auf dem Mantel eine Gerade parallel der Trommelachse und zählt nun die Wellen von Marke zu Marke. Aus Umlaufszeit und Wellenzahl berechnet sich die Schwingungszahl der Gabel für 1 Sekunde.

Dieses Verfahren ist nur bei größeren Gabeln (wie $c = 128$) anwendbar. Bei kleineren (etwa $a = 435$) verfährt man so, daß man ihren Wellenzug, der nur einen Teil des Mantelumfangs bedeckt, dicht unter den Zug der c-Gabel zeichnet und dann feststellt, wieviel Wellen der a-Gabel auf eine gewisse Zahl Wellen der c-Gabel fallen.

42. Abhängigkeit von Tonhöhe und Saitenlänge am Monochord.

Erklärung. Bringt man an einer ausgespannten Saite Stücke von verschiedener Länge zum Tönen, so findet man, daß die kürzeren Stücke höhere Töne geben. Die genauere Beziehung kann man finden, wenn man an einer solchen Saite die Längen zu bestimmen sucht, die Tönen von bekannter Schwingungszahl entsprechen.

Zubehör. Monochord, Gewichtsatz (1—20 kg), Filzplatte, Stimmgabeln $c = 128$, $c_1 = 256$, $c_2 = 512$, Messingdraht von 0,6 mm.

Ausführung. Man hängt an das senkrecht an der Wand befestigte Monochord ein abgepaßtes Drahtstück mit Schlingen an den Enden mit der oberen Schlinge an, zieht die untere Schlinge durch die Klemmvorrichtung durch und belastet den Draht mit 6—7 kg; eine untergelegte Filzscheibe soll die Belastung auffangen, wenn der Draht zerreißt. Hierauf grenzt man mit der Klemme ein beliebiges Drahtstück ab, schlägt die Stimmgabel $c = 128$ an und bringt die Saite durch Zupfen mit der Fingerspitze zum Schwingen; ist der Saitenton zu hoch, so wird die Saite verlängert und umgekehrt, bis man den Gleichklang zu haben glaubt. Dann wiederholt man den Versuch, indem man die schwingende Gabel neben die schwingende Saite auf den Resonanzboden des Monochordes setzt; an dem Vorhandensein und der Anzahl der Schwebungen in der Sekunde kann man die genaue Übereinstimmung konstatieren und verbessern.

Eine gute Probe auf den vorhandenen Gleichklang bietet auch folgender Versuch: Man schlägt die Stimmgabel an und setzt sie einen

Augenblick neben die ruhende Saite auf den Resonanzboden, dann nimmt man sie weg und dämpft ihre Schwingungen. Tönt jetzt die Saite durch Resonanz einige Sekunden lang deutlich weiter, so war die Einstellung gut.

Die gefundene Saitenlänge wird notiert und der gleiche Versuch mit den übrigen Gabeln angestellt. Die Resultate werden in eine kleine Tabelle, wie das beifolgende Muster zeigt, eingetragen.

Messingdraht von 0,6 mm Belastung $= 6599$ g		
Gabelton n	Saitenlänge l	?
128	64,6 cm	
...	....	

1. Welche mathematische Beziehung besteht zwischen den Größen n und l?
2. Welcher konstante Ausdruck gehört demnach in die dritte Kolonne?

43. Die Abhängigkeit der Tonhöhe von Spannung und Masse der Saite zu untersuchen.

Erklärung. Die Schwingungszahl n einer Saite kann nach der Formel

$$n = \frac{1}{2l} \cdot \sqrt{\frac{981 \cdot P}{m}}$$

berechnet werden, in der l die Saitenlänge in Zentimeter, m die Masse von 1 cm der Saite in Gramm und P die Spannung der Saite in Gramm, also $P \cdot 981$ die Spannung in Dyn angibt.

Daß die Tonhöhe umgekehrt proportional der Saitenlänge ist, wurde schon in der vorigen Aufgabe erkannt; es wäre also hier zunächst der Einfluß von P zu untersuchen, zu welchem Zwecke wir die obige Gleichung schreiben können:

$$2n \sqrt{m} = \sqrt{981 \cdot P} : l.$$

Bestimmen wir also für eine beliebige Drahtsorte von der Zentimetermasse m die Saitenlängen l, die bei verschiedenen Spannungen eine gewisse Tonhöhe n geben, so muß sich der Quotient $\sqrt{981 \cdot P} : l$ als konstant erweisen.

Ermitteln wir den Wert dieser konstanten Zahl, die dem Produkt $2n \sqrt{m}$ gleich ist, für Drähte von anderen Zentimetermassen, so müssen sich die gefundenen Zahlenwerte verhalten wie die Wurzeln der m oder es müssen sich nunmehr die Quotienten $\dfrac{\sqrt{981 \cdot P} : l}{\sqrt{m}}$ als konstant erweisen.

Zubehör. Monochord, Stimmgabel von 1—20 kg, Gewichtsatz, Drähte, Maßstab, Wage.

Ausführung. Das Monochord wird mit Messingdraht von 0,8 mm bezogen und in die Endschlinge ein Haken eingehängt, der zur Aufnahme der spannenden Gewichte von 8—13 kg dient. Für jede einzelne Spannung wird nach dem Vorgang von Aufg. 42 die Saitenlänge bestimmt, die dem Stimmgabelton (dessen n nicht bekannt zu sein braucht) entspricht. Ist die Versuchsreihe durchgeführt, so belastet man mit einem mittleren Gewicht von 11 kg, grenzt mit der verschiebbaren Klemme ein Stück von 100 cm ab und macht an dieser Stelle mit dem Taschenmesser vorsichtig eine feine Marke. Dann setzt man die Messerschneide bei 0 auf die Saite und macht hier einen etwas tieferen Schnitt, so daß die Saite glatt abreißt. Schließlich trennt man bei 100 mit der Schere ab und wiegt das Stück zur Bestimmung der Zentimetermasse.

Die Resultate werden folgendermaßen angeschrieben:

100 cm Draht von 0,8 mm wiegen 4,251 g		
Spannung P g	Saitenlänge l cm	$\dfrac{\sqrt{981 \cdot P}}{l}$
8 520	16,6	174,2
. . . . .	. . . .	. . . . .

In ebensolcher Weise verfährt man mit Drähten von 0,6 und 0,4 mm Durchmesser und erhält so in dem jedesmaligen Mittel der letzten Kolonne noch weitere Werte für $\sqrt{981 \cdot P} : l$.

Die drei Versuchsreihen bestätigen jede für sich die Proportionalität von $\sqrt{P}$ und l für einen bestimmten Ton und eine bestimmte Drahtsorte. (Das Material des Drahtes ist ohne Einfluß, solange die Saite ihre Spannung nicht der eigenen Steifigkeit, sondern dem großen P verdankt.)

Aus den Zentimetermassen m und den drei Mitteln für $\sqrt{981 \cdot P} : l$ stellt man eine neue Tabelle zusammen:

Drahtdicke d mm	Zentimetermasse m g	$\dfrac{\sqrt{981 \cdot P}}{l}$	$\dfrac{\sqrt{981 \cdot P}}{l} : \sqrt{m}$
0,8	0,042 51	174,8	846
. . .	. . . .	. . . . .	. . .

Die Übereinstimmung der Zahlen der letzten Kolonne ist die Bestätigung für die Richtigkeit der angegebenen Formel.

Was bedeutet die Konstante der letzten Kolonne?

44. Eichung einer Schieberstimmgabel für die Tonleiter.

Erklärung. Die in der vorigen Aufgabe untersuchte Formel bietet ein bequemes Mittel, die Angaben einer Schieberstimmgabel für die Tonleiter zu prüfen bezw. für jede Schieberstellung die Schwingungszahl zu ermitteln. Man braucht zu diesem Zweck nur für einen bestimmten Draht und eine bestimmte Spannung der Saite deren Längen zu bestimmen, bei welchen sie mit den einzelnen Stimmgabeltönen im Einklang ist.

Zubehör. Monochord, Gewichtsatz, Filzplatte, Messingdraht von 0,6 mm, Schieberstimmgabel (oder Stimmpfeife mit Gebläse).

Ausführung. An dem Monochord wird wie bei Aufg. 42 ein Messingdraht von 0,6 mm Durchmesser befestigt und mit beispielsweise 8520 g belastet; dann ist $n = \dfrac{9168}{l}$ (Aufg. 43).

Nun stellt man den Schieber nach den Marken der Skala auf die einzelnen Töne ein und bestimmt die Saitenlänge l, für die Gleichklang stattfindet; dann ist n nach obiger Gleichung bestimmt.

45. Die Tonhöhe eines Flammentones (chem. Harmonika) zu bestimmen.

Erklärung. Auch ohne P und m zu kennen, kann man mittels des Monochordes und einer Normalstimmgabel Tonhöhen bestimmen, indem man von der Tatsache ausgeht, daß sich bei derselben Saite von konstanter Spannung zwei Schwingungszahlen verhalten wie die reziproken Saitenlängen. Entspricht der Normalgabel a (= 435 Schwingungen) eine Seitenlänge l_0 und dem zu bestimmenden Ton die Länge l cm, so ist die gesuchte Tonhöhe $n = (435 \cdot l_0) : l$.

Zubehör. Monochord, Messingdraht von 0,6 mm, Gewichtsatz, Filzplatte, Normalgabel für a, chemische Harmonika.

Ausführung. Man verfährt ebenso wie in Aufg. 42, doch ist darauf zu achten, daß der Gleichklang schwerer zu beurteilen ist, als bei der genannten Aufgabe. Nur die Beobachtung von Schwebungen kann hier zu einer sicheren Einstellung führen.

46. Bestimmung der Schallgeschwindigkeit in der Luft mit der Resonanzröhre.

Erklärung. Dieser und den folgenden Aufgaben liegt die Wellengleichung $c = \lambda \cdot n$ zugrunde. Wenn in einem Medium elastische Schwingungen stattfinden, die sich von Teilchen zu Teilchen verbreiten, so ist eine Wellenlänge λ die Strecke, um welche der Schwingungszustand vorgerückt ist, während das erste Teilchen eine ganze Schwingung vollendet hat; führt es deren in der Sekunde n aus, so verbreitet sich die Erscheinung unterdes um die Strecke $c = \lambda \cdot n$.

Hält man eine angeschlagene Stimmgabel über einen zum Teil mit Wasser gefüllten Standzylinder, so wird Rosonanz der eingeschlossenen Luftsäule dann eintreten, wenn die Länge dieser Säule gleich $^1/_4\,\lambda$, $^3/_4\,\lambda$, $^5/_4\,\lambda$ .... des Stimmgabeltones ist. Kennt man also n (Aufg. 41) und bestimmt auf diese Art λ, so findet man die Fortpflanzungsgeschwindigkeit nach der obigen Wellengleichung.

Zubehör. Resonanzröhre mit Vorlage und Schlauch, Stativ mit Ring, Gummibänder, Stimmgabeln, Maßstab.

Ausführung. Man verbindet Vorlage und tubulierten Zylinder durch einen Schlauch, legt erstere auf den Stativring und füllt so viel Wasser ein, daß der Zylinder durch Hochheben der Vorlage bis nahe an seinen oberen Rand gefüllt werden kann; in dieser Höhe klemmt man den Ring fest und streift über den Zylinder einige dünne Gummiringe.

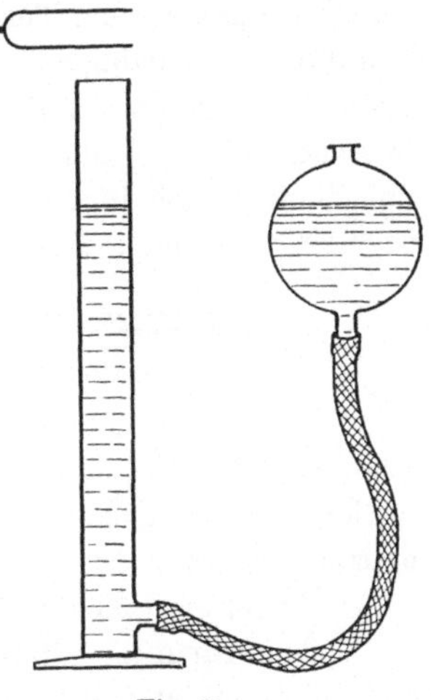

Fig. 21.

Während man nun die angeschlagene Stimmgabel über die Öffnung des Zylinders hält, senkt man die Vorlage langsam, bis die Resonanz eintritt; den Ort des Wasserspiegels bezeichnet man durch einen der Gummiringe. Dann senkt man die Vorlage weiter, bis die Erscheinung zum zweiten- oder drittenmal eintritt, und verfährt wie das erstemal. Hierauf wiederholt man den Versuch bei steigendem Wasserspiegel und verbessert dabei die Lage der Ringe.

Alsdann bestimmt man mit dem Maßstab die gegenseitige Entfernung zweier benachbarter Ringe, d. i. $\dfrac{\lambda}{2}$. Mißt man auch die Entfernung des ersten Ringes vom Zylinderrand, so findet man für $\dfrac{\lambda}{4}$ einen zu kleinen Wert, was darin begründet ist, daß der Schwingungsbauch nicht genau mit dem Zylinderrand zusammenfällt; es ist daher jedenfalls sicherer, den Abstand zweier Knoten der Berechnung zugrunde zu legen.

Bei einer Zylinderhöhe von 1 m können zu dem Versuch Gabeln für c_1 und höhere Töne benutzt werden.

47. Die Tonhöhe eines longitudinal schwingenden Stabes mit der Kundtschen Röhre zu bestimmen.

Erklärung. Bringt man einen Glasstab durch Reiben mit einem feuchten Lappen zum Tönen und führt das mit einem Stempel versehene longitudinal schwingende Ende in eine andererseits geschlossene weite Glasröhre ein, die mit etwas Korkmehl beschickt ist, so entstehen zwischen Stempel und Rohrende stehende Luftwellen, deren Knoten und Bäuche sich in dem feinen Korkmehl deutlich abbilden. Dadurch ist man imstande, die Wellenlänge λ des betreffenden Tones zu be-

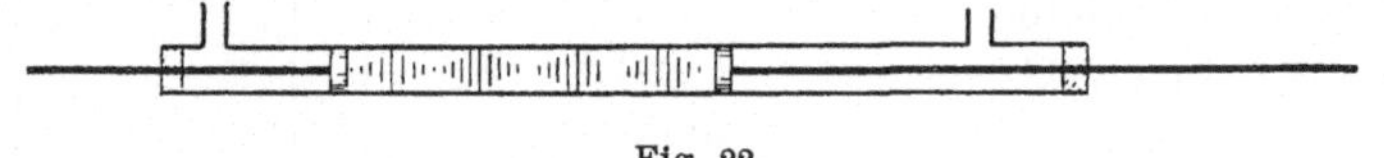

Fig. 22.

stimmen, und da nach Aufg. 46 die Schallgeschwindigkeit bekannt ist, so kann aus Gleichung $c = \lambda \cdot n$ die Schwingungszahl oder Tonhöhe bestimmt werden.

Zubehör. KUNDTsche Röhre, Kasten mit Zubehör, Maßstab.

Ausführung. Man entfernt den Stempel, der den Verschluß der Röhre bildet, sowie den Tonstab und reinigt die Röhre, indem man einen in der Mitte einer hinreichend langen Schnur eingeknüpften Wattebausch mehrmals hindurchzieht, bringt etwas Korkmehl hinein, verteilt dasselbe möglichst gleichmäßig und verschließt die Röhre wieder. Während nun der eine Beobachter durch vorsichtiges, aber kräftiges Reiben mit feuchtem Lappen den Glasstab in longitudinale Schwingungen versetzt, verschiebt der andere den Verschlußstempel so lange, bis die Ausbildung der Staubfiguren am vollkommensten ist.

Hierauf legt man den Maßstab an die Röhre und bestimmt die Orte zweier recht weit voneinander entfernter, gut ausgebildeter Knoten; der Unterschied der gefundenen Zahlen, dividiert durch die Anzahl der dazwischen liegenden Halbwellen, gibt $\dfrac{\lambda}{2}$.

Die Schallgeschwindigkeit ändert sich etwas mit der Temperatur der Luft; bei t^0 findet man ihren Wert aus der Gleichung:

$$c = 331 \cdot \sqrt{1 + 0{,}004 \cdot t}.$$

Die so berechnete Zahl, dividiert durch λ, gibt die gesuchte Schwingungszahl des Longitudinaltones.

48. Die Schallgeschwindigkeit in Leuchtgas (Kohlensäure, Wasserstoffgas) zu bestimmen.

Erklärung. Wenn man die KUNDTsche Röhre mit einem anderen Gas als atmosphärische Luft anfüllt, so wird der Schall in ihm eine andere Geschwindigkeit, die Welle eine andere Länge haben. Wenn man dieses λ bestimmt und die Schwingungszahl des Stabtones der vorigen Aufgabe entnimmt, so kann man nach der Gleichung $c = \lambda \cdot n$ die Schallgeschwindigkeit in dem angewendeten Gase berechnen.

Zubehör. Kundtsche Röhre, Kasten mit Zubehör, Maßstab, Gummischlauch, Kippscher Apparat für CO_2, desgleichen für H, Trockenflasche.

Ausführung. Am einfachsten gestaltet sich die Ausführung für Leuchtgas; man braucht nur eine der Ansatzröhren des Apparates mit der Gasleitung zu verbinden und das ausströmende Gas an der anderen anzuzünden; dann dreht man den Gashahn so weit zu, daß die Flamme beim Reiben des Stabes noch nicht ausgelöscht wird, und verfährt sonst wie bei Aufg. 47.

Für CO_2 und H verbindet man das eine Ansatzrohr unter Zwischenschaltung einer Trockenflasche mit dem Gasentwickelungsapparat und setzt denselben durch Öffnen des Hahnes in Gang.

Das ausströmende Wasserstoffgas ist ebenfalls zu entzünden (Vorsicht!).

49. Die Schallgeschwindigkeit in festen Körpern zu bestimmen.

Erklärung. Wenn der durch Reiben zum Tönen gebrachte Glasstab von Aufg. 47 seinen Grundton gibt, so muß die Stablänge $l = \dfrac{\lambda}{2}$ sein, denn in seiner Mitte, an dem Befestigungspunkt, befindet sich ein Knoten, an den Enden Bäuche der Bewegung. Da nun nach dem Verfahren jener Aufgabe die Schwingungszahl des Stabtones bestimmt werden konnte, so kann die Schallgeschwindigkeit für das Material des Stabes aus der Gleichung $c = \lambda \cdot n$ berechnet werden.

Zubehör. Kundtsche Röhre, Kasten mit Zubehör, Maßstab, Tonstäbe von Glas, Messing, Kiefernholz.

Ausführung. Nach Aufg. 47 wird die Schwingungszahl des Stabtones bestimmt und die Stablänge gemessen. Setzt man das gefundene n und für λ die doppelte Stablänge in die Wellengleichung ein, so findet man den gesuchten Wert von c.

Ersetzt man den Tonstab von Glas durch ein Messingrohr und reibt mit einem mit Kolophoniumpulver eingestäubten Flanellstück, so erhält man die Werte, die zur Bestimmung der Schallgeschwindigkeit in Messing erforderlich sind.

Ebenso kann man mit der Stange von Kiefernholz verfahren, die mit einem mit Terpentinöl befeuchteten Lappen gerieben wird.

IV. Aufgaben über die Wärme.

50. Die Fundamentalpunkte eines Thermometers zu prüfen.

Erklärung. Als Fundamentalpunkte eines Thermometers bezeichnet man die Stellungen der Quecksilberkuppe bei den Temperaturen des schmelzenden Schnees und des bei einem Luftdruck von 760 mm siedenden Wassers.

Zubehör. Zinkblechtopf mit Rost, Schnee, Dampfkesselchen, Gasbrenner und Dreifuß, Dampfmantelrohr, BUNSENsches Stativ, Thermometer.

Ausführung. Man setzt in den Zinkblechtopf den Rost und füllt den darüber befindlichen Raum mit reinem Schnee oder kleingehacktem Eis, die man mit etwas destilliertem Wasser angefeuchtet hat. Dann senkt man das Thermometer so tief in die Masse, daß der Eispunkt noch eben sichtbar ist, und befestigt es in dieser Lage am Stativ. Nun beobachtet man längere Zeit hindurch in kleinen Zwischenräumen die Stellung der Quecksilberkuppe; tritt keine Veränderung mehr ein, so hat man den Eispunkt gefunden.

Um den Siedepunkt zu prüfen, füllt man das Dampfkesselchen zur Hälfte mit Wasser, setzt das Dampf-Mantelrohr auf den Hals des Kessels und befestigt das Thermometer mittels eines Korkstopfens in dem inneren Rohr; dann wird das Wasser zum Sieden erhitzt und, nachdem dies eingetreten ist, der Gashahn so weit geschlossen, daß nur ein schwacher Dampfstrahl aus dem Siederohr ausströmt. Hierauf wird in derselben Weise abgelesen wie oben; die gefundene Zahl t^0 ist der Siedepunkt bei dem augenblicklichen Barometerstand.

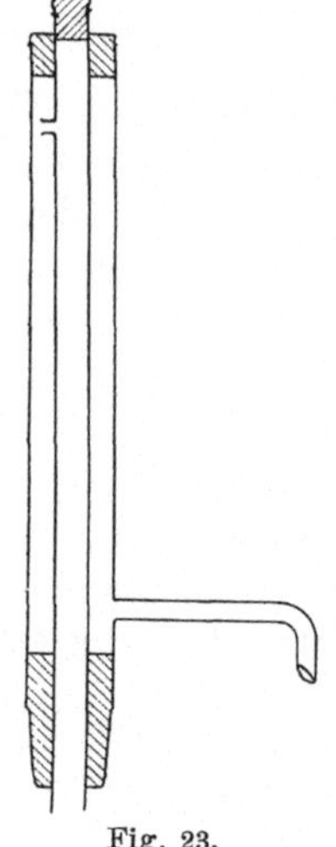

Fig. 23.

Wäre der Luftdruck bei dieser Beobachtung 760 mm gewesen, so würde $(100 - t)^0$ der Fehler des Instrumentes bei der Siedetemperatur sein, d. h. es müßte zu einer Ablesung in der Nähe des Siedepunktes $(100 - t)^0$ hinzugefügt werden, um die richtige Temperatur zu erhalten. War aber der Luftdruck ein anderer, so findet man in Tab. 4 die entsprechende Siedetemperatur τ^0 und dann ist $(\tau - t)^0$ die zur jedesmaligen Ablesung hinzuzufügende Verbesserung.

51. Vergleichung zweier Thermometer zwischen 0^0 und 100^0.

Zubehör. Emaillierter Topf von 8 l, Dreifuß, Bunsenbrenner mit Zündflamme, Normalthermometer, zu prüfendes Thermometer, BUNSENsches Stativ, Rührer, Koordinatenpapier (2 mm).

Ausführung. Man füllt den Topf mit Wasser, dem man so viel kleingehacktes Eis oder Schnee zugefügt hat, daß die Temperatur nahezu 0^0 wird, und setzt ihn auf den Dreifuß. Dann verbindet man die beiden Thermometer durch übergestreifte schmale Abschnitte von einem Gasschlauch derart, daß die Quecksilbergefäße nahe beieinander liegen und die Skalen nach entgegengesetzter Seite gerichtet sind, und hängt sie mittels des BUNSENschen Statives so tief in das Bad, daß der kürzeste Quecksilberfaden nur gerade herausragt. Die beiden Beobachter setzen sich nun zu beiden Seiten des Topfes so, daß jeder eins der Thermometer ablesen kann; der eine gibt durch Klopfen an der Tischplatte ein Zeichen zum Beginn, nach einigen Sekunden ein zweites zur Ausführung der beiderseitigen Ablesung. Jeder notiert seine Beobachtung unter fortlaufender Bezifferung.

Hierauf wird der Gasbrenner untergesetzt, das Bad um 5^0 erwärmt und nach Entfernung des Brenners die Ablesung wie oben ausgeführt. Dabei ist zu beachten, daß vor Beginn der Ablesung das Bad gehörig umzurühren ist.

In dieser Weise fährt man fort bis zu den höheren Temperaturen; dann ist es besser, während der Ablesung die kleine Zündflamme brennen zu lassen und während des Ablesens das Bad umzurühren. Die letzte Vergleichung erfolgt in siedendem Wasser bei voller Flamme.

Nach Beendigung der Versuche werden die beiderseitigen Ablesungen in einer Tabelle vereinigt, die in der ersten Kolonne die wahre Temperatur des Normalthermometers, in der zweiten die zugehörige Ablesung des zu prüfenden Thermometers, in der dritten den Unterschied der ersten und zweiten Zahl enthält, d. i. die Verbesserungen, die an den Ablesungen des Thermometers anzubringen sind, damit seine Angaben richtig werden.

Zum Gebrauche sehr bequem ist eine graphische Darstellung der Resultate auf Koordinatenpapier; die Angaben des zu prüfenden Thermometers werden Abszissen ($1^0 = 2$ mm), die Differenzen werden Ordinaten $\left(\frac{1}{100}^0 = 2 \text{ mm}\right)$.

52. Schmelzpunkt und Erstarrungspunkt von Fixiernatron zu bestimmen.

Erklärung. Bei der Erwärmung einer schmelzbaren Substanz lassen sich bekanntlich mehrere Phasen unterscheiden; zuerst findet unter dem Einfluß der Wärmezufuhr das Vorwärmen auf den Schmelzpunkt statt, dann tritt unter gleichzeitigem Stillstand der Temperatur das Schmelzen ein, wobei die zugeführte Wärme latent wird, und erst wenn die Substanz geschmolzen ist, bewirkt die weiter zugeführte Wärme von neuem ein Steigen der Temperatur. Bei der Abkühlung spielen sich diese drei Phasen in der umgekehrten Reihenfolge ab; bisweilen kommt es aber vor, daß die Erstarrung nicht eintritt, sondern die Schmelze sich ganz kontinuierlich weit unter den Erstarrungspunkt abkühlt; läßt man alsdann ein Teilchen der festen Substanz in die überkaltete Schmelze hineinfallen, so tritt ein plötzliches Erstarren der Masse ein, begleitet von einem Freiwerden der latenten Schmelzwärme, wodurch die Masse von selbst wieder bis zum Schmelzpunkt erwärmt und das gleichzeitige Erstarren der ganzen Masse verhindert wird.

Zubehör. Wasserbad mit Einsatzdeckel und Thermometer, Signaluhr, Schmelzgefäß mit Thermometer, Dreifuß, Bunsenbrenner, Koordinatenpapier (1 mm). (P. Z. 15. 198.)

Ausführung. Das Wasserbad wird auf den Dreifuß gestellt und auf 80° erwärmt; dann wird der Gaszufluß so weit vermindert, daß die Temperatur auf dieser Höhe einigermaßen konstant bleibt. Nun setzt man die Beobachtungsuhr in Gang und bringt auf eins der Minutensignale das Schmelzgefäß an seinen Platz im Wasserbad; von nun an wird jede Minute eine Thermometerablesung vorgenommen und angeschrieben, bis die Temperatur im Schmelzgefäß 70° erreicht hat.

Alsdann setzt man den ganzen Deckel mit Einsatz und darin befindlichem Schmelzgefäß auf einen anderen Topf, der mit recht kaltem Wasser, am besten Eiswasser, gefüllt ist, und beobachtet ohne Unterbrechung von Minute zu Minute weiter; ist die Temperatur auf etwa 30° gesunken, so läßt man zwischen zwei Thermo-

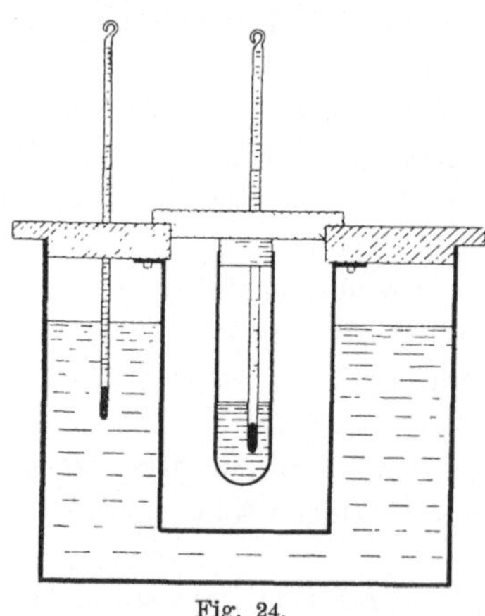

Fig. 24.

meterablesungen einen kleinen Kristall von Fixiernatron durch das dafür bestimmte Röhrchen in das Schmelzgefäß fallen, worauf die Temperatur wieder zu steigen beginnt. Von jetzt an beobachtet man wieder so lange, bis die Temperatur der Schmelze zum zweitenmal auf etwa 30^0 gesunken ist.

Die Versuchsergebnisse werden tabellarisch angeschrieben: in die erste Kolonne die Zeit von Minute zu Minute, in die zweite die entsprechenden Thermometerablesungen, in die dritte die Temperaturdifferenzen, d. h. die minutliche Temperaturänderung.

Die Hauptsache ist aber eine graphische Darstellung des Vorgangs; zu diesem Zweck nimmt man Millimeterpapier und trägt auf der Abszissenachse die verstrichene Minutenzahl (1 min. = 1 mm), auf der Ordinatenachse die abgelesenen Temperaturen ($1^0 = 2$ mm) auf. (Diskussion!)

53. Die Wärmeausstrahlung eines blanken Gefäßes zu prüfen.

Erklärung. Ein warmer Körper, in einen kalten Raum gebracht, verliert durch Ausstrahlung allmählich seine Wärme, anfangs rasch, später langsamer; es soll das Gesetz dieser Wärmeausstrahlung untersucht werden.

Zubehör. Wasserbad mit Einsatzdeckel und Thermometer, blankes Strahlungsgefäß mit Deckelstopfen und Thermometer, Beobachtungsuhr, Bunsenbrenner, Koordinatenpapier (2 mm).

Ausführung. Das Strahlungsgefäß wird mit ungefähr 20 g Wasser gefüllt und mit dem Deckelstopfen verschlossen, in dem das Thermometer befestigt ist; hierauf wird es in der Gasflamme auf etwa 85^0 erwärmt und rasch in das mit kaltem Wasser (am besten Eiswasser) beschickte Wasserbad (Fig. 24 und 25) eingesetzt.

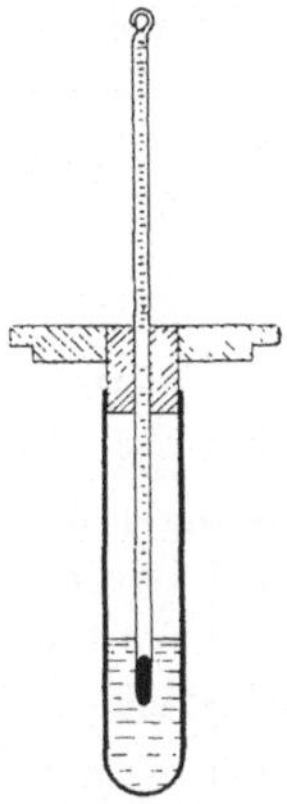

Beim nächsten Signal der Beobachtungsuhr liest man die Temperatur des Thermometers ab und fährt damit von Minute zu Minute fort, bis die Temperatur auf etwa 20^0 gesunken ist. Die Resultate werden in einer Tabelle angeschrieben, und zwar in der ersten Kolonne die Minutenzahlen, in der zweiten die abgelesenen Temperaturen, in der dritten die minutlichen

Fig. 25.

Temperaturdifferenzen, das ist die Abkühlungsgeschwindigkeit; außerdem Anfangs- und Endtemperatur des Bades. Was lehren diese Differenzen?

Man kann auch eine graphische Darstellung der Resultate auf Koordinatenpapier vornehmen; die Zeiten werden Abszissen (1 min. = 2 mm), die Temperaturen Ordinaten ($1^0 = 1$ mm).

Will man tiefer in den Zusammenhang eindringen, so kann man, ausgehend von der Bemerkung, daß der Temperaturabfall sich verlangsamt, wenn der Temperaturüberschuß über die Umgebung kleiner wird, die Frage prüfen, ob die Abkühlungsgeschwindigkeit vielleicht ein bestimmter Bruchteil oder Prozentsatz des Temperaturüberschusses über die Umgebung ist. Zu diesem Zweck wird man an einigen Stellen der Tabelle in einer vierten Kolonne den Quotient aus der Abkühlungsgeschwindigkeit durch den Überschuß der mittleren Temperatur während dieser Minute über die mittlere Temperatur des Bades anschreiben.

54. Die Wärmeausstrahlung eines berußten Gefäßes zu prüfen.

Zubehör. Wasserbad mit Einsatzdeckel und Thermometer, schwarzes Strahlungsgefäß mit Deckelstopfen und Thermometer, Signaluhr, Bunsenbrenner, Koordinatenpapier (2 mm).

Ausführung. Man füllt das Strahlungsgefäß mit etwa 20 g Wasser, setzt den Deckelstopfen mit Thermometer ein und erwärmt das schwarze Gefäß in der leuchtenden Flamme auf ungefähr 85^0, wobei es mit einer zarten Rußschicht überzogen wird. Hierauf bringt man die Vorrichtung in das Wasserbad und verfährt ganz ebenso wie bei der vorigen Aufgabe.

Auch das Anschreiben und die Verwertung der Resultate kann in der gleichen Weise ausgeführt werden; die graphische Darstellung erfolgt am besten auf demselben Blatt wie die vorige.

55. Den Ausdehnungskoeffizient von Messing zu bestimmen.

Erklärung. In dem Temperaturintervall von 0^0 bis 100^0 erfolgt die Längenausdehnung eines Metallstabes sowohl proportional seiner Länge, als auch der Temperaturerhöhung. Nimmt also ein Stab, der bei t^0 die Länge l cm hatte, unter dem Einfluß der Erwärmung auf T^0 die Länge L cm an, so beträgt für die Temperaturerhöhung $(T-t)^0$ die Verlängerung des Stabes $(L-l)$ cm; es wächst demnach ein Stab von 1 m bei einer Erwärmung um 1^0 um

$$\alpha = \frac{(L-l) \cdot 100}{l\,(T-t)}\ \text{cm}.$$

Diese auf die Einheiten zurückgeführte Verlängerung nennt man den Ausdehnungskoeffizient des Materials.

Zubehör. Ausdehnungsapparat, Messingrohr (Eisenrohr), Maßstab, Gummischläuche, Wassertopf, Dampfkessel, Dreifuß und Gasbrenner, verschiedene Glasscheibchen, Mikrometer, Abflußrohr mit Thermometer.

Ausführung. Wenn man das Messingrohr in seine Lager zwischen Schraubenspitze und beweglichen Zeiger gelegt und die Feder eingehängt hat, die es gegen die Schraubenspitze andrückt, reguliert man mit der Schraube seine Lage so, daß der Zeiger auf 0 steht. Darauf bringt man zwischen Rohr und Spitze eins der Glasscheibchen, dessen Dicke mit dem Mikrometer gleich d mm gefunden worden ist, und liest den Zeigerausschlag gleich z Skalenteilen ab; dann ist der Wert eines Skalenteiles $= \dfrac{d}{z}$ mm (man nimmt natürlich das Mittel mehrerer Messungen mit Glasscheibchen verschiedener Dicke).

Nun verbindet man das eine Ansatzröhrchen durch Gummischlauch mit der Wasserleitung, das andere durch ein Abflußrohr mit eingeschlossenem Thermometer mit dem Abflußbecken (oder einem Wassertopf) und öffnet den Wasserhahn so weit, daß ein mäßiger Wasserstrom durch das Messingrohr fließt. Ist nach einiger Zeit die Angabe des Thermometers stationär geworden, so notiert man dieselbe, mißt die Rohrlänge l durch Anlegen des Maßstabes und stellt mit der Schraube den Zeiger auf 0 ein.

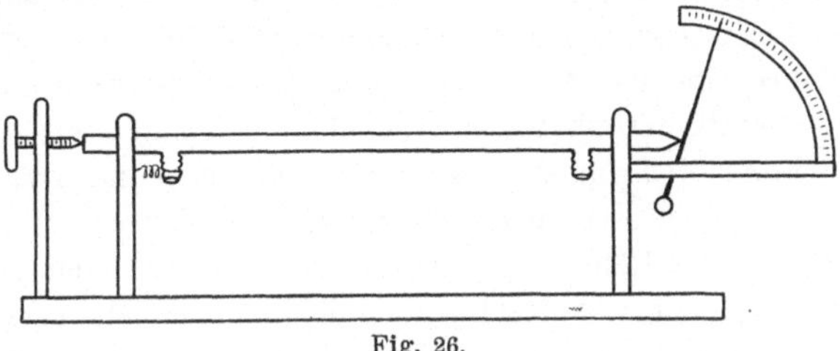

Fig. 26.

Hierauf stellt man den Wasserstrom ab, entfernt den Schlauch und bringt statt dessen eine möglichst kurze Schlauchverbindung zwischen Ansatzrohr und dem inzwischen angeheizten Dampfkessel an. Wird nun der Dampfhahn geöffnet, so strömt der Dampf durch die Röhre und der Zeiger beginnt sich zu bewegen. Sobald der äußerste Ausschlag erreicht ist, notiert man die Zeigerstellung; dabei muß der Zeiger aufmerksam beobachtet werden, da nach kurzer Zeit ein kleiner Rückgang stattfindet, der seine Ursache in einer allmählichen Erwärmung und Ausdehnung von Trägerteilen hat.

Der Zeigerausschlag, multipliziert mit dem oben gefundenen Skalenwert $\dfrac{d}{z}$, gibt die Verlängerung des Rohres in Millimetern.

Entnimmt man noch aus Tab. 4 die Siedetemperatur bei dem herrschenden Barometerstand, so hat man alle zur Berechnung von α

4*

erforderlichen Größen: die Rohrlänge l bei der Anfangstemperatur, die Verlängerung und die Temperaturerhöhung gleich der Differenz von Siedetemperatur und Temperatur des Wasserleitungswassers.

Dieselbe Messung kann mit der Eisenröhre ausgeführt werden.

56. Eine Röhre zu kalibrieren.

Erklärung. Eine an einem Ende eben verschlossene Glasröhre ist so auf einem Maßstab mit Millimeterteilung befestigt, daß ihr geschlossenes Ende mit dem Nullpunkt der Teilung zusammenfällt. Wird diese Röhre einmal bis zum Teilstrich a, ein andermal bis zum Teilstrich b z. B. mit Quecksilber gefüllt, so können die Längen a und b nur dann als proportional dem Volumen oder als Maße für die Volumina genommen werden, wenn die Glasröhre an allen Stellen genau gleichweit und durchaus zylindrisch ist. Im allgemeinen wird diese Bedingung aber nur höchst selten erfüllt sein, und ein gewisses Flüssigkeitsvolumen wird beispielsweise in der gegebenen, nicht vollkommen zylindrischen Röhre eine Länge x ausfüllen, während es in einer idealen Röhre eine um δ längere Säule von y mm gebildet hätte. Dann wäre also statt der abgelesenen Zahl x die Länge $x + \delta$ zu setzen, um das richtige Maß für das betreffende Volumen zu erhalten.

Es müssen demnach zur Lösung der gestellten Aufgabe für alle Stellen der Röhre die Verbesserungen δ bestimmt werden, durch welche die gemachten Ablesungen in die Zahlenwerte verwandelt werden, wie sie sich in einer idealen Röhre ergeben haben würden.

Zubehör. Röhre auf Maßstab, Meßgläschen für Quecksilber mit abgeschliffenem Rand, kleine Glasplatte zum Abstreichen, Trichterchen, dünner Eisendraht, Quecksilberflasche, Lupe, Papiermachéschale, Koordinatenpapier (2 mm).

Ausführung. Alle Arbeiten mit Quecksilber werden über der großen Papiermachéschale vorgenommen. Man steckt das Trichterchen in die Mündung der vertikal gestellten Röhre, füllt durch Eintauchen in die Flasche das Schöpfgläschen mit Quecksilber und streicht über der Flasche die Kuppe mit dem Glasscheibchen ab. Dann entleert man das Gläschen in den Trichter und entfernt den letzteren. Da die Röhre ziemlich eng ist, so wird sich der Quecksilberfaden in der Röhre nicht freiwillig weiter bewegen, weil die eingeschlossene Luft nicht entweichen kann. Wenn man aber den sehr dünnen Eisendraht in die Röhre bringt und durch den Quecksilberfaden hindurchführt, so wird sich der Faden langsam nach unten bewegen, weil jetzt die Luft dem Eisendraht entlang entweichen kann.

Ist es auf diese Art gelungen, das eingefüllte Quecksilber frei von Luftblasen am unteren Rohrende zu sammeln, so liest man mit Hilfe der Lupe die Länge des Fadens ab und notiert dieselbe. Hierauf wird die gleiche Quecksilbermenge mit dem Schöpfgläschen abgemessen, in der nämlichen Weise eingefüllt und abermals die Länge des Quecksilberfadens abgelesen und notiert. In dieser Weise fährt man fort, bis die Röhre nahezu gefüllt ist.

Die Resultate werden nach folgendem Muster angeschrieben:

Eingefüllte Volumina	Abgelesene Längen	Berechnete Längen	Verbesserung δ der abgel. Längen
1	44,8 mm	44,8	$+\,0$
2	89,2 „	89,6	$+\,0{,}4$
3	133,1 „	134,4	$+\,1{,}3$
….	………	…..	…..

In die erste Kolonne kommt die Anzahl der eingefüllten gleichen Volumina v, in die zweite die abgelesenen Längen der Quecksilbersäulen, in die dritte die unter der Annahme berechneten Längen, daß die Röhre den Querschnitt, den sie zwischen 0 und 44,8 hat, in vollkommen gleicher Weise bis ans Ende beibehielte, also die Vielfachen von 44,8 mm; in die vierte kommen die Differenzen, d. h. die Zahlen, die zu den Ablesungen der zweiten Kolonne hinzuzufügen sind, damit man die Längen in einer überall gleichweiten, durchaus zylindrischen Röhre erhält, denn nur diesen Längen dürfen die Volumina proportional gesetzt werden.

Die Hauptsache ist aber die graphische Darstellung der erhaltenen Zahlen. Die abgelesenen Längen nimmt man als Abszissen (1 cm Länge = 2 mm), die Differenzen δ als Ordinaten (1 mm = 2 mm). Aus dieser Kurve kann man dann jederzeit für jede abgelesene Länge die Korrektion entnehmen, durch welche sie auf die Ablesungen in einer idealen Röhre reduziert wird.

57. Das Gesetz von Boyle und Mariotte zu prüfen.

Erklärung. Das Boylesche Gesetz sagt aus, daß sich die Spannung p eines Gases umgekehrt proportional seinem Volumen v ändert, oder daß das Produkt $p \cdot v$ von Spannkraft und Volumen für eine bestimmte Gasmasse eine konstante Größe ist, solange die Temperatur sich nicht verändert.

Diese Beziehung kann mit Meldes Kapillare geprüft werden. In einer Glasröhre von 1 m Länge und 2 mm innerem Durchmesser, die an einem Ende eben verschlossen ist, befindet sich ein Quecksilberfaden von der Länge h_1 cm (20—30 cm), der bei wagrechter Lage I der Röhre

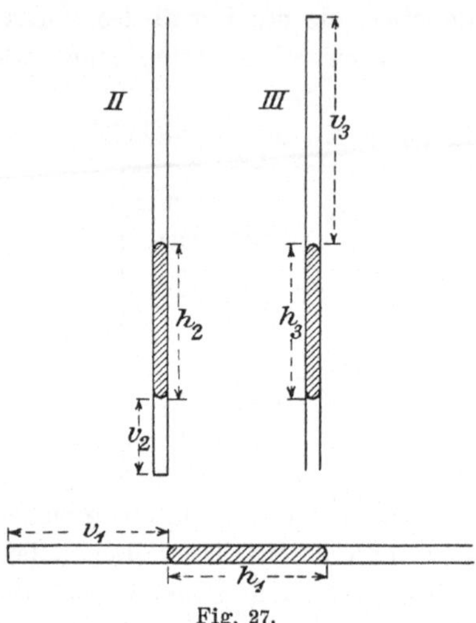

Fig. 27.

einen Luftfaden von der Länge v_1 cm (ca. 40 cm) absperrt. Der Druck, der auf diesem Luftfaden lastet, also auch seine Spannung, ist gleich dem atmosphärischen Druck b cm, also das Produkt beider $= v_1 \cdot b$.

Bringt man die Röhre in die Stellung II, das verschlossene Ende unten, so ist der äußere Druck $(b + h_2)$ cm und das Volumen v_2 cm (d. h. die Länge des Luftfadens) ist kleiner als v_1. Das Produkt $v_2 \cdot (b + h_2)$ muß gleich $v_1 \cdot b$ sein.

In der Stellung III, offenes Ende unten, ist der äußere Druck $(b - h_3)$, dementsprechend das Volumen v_3 größer als v_1 und das Produkt $v_3 (b - h_3) = v_1 \cdot b$. In einer Röhre von überall gleichem Kaliber müssen natürlich die verschiedenen Werte von h unter sich gleich sein; meistens wird dies nicht genau zutreffen.

Zubehör. Kapillare auf Maßstab, Kasten mit Zubehör (Trichterchen, Schöpfgläschen, Eisendraht), Quecksilberflasche, große Papiermaché-Schale, Lupe, Barometer. (P. Z. **15**. 196.)

Ausführung. Alle Arbeiten mit Quecksilber werden in der großen Papiermaché-Schale vorgenommen. Das Schöpfgläschen, welches einen Quecksilberfaden von 10 cm Länge liefert, wird zweimal durch Eintauchen in das Quecksilbergefäß gefüllt und mittels des Trichterchens in die Röhre entleert; nachdem das Trichterchen entfernt ist, wird der Eisendraht in die Röhre eingeführt und damit der Quecksilberfaden unter Entfernung von Luftblasen an das untere, geschlossene Rohrende gebracht. Dann wird die Röhre auf den Tisch gelegt und das geschlossene Ende ein wenig gehoben; durch Herausziehen des Eisendrahtes kann man leicht den Quecksilberfaden an jede beliebige Stelle der Röhre bringen, also einen Luftfaden von gewünschter Länge herstellen. Hat man das erreicht, so wird der Eisendraht bei wagrechter Lage der Röhre vollends entfernt.

Zur Messung legt man die Röhre auf die Tischplatte und bestimmt und notiert die Orte der Quecksilberkuppen; darauf legt man die Röhre in umgekehrter Lage — links und rechts vertauscht — auf dieselbe Stelle des Tisches und liest wieder ab. Nimmt man von beiden Ablesungen das Mittel, so wird das Resultat frei von dem Einfluß nicht genau wagrechter Lage.

Alsdann wird der Apparat in Lage *II* an die Wand gehängt (geschlossenes Ende unten) und wieder die Lage und Länge des Quecksilberfadens bestimmt. Zuletzt verfährt man ebenso mit der Röhre in Stellung *III* (offenes Ende unten).

Bei allen diesen Messungen vermeide man Erwärmung der Luftsäule durch direkte Berührung der Röhre mit der Hand. Bei den Ablesungen ist zur Vermeidung von parallaktischen Fehlern die Benutzung einer Lupe empfehlenswert, falls man nicht vorzieht, einen schmalen Spiegel neben die Röhre auf den Maßstab zu legen.

Schließlich wird noch am Barometer die Größe b des Luftdrucks bestimmt. Die Resultate können in folgender Weise angeschrieben werden:

Ort der Quecksilber-kuppen		h	v	$b = 73,99$ p	$v \cdot p$
31,90 cm	51,00 cm	19,10	31,90 cm	93,09 cm	2969
. . . .	. . . .	. . . . .	. . . .	. . . .	. . . .

58. Den Barometerstand mit Meldes Kapillare zu bestimmen.

Erklärung. Die drei Versuche der vorigen Aufgabe liefern die beiden Gleichungen:

$$v_2 \cdot (b + h_2) = v_1 \cdot b \qquad v_3 \cdot (b - h_3) = v_1 \cdot b.$$

Löst man diese Gleichungen nach b auf, so erhält man für den Luftdruck die beiden Werte:

$$b = v_2 \cdot h_2 : (v_1 - v_2) \qquad b = v_3 \cdot h_3 \cdot (v_3 - v_1).$$

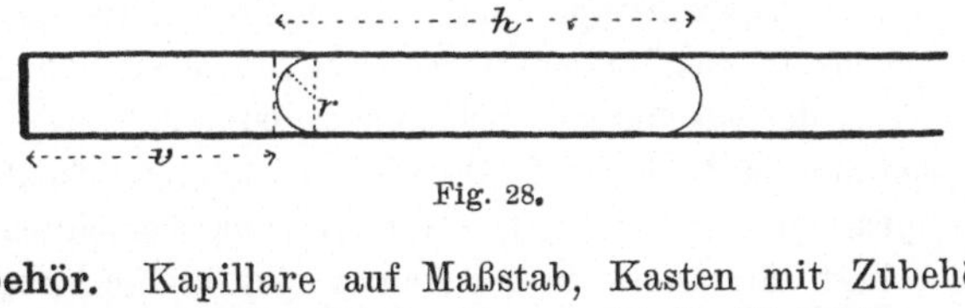

Fig. 28.

Zubehör. Kapillare auf Maßstab, Kasten mit Zubehör, Quecksilberflasche, Papiermaché-Schale, Lupe. (P. Z. **15**. 196.)

Ausführung. Wie bei der vorigen Aufgabe, doch ist es nötig, hier an den gemessenen Längen v und h eine kleine Verbesserung anzubringen. Da man nämlich an der Kuppe abliest, so wird das Luftvolumen zu klein gefunden um den Unterschied eines Zylinders und einer Halbkugel vom Radius der Röhre. Das Volumen der Luftsäule wäre also zu vergrößern um $\left(r^2 \cdot \pi \cdot r - \frac{2}{3} r^3 \cdot \pi\right) = \frac{1}{3} r^3 \cdot \pi$, ihre Länge dagegen, die als Maß des Volumens dient, um $\frac{1}{3} r^3 \pi : r^2 \pi = \frac{r}{3}$; ebenso ist h zu verkleinern um $2 \cdot \frac{r}{3}$. Bei einer Röhre von 2 mm Durchmesser macht das $+ 0{,}3$ mm und $- 0{,}7$ mm.

59. Den Siedepunkt einer Flüssigkeit zu bestimmen.

Erklärung. Der Siedepunkt einer Flüssigkeit ist diejenige Temperatur, für welche die Dampfspannung gleich dem Luftdruck ist. Füllt man demnach eine U förmig gebogene Glasröhre mit kurzem, geschlossenem und langem, offenem Schenkel mit Quecksilber, so daß der kurze Schenkel ganz gefüllt ist und im langen das Quecksilber niedriger steht, und bringt in den kurzen Schenkel einige Tropfen z. B. von Alkohol, so kann man beim langsamen Erwärmen der Vorrichtung im Wasserbad beobachten, wie der wachsende Dampfdruck des Alkohols allmählich das Quecksilber in dem offenen Schenkel in die Höhe drückt, bis beide Säulen gleichlang sind; das ist der Augenblick, wo die Dampfspannung gleich dem Luftdruck ist. Die entsprechende Temperatur kann nun leicht bei steigendem, wie bei sinkendem Thermometer bestimmt werden; das Mittel ist der Siedepunkt bei dem herrschenden Luftdruck.

Zubehör. Wasserbad von Glas mit dreifach tubuliertem Deckel, Thermometer, Wasserkessel, Dreifuß, Gasbrenner, Schlauch, Manometerrohr mit Zubehör, Quecksilber, Alkohol (Äther), Papiermaché-Schale. (P. Z. **15**. 197.)

Ausführung. Zunächst wird mit Hilfe eines Trichterchens in das Manometerrohr etwas Quecksilber eingebracht und durch Neigen der geschlossene Schenkel vollständig unter Vermeidung von Luftblasen angefüllt. Darauf füllt man den langen Schenkel bis oben mit der zu prüfenden Flüssigkeit, etwa Alkohol, verschließt mit dem Finger und bringt durch vorsichtiges Neigen eine kleine Menge davon in den geschlossenen Schenkel, etwa so viel, daß 1 cm der Röhre gefüllt ist. Dann verdrängt man den Rest des Alkohols und das überflüssige Quecksilber aus dem langen Schenkel durch Eintauchen eines Glasstabes,

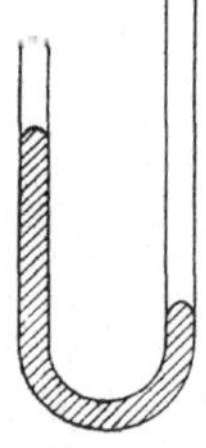
Fig. 29.

der die Röhre nahezu ausfüllt. Es genügt, wenn das Quecksilber 1 oder 2 cm in den langen Schenkel hineinragt.

Der lange Schenkel des Manometers wird nun mittels eines Korkes in dem einen Tubus des Deckels befestigt, in den zweiten kommt das Thermometer, und zwar so, daß sich sein Quecksilbergefäß nahe bei dem geschlossenen Manometerschenkel befindet, in den dritten das Dampfrohr, das mittels eines kurzen Schlauchstückes mit dem Dampfhahn des Wasserkesselchens verbunden ist. Das Wasserbad wird nur so hoch mit Wasser gefüllt, daß der geschlossene Schenkel des möglichst tief stehenden Manometerrohres gerade bedeckt ist.

Nun wird das Wasser im Kessel zum Sieden erhitzt; durch den einströmenden Dampf erwärmt sich das Wasserbad und der sich entwickelnde Alkoholdampf drückt das Quecksilber im geschlossenen Manometerschenkel herab, während es im offenen steigt. In dem Augenblick, wo die beiden Quecksilberkuppen gleichhoch stehen, gibt der eine Beobachter ein Zeichen (kurzer Schlag auf den Tisch), worauf der andere, der inzwischen das steigende Thermometer beobachtet hat, den augenblicklichen Stand notiert.

Wird hierauf der Dampf abgestellt, so sinkt die Temperatur des Bades und das Quecksilber des Manometers geht wieder zurück; in dem Augenblick, wo die Säulen wieder gleichstehen, wird beobachtet wie das erstemal. Das Mittel beider Ablesungen ist der gesuchte Siedepunkt.

Ebenso können Äther, Benzol und andere niedrig siedende Flüssigkeiten untersucht werden.

60. Die relative Luftfeuchtigkeit zu bestimmen.

Erklärung. Die Menge Wasserdampf in Gramm, die ein Kubikmeter Luft zur Sättigung aufnehmen muß, ist, wie Tab. 5 lehrt, abhängig von der Temperatur; bei hoher Temperatur vermag die Luft mehr Feuchtigkeit aufzunehmen, bei niederer weniger. Gewöhnlich ist die Luft nicht mit Feuchtigkeit gesättigt; sie enthält auf den cbm weniger g Wasser, als sie bei der herrschenden Temperatur t^0 bis zur Sättigung aufnehmen könnte. Die M g Wasserdampf, die zur Sättigung des cbm bei t^0 erforderlich sind, können aus Tab. 5 jederzeit abgelesen werden; die Menge m g, die der Kubikmeter tatsächlich enthält, wird dadurch gefunden, daß man die Luft bis zu derjenigen Temperatur τ^0 abkühlt, bei der eben das Wasser sich niederzuschlagen beginnt, wo also die Luft mit dem vorhandenen Wasserdampf gesättigt ist; man nennt diese Temperatur den Taupunkt. Tab. 5 zeigt aber, daß bei τ^0 die Sättigungsmenge des Kubikmeters m g ist.

Tatsächlich enthält also 1 cbm Luft bei t^0 eine Menge von m g Wasserdampf; er könnte aber bei dieser Temperatur M g enthalten und wäre dadurch erst gesättigt; also ist $\dfrac{m \cdot 100}{M}$ g die im Kubikmeter enthaltene Wassermenge in Prozenten derjenigen Menge, die der Kubikmeter bei der herrschenden Temperatur überhaupt aufnehmen könnte, der sogen. relative Sättigungsgrad.

Zubehör. Hygrometer mit Thermometer, Glasschirm, Thermometer für die Lufttemperatur, Blasebalg, Schläuche, Stativtischchen, Schwefeläther.

Ausführung. Man füllt das Hygrometer zur Hälfte mit Schwefeläther, setzt den Deckel mit Thermometer auf und verbindet die eine Röhre durch ein Schlauchstück mit dem Blasebalg, während die andere mit einem Schlauch versehen wird, der ins Freie führt. Treibt man jetzt Luft durch das Hygrometer, so kühlt sich der Äther durch die erzwungene Verdampfung stark ab, und wenn seine Temperatur (und die der nächsten Umgebung) gleich dem Taupunkt geworden ist, sieht man an der spiegelnd polierten Gefäßwand einen leichten Niederschlag von Wasserdampf entstehen. Die Temperatur, bei der dieser Niederschlag eintritt, wird notiert. Darauf hört man mit dem Durchblasen von Luft auf, die Temperatur des Gefäßes steigt langsam, und nun wird bei einer gewissen Temperatur der Niederschlag wieder verschwinden. Das Mittel der beiden beobachteten Temperaturen ist der Taupunkt τ.

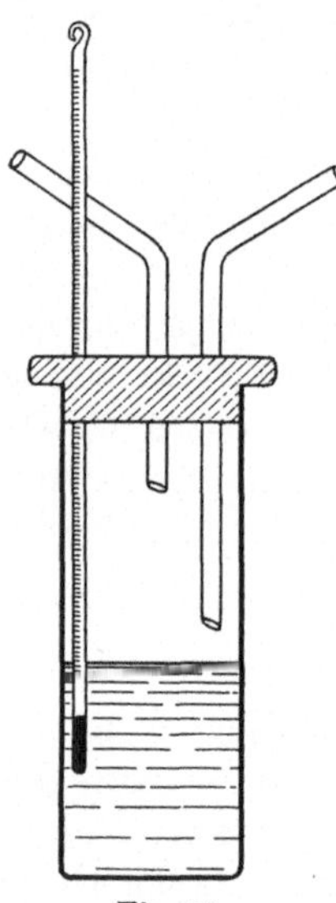

Fig. 30.

Die Tabelle lehrt, wieviel Gramm Wasserdampf bei τ^0 im Kubikmeter Luft enthalten sind. Nun liest man an dem zweiten Thermometer die Lufttemperatur t^0 ab und entnimmt der Tabelle die Wasserdampfmenge, die der Kubikmeter bei dieser Temperatur aufnehmen könnte. Die Berechnung geschieht wie oben angegeben.

61. Die Wärmeausdehnung von Petroleum zu untersuchen.

Erklärung. Um zu untersuchen, wie sich das Volumen einer Flüssigkeit mit wachsender Temperatur ändert, kann man folgenden Weg einschlagen. Man bestimmt zunächst das Volumen eines Fläschchens bei der Temperatur 0^0, indem man dasselbe zuerst leer, dann gefüllt mit Wasser von 0^0 wiegt; soviel Gramm Wasser das Gefäß faßt, soviel Kubikzentimeter beträgt sein Volumen bei dieser Temperatur. Aus dem so gefundenen v_0 kann man das Volumen v des Gefäßes bei t^0 leicht nach Tab. 3 berechnen, indem man v_0 mit der dort für t^0 angegebenen Zahl R multipliziert.

Alsdann wiegt man das Gläschen gefüllt mit Petroleum von t^0; findet man als Gewicht des Petroleums p g, so weiß man, daß p g Petroleum von t^0 v ccm betragen, und kann daraus das Volumen von einem Gramm, das sogen. Grammvolumen $= \dfrac{v}{p}$ für t^0 berechnen.

In gleicher Weise bestimmt man das Grammvolumen für einige andere Temperaturen zwischen 0^0 und 100^0 und stellt die Resultate graphisch dar.

Zubehör. 100 g-Gläschen mit Marke am engen Hals und Stopfen, kleiner Saugheber dazu, Wage und Gewichtsatz, Zinktopf mit zerkleinertem Eis, Wasserbad mit Thermometer, Dreifuß und Gasbrenner, destilliertes Wasser, Petroleum, Fließpapier, Koordinatenpapier (1 mm).

Ausführung. Man stellt zuerst die Flaschen mit destilliertem Wasser und Petroleum in das schmelzende Eis, damit beide schon die Temperatur 0^0 annehmen. Inzwischen wiegt man das 100 g-Gläschen leer mit Stopfen, sein Gewicht sei p g, dann füllt man es mit destilliertem Wasser, bringt es in das Gefäß mit gestoßenem Eis und saugt, sobald die Flüssigkeit im Hals ihre Stellung nicht mehr ändert, mit dem Heber von abgepaßter Länge das Wasser bis zur Marke ab. Darauf wird das

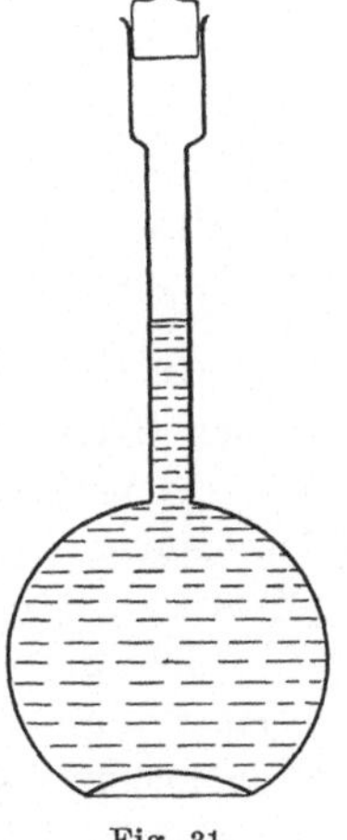

Fig. 31.

Gefäß zugestopft, mit Fließpapier gut abgetrocknet und wieder gewogen. Findet man hierbei P g, so ist $(P-p)$ ccm das Volumen des Gefäßes bei 0^0 und $R \cdot (P-p)$ ccm das Volumen bei t^0, wobei der Faktor R für jede Temperatur zwischen 0^0 und 100^0 der Tab. 3 entnommen werden kann.

Nun entleert man das Gefäß, spült es mit Alkohol und Äther aus und trocknet es über einer Gasflamme; alsdann füllt man es mit dem auf 0^0 abgekühlten Petroleum und verfährt ganz ebenso wie bei der Füllung mit Wasser. Hat man Temperatur und Gewicht des Petroleums notiert, so bringt man das gefüllte Fläschchen ins Wasserbad und erwärmt auf etwa 20^0; ist die Stellung der Flüssigkeit im Hals stationär geworden, so saugt man wieder das überschüssige Petroleum bis zur Marke ab und bestimmt das Gewicht.

In dieser Weise fährt man fort, das Gewicht des Petroleuminhaltes bei verschiedenen Temperaturen, z. B. von 20^0 zu 20^0 bis etwa 100^0, zu bestimmen. Da man nach obigem für jede Beobachtungstemperatur das Volumen des Gefäßes berechnen kann und die einzelnen Wägungen das Gewicht des Petroleuminhaltes geben, so kann für jede Temperatur das Grammvolumen berechnet werden.

Man wird die Resultate etwa so anschreiben:

Gewicht des leeren Gläschens $= p$ g $\quad\rbrace$

Gew. des Gläschens $+$ Wasser von $0^0 = P$ g $\quad$ Volumen bei $0^0 = (P-p)$ ccm.

Temperatur t^0	Gew. des Gläschens + Petrol.	Gew. des Petroleums	Volumen des Gefäßes = $R \cdot (P-p)$	Gramm-volumen	Kubischer Aus-dehnungs-Koeffizient
. . .	. . . .	. . . . . .	. . . . . .	. . . . .	
19^0	104,011	79,539	100,25	1,260	. . . .
. . .	. . . .	. . . . . .	. . . . . .	. . . . .	0,00094

In die letzte Kolonne kann man den Quotient der Differenz je zweier Grammvolumina durch die entsprechende Temperaturdifferenz, d. i. die Vergrößerung des Grammvolumens pro Grad, anschreiben. Die Ausdehnung des Kubikzentimeters pro Grad erhält man durch Multiplikation mit dem spezifischen Gewicht der betreffenden Flüssigkeit.

Die graphische Darstellung geschieht in der Weise, daß man die Temperaturen zu Abszissen ($1^0 = 1$ mm) und die Vergrößerungen des Grammvolumens, von demjenigen bei 0^0 an gerechnet, zu Ordinaten macht ($^1/_{1000}$ ccm $= 1$ mm).

62. Die Ausdehnung des Wassers zwischen 0^0 und 12^0 zu untersuchen.

Erklärung. Wenn man eine Flüssigkeit in einem Gefäß mit enger Röhre erwärmt, so läßt sich an dem Steigen der Flüssigkeit in der Röhre nur die scheinbare Ausdehnung, d. h. der Unterschied zwischen der Ausdehnung des Inhalts und des Gefäßes, beobachten. Da nun Wasser von 0^0 sich bei der Erwärmung zunächst zusammenzieht und erst von etwa 4^0 an ausdehnt, während sich das Gefäß von 0^0 an ohne Unterbrechung ausdehnt, so wird man das unregelmäßige Verhalten des Wassers auf diese Art nicht r e i n beobachten können. Insbesondere ist es nicht angängig, die Temperatur, bei der das Wasser in der Röhre

seinen tiefsten Stand erreicht, für die Temperatur des sogen. Dichte-
maximums zu erklären.

Es läßt sich aber leicht ein Gefäß herstellen, dessen Rauminhalt
in dem angegebenen Temperaturintervall unveränderlich ist. Der
kubische Ausdehnungskoeffizient von Messing ist 0,000056, der von
Schwefelkohlenstoff $= 0,00121$ oder 22 mal so groß als der erstere.
Füllt man demnach $^1/_{22}$ des Hohlraumes eines Messinggefäßes mit CS_2 an,
so bilden die übrigen $^{21}/_{22}$ des Gefäßes einen Raum konstanten Volumens,
das Gefäß ist in bezug auf die Wärmeausdehnung kompensiert.

Wird ein solches kompensiertes Gefäß mit Wasser gefüllt und
mit einem vollkommen dichtschließenden Stopfen verschlossen, durch
den eine Kapillarröhre führt, so kann man in der Kapillare die stattfindenden Änderungen des Volumens bei einer Erwärmung von 0^0 auf
12^0 unmittelbar beobachten und messen. Ist das Volumen V des Gefäßes in Kubikzentimetern bekannt und hat man auch das Volumen v_1
eines Stückes der Kapillare von 1 cm Länge im gleichen Maß bestimmt,
so kann man aus dem beobachteten Steigen und Fallen der Flüssigkeit
auch die Volumänderungen berechnen, welche die Volumeinheit des
Wassers zwischen den Beobachtungstemperaturen erfährt.

Zubehör. Spiralrohr aus Messing mit Stopfen und Kapillare,
Wasserbad mit Rührer, Schwefelkohlenstoff, destilliertes Wasser, Tarierwage, Gewichtsatz, Quecksilberflasche, Meßgläschen, Papiermaché-Schale,
Zinktopf mit zerkleinertem Eis, Thermometer von 0^0 bis 20^0 in $^1/_{10}{}^0$
geteilt, Koordinatenpapier (mm). (P. Z. **2**. 159.)

Ausführung. Zunächst wird das Volumen eines Stückes der
Kapillarröhre von 1 cm ermittelt, indem man nach Aufg. 14 das Gewicht p g eines Quecksilberfadens von l cm Länge bestimmt; dann
ist $p = v \cdot 13{,}55$, also $v = \dfrac{p}{13{,}55}$ und $v_1 = \dfrac{p}{13{,}55 \cdot l}$ ccm.

Alsdann muß man das Volumen V des nicht kompensierten Gefäßes
bestimmen; man tariert zu diesem Zweck das leere Gefäß nebst Verschluß-
röhre auf der Wage mit Schrot, füllt es mit destilliertem Wasser, verschließt, trocknet und wiegt dasselbe. Aus dem bei der Temperatur t^0
gefundenen Gewicht P g des Wassers kann man nach Tab. 2 das
Volumen V ccm des Gefäßes bei 4^0 finden, indem man P mit der dort
für t^0 angegebenen Zahl R_4 multipliziert. Nun mißt man in einem Meßgläschen $\dfrac{V}{22}$ ccm Schwefelkohlenstoff ab, schüttet denselben in die zuvor
entleerte Spiralröhre ein und füllt sie dann mit luftfreiem Wasser auf.
Dann befinden sich in der wärmekompensierten Spirale $\dfrac{21 \cdot V}{22}$ ccm Wasser.

Jetzt bringt man die Spirale zusammen mit dem Thermometer in ein Wasserbad von 12⁰; hat das Gefäß diese Temperatur angenommen, so verschließt man die Öffnung mit dem Kónus, in den die Kapillare eingekittet ist, und zieht die Dichtungsschraube an; das dabei in das Trichterchen am Ende der Kapillare eintretende Wasser wird mit Fließpapier abgesaugt. Hierauf ersetzt man das Wasserbad durch zerstoßenes Eis oder durch Schnee und wartet, bis die Wassersäule in der Kapillare ihren Stand nicht mehr ändert. Dann liest man die Temperatur des Bades und den Stand der Wasserkuppe ab und notiert beide.

Nachdem man das noch nicht geschmolzene Eis entfernt hat, erhöht man sprungweise durch Zugießen von warmem Wasser die Temperatur des Bades, etwa um $^1/_2$⁰ jedesmal, und bestimmt unter sorgfältigem Umrühren in gleicher Weise wie vorhin Wasserstand und Temperatur.

Die Resultate werden zunächst tabellarisch nach folgendem Muster angeschrieben und alsbald zur Konstruktion einer Kurve verwendet, indem man die Temperaturen zu Abszissen ($1^0 = 10$ mm) und die Ablesungen an der Kapillare zu Ordinaten macht (1 mm $= 1$ mm). Man sieht, daß das Wasser bei etwa 4^0 sein kleinstes Volumen, also ein Dichtemaximum hat.

Temperatur	Stand des Wassers in der Kapillare	Erhebung des Wassers über den niedrigsten Stand	Ausdehnung von v ccm Wasser (bei 4^0) in cmm	Ausdehnung von 1 l Wasser (bei 4^0) in cmm
...	...	...	...	...

Dieser Kurve entnimmt man den niedrigsten Stand des Wassers in der Kapillarröhre und vermindert um die gefundene Zahl alle Ablesungen; so erhält man die Zahlen der dritten Kolonne, d. h. die Erhebungen des Wassers in der Röhre bei den verschiedenen Beobachtungstemperaturen, vom Stand des kleinsten Volumens an gerechnet.

Multipliziert man diese in Zentimetern gemessenen Erhebungen mit der Zahl $1000 . v_1$, d. h. dem Volumen eines Zentimeters der Kapillarröhre gemessen in Kubikmillimeter, so erhält man die Ausdehnung des Wasservolumens $v = \frac{21}{22} V$ ccm über den Betrag seines kleinsten Volumens für jede Beobachtungtemperatur in Kubikmillimetern; diese Zahlen werden in die vierte Kolonne geschrieben.

Dividiert man diese Ausdehnungen durch das in Litern ausgedrückte Volumen $\frac{v}{1000}$ des Gefäßes, so erhält man die Zahlen der fünften Kolonne, die nunmehr den Volumzuwachs einer Wassermenge, die bei 4^0 1 l beträgt, in Kubikmillimetern bei den einzelnen Beobachtungstemperaturen angeben.

Mit diesen Zahlen kann man eine neue Kurve zeichnen; die Beobachtungstemperaturen werden Abszissen ($1^0 = 10$ mm), die Volumvergrößerungen in Kubikmillimetern Ordinaten (1 cmm = 1 mm). Aus der so erhaltenen Zeichnung kann man nun zu jeder beliebigen Temperatur zwischen 0^0 und 12^0 die Ausdehnung von 1 l Wasser über sein bei 4^0 gemessenes Volumen ablesen.

63. Die spezifische Wärme von Kupfer (Glas) zu bestimmen.

Erklärung. Spezifische Wärme nennt man die Anzahl Gramm-Kalorien, die ein Gramm eines Stoffes aufnehmen muß, damit seine Temperatur um 1^0 steigt. Werden m g eines festen Körpers von der spezifischen Wärme x, nachdem man sie auf T^0 erwärmt hat, in ein Gefäß mit M g Wasser von t^0 gebracht, so stellt sich beim Umrühren eine Mischungstemperatur τ^0 ein, und es ist dann die von dem warmen Körper abgegebene Wärmemenge gleich der vom Wasser aufgenommenen, das bekanntlich für jedes Gramm und jeden Grad Temperaturerhöhung 1 g kal. verbraucht.

Aber auch das Gefäß und der Rührer nehmen teil an der Wärmeaufnahme; bestehen dieselben aus p g Messing von der spezifischen Wärme 0,093, so nehmen sie pro Grad ebensoviel Wärme auf, wie $0,093 \cdot p = w$ g Wasser (**Wasserwert des Gefäßes**). Man kann also in der Ausrechnung einfach die Menge des Wassers um w g vermehren, um den Anteil von Gefäß und Rührer an der Wärmebewegung zu berücksichtigen. Der Wasserwert des Thermometers darf meist vernachlässigt werden, wenn keine sehr weitgehende Genauigkeit erstrebt wird.

Die von dem festen Körper bei seiner Abkühlung von T^0 auf τ^0 abgegebene Wärmemenge beträgt $m \cdot (T - \tau) \cdot x$ g-kal.; andererseits ist die vom Wasser, Gefäß und Rührer aufgenommene Wärmemenge $(M + w) \cdot (\tau - t)$ g-kal. Beide Mengen sind gleichzusetzen und daraus ergibt sich $x = (M + w) \cdot (\tau - t) : m (T - \tau)$.

Zubehör. Kalorimeter mit Rührer und Thermometer, Kästchen mit Kupferschrot (und Glasschrot), Dampfkessel, Dreifuß, Brenner, Heizröhre mit Schirm, Wage, Gewichtsatz, Barometer.

Ausführung. Man füllt den Innenraum der Heizröhre mit ca. 80 g Kupferschrot (oder 40 g Glasschrot), setzt den Deckel auf und verbindet die obere Ansatzröhre des Mantels durch einen kurzen Schlauch mit dem Dampfkessel; von der unteren leitet man einen Schlauch in einen Topf zur Aufnahme des Kondensationswassers. Alsdann erhitzt man das Wasser zum Sieden und läßt den Dampf etwa 15 min. lang durch den Apparat strömen.

Inzwischen wiegt man das Kalorimetergefäß nebst Rührer, sowie das Kalorimeter nebst Rührer und Thermometer und notiert die Resultate; dann füllt man ungefähr 150 ccm Wasser ein und wiegt wieder;

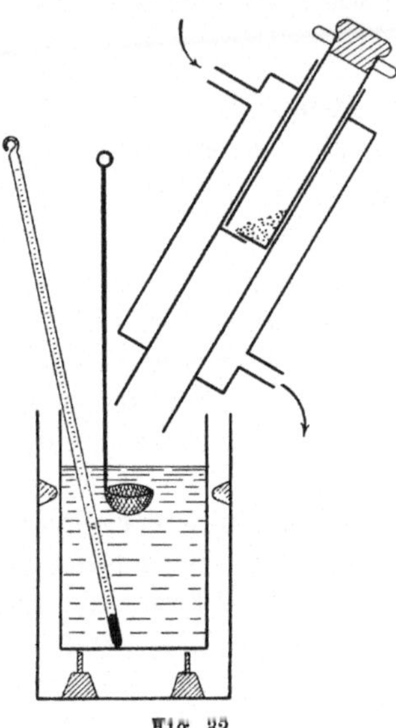

Fig. 32.

die Differenz der beiden letzten Wägungen ist das Gewicht m g des Wassers. Nun liest man die Temperatur t^0 des Wassers ab, schiebt das Kalorimeter unter das Heizgefäß und dreht die innere Röhre um 180^0 um ihre Achse, so daß der Kupferschrot in das Körbchen des Rührers gleitet. Während man nun langsam den Rührer unter Wasser auf und ab bewegt, beobachtet man das Thermometer und notiert seinen höchsten Stand.

Von den Größen der oben angegebenen Formel fehlen jetzt noch das Gewicht und die Temperatur des Kupfers. Um ersteres zu finden, wiegt man abermals das Kalorimeter mit Inhalt und zieht von dem Ergebnis das Gewicht von Kalorimeter nebst Rührer, Thermometer und Wasserinhalt ab. Die Temperatur des Kupfers, d. h. die Siedetemperatur des Wassers, findet man aus Tab. 4, nachdem man noch das Barometer abgelesen hat.

Die Resultate können nach folgender Übersicht angeschrieben werden:

Gew. von Kalorimeter + Rührer = p g (Wasserwert $w = 0{,}093 \cdot p$).

Gew. von Kal. + Rührer + Thermometer = a g
Gew. von Kal. + Rührer + Therm. + Wasser = b g $\Big\}$ $M = (b - a)$ g.

Anfangstemperatur = t^0
Endtemperatur = τ^0
Gew. von Kal. + Thermometer + Rührer + Wasser $\Big\}$ $m = (c - b)$ g.
  + Kupfer = c g

Barometerstand = B cm; Siedetemperatur = T^0.
Lufttemperatur = Θ.

Nachdem man bei diesem Versuch die Temperaturerhöhung kennen gelernt hat, die bei den angewandten Maßen eintritt, kann man bei einer Wiederholung der Messung ein genaueres Resultat erzielen, wenn man die Anfangstemperatur des Kalorimeterwassers auf so viel Grad unter Zimmertemperatur einstellt, wie der halbe Temperaturanstieg $1/_2 (\tau - t)^0$ beträgt; dann wird sich der Wärmeverlust durch die Ausstrahlung in der zweiten Hälfte des Versuchs ausgleichen gegen die Wärmeaufnahme, die während der ersten Hälfte stattgefunden hat.

Derselbe Versuch kann mit Glasschrot durchgeführt werden.

64. Kalorimetrische Bestimmung einer hohen Temperatur.

Erklärung. Es ist leicht einzusehen, daß man auch umgekehrt aus obiger Gleichung T bestimmen kann, wenn man einen auf diese Temperatur erhitzten Körper von der Masse m g und der bekannten spezifischen Wärme x in das Kalorimeter bringt. Wenn dieselben Bezeichnungen gelten wie in der vorigen Aufgabe, so findet man bei Auflösung der Gleichung nach T für diese Temperatur den Wert

$$T = (M + w)\,(\tau - t) : mx + \tau.$$

Zubehör. Kalorimeter mit Rührer und Thermometer, kupferne Kugel mit Haken an einem Halter mit Klemme, Bunsenbrenner, Wage, Gewichtsatz.

Ausführung. Die Kugel wird mittels des Halters etwa 10 Minuten oberhalb des blauen Kegels in die Flamme eines kräftigen Gasbrenners gehalten, rasch über das Kalorimeter gebracht und nach Lösen der Klammer in das Wasser versenkt. Alles andere ist ganz analog der vorigen Aufgabe.

65. Die spezifische Wärme von Petroleum zu bestimmen.

Erklärung. Bringt man m g eines festen Körpers, dessen spezifische Wärme c bekannt ist, nachdem man ihn auf T^0 erwärmt hat, in ein Kalorimetergefäß vom Wasserwert w, welches M g Petroleum von t^0 und der unbekannten spezifischen Wärme x enthält, so müssen wieder wie in der vorigen Aufgabe die abgegebenen und aufgenommenen Wärmemengen gleich sein, und wenn τ die Mischungstemperatur ist, so erhält man die Gleichung:

$$m\,(T - \tau) \cdot c = (M \cdot x + w) \cdot (\tau - t).$$

Aus dieser Gleichung ergibt sich für die unbekannte spezifische Wärme x der Flüssigkeit der Wert

$$x = \left(\frac{m \cdot c \cdot (T - \tau)}{\tau - t} - w\right) : M.$$

Zubehör. Kalorimeter mit Rührer und Thermometer, Kupferschrot, Heizröhre mit Schirm, Dampfkesselchen, Dreifuß und Brenner, Wage und Gewichtsatz, Petroleum.

Ausführung. Das Verfahren entspricht in allen Einzelheiten der in Aufg. 63 gegebenen Darstellung mit der Abänderung, daß das Kalorimeter mit ungefähr 130 g Petroleum zu füllen ist. Die Resultate werden auch in der gleichen Weise angeschrieben.

66. Spezifische Wärme einer Flüssigkeit nach dem Erkaltungsverfahren.

Erklärung. Werden 2 durchaus gleiche Kalorimetergefäße mit Flüssigkeiten von derselben höheren Temperatur gefüllt und in einen Raum von niederer Temperatur gebracht, so verlieren sie pro Sekunde durch Ausstrahlung eine gleiche Wärmemenge, deren Betrag nur abhängt von der Oberflächenbeschaffenheit der Gefäße und ihrem Temperaturüberschuß über die Umgebung. (Aufg. 53 und 54.)

Es erfahren aber hierbei die Gefäße eine verschiedene Abkühlung; die Flüssigkeit mit der geringeren Wärmekapazität kühlt sich rascher ab als die mit der größeren. Kühlen sich demnach beide Flüssigkeiten von T^0 auf t^0 ab, so verhalten sich die hierbei abgegebenen Wärmemengen wie die zur Abkühlung erforderlichen Zeiten.

Zubehör. Schwarzes Kalorimeter mit Thermometer, Wasserbad mit Thermometer, Beobachtungsuhr, Wage, Gewichtsatz, Tarierschrot, destilliertes Wasser und Petroleum (event. Koordinatenpapier, 1 mm).

Ausführung. Das Kalorimeter wird gewogen und sein Wasserwert berechnet (spez. Wärme des Messings 0,093); der Wasserwert des Thermometers ist 0,8. Dann wird das Kalorimeter auf der Wage tariert und mit 15 g Wasser gefüllt. Nachdem das Wasserbad mit kaltem Wasser (oder Eis) beschickt worden ist, wird das Kalorimeter auf etwa 80^0 erwärmt und in das Wasserbad eingehängt; nun beobachtet man die Zeit, die verstreicht, während sich das Kalorimeter von T^0 auf t^0 abkühlt; es seien Z Sekunden.

Hierauf füllt man das Kalorimeter mit der zu prüfenden Flüssigkeit, etwa Petroleum, und verfährt ebenso. Die Abkühlungszeit im Intervall T^0 bis t^0 sei z Sekunden.

Bezeichnet man den Wasserwert von Kalorimeter nebst Thermometers mit w, die Kapazität des Petroleums mit x, so ist die vom

Wasser abgegebene Wärmemenge gleich $(15 \cdot 1 + w) \cdot (T - t)$ kal., die vom Petroleum ausgestrahlte Wärme dagegen $(15 \cdot x + w) \cdot (T - t)$ kal. Daher hat man nach der Erklärung:

$$(15 \cdot 1 + w) : (15 \cdot x + w) = Z : z.$$

Man kann übrigens auch so verfahren, daß man wie bei den Aufg. 53 und 54 beidemal, für Wasser und Petroleum, die Abkühlungskurven auf Grund von minutlichen Temperaturbeobachtungen konstruiert und aus ihnen die Zeiten für den gleichen Temperaturabfall entnimmt. Dies hat den Vorteil, daß man aus den Kurven mehrere Paare zusammengehöriger Z und z entnehmen kann, die ebenso viele Werte für x liefern.

67. Die Schmelzwärme von Eis zu bestimmen.

Erklärung. Bringt man m g Eis in das mit M g Wasser beschickte Kalorimeter, so wird dasselbe schmelzen, und durch die verbrauchte Schmelzwärme wird die Temperatur des Kalorimeterwassers auf τ^0 sinken. Bei diesem Vorgang steht der Wärmeabgabe seitens des Wassers und Gefäßes im Betrag von $(M + w) \cdot (t - \tau)$ g-kal. erstens die von den m g Eis aufgenommene Schmelzwärme von $m \cdot x$ g-kal. gegenüber (wenn x die latente Schmelzwärme von 1 g Eis bedeutet) und zweitens eine weitere Wärmeaufnahme der m g Schmelzwasser bei ihrer Erwärmung von 0^0 auf τ^0; daher die Gleichung:

$$(M + w) \cdot (t - \tau) = m \cdot x + m \cdot \tau,$$

aus der man erhält: $\quad x = \dfrac{(M + w) \cdot (t - \tau)}{m} - \tau.$

Zubehör. Kalorimeter mit Rührer und Thermometer, Wage, Gewichtsatz, Eis, Handtuch.

Ausführung. Das Kalorimeter nebst Rührer und Thermometer wird gewogen, mit ca. 150 g Wasser gefüllt und wieder gewogen. Dann wird die Temperatur des Kalorimeterwassers bestimmt und ein Stück Eis von reichlich Walnußgröße, das man rasch und sorgfältig mit dem Handtuch abgetrocknet hat, unmittelbar aus letzterem in das Kalorimeter eingetragen. Unter fortgesetztem Umrühren wird das Thermometer beobachtet und sein tiefster Stand notiert.

Die Ergebnisse können in folgender Weise angeschrieben werden:

Gew. von Kalorimeter und Rührer $= p$ g (Wasserwert $w = 0,093 \cdot p$).

Gew. von Kalorimeter nebst Rührer und Thermometer $= a$ g

Gew. von Kalorimeter nebst Rührer, Thermometer
 und Wasser $= b$ g

Anfangstemperatur $= t^0$

Endtemperatur $= \tau^0$

Gew. von Kalorimeter nebst Rührer, Thermometer,
 Wasser und Eis $= c$ g

Lufttemperatur $= \Theta$.

$$\left.\begin{array}{l} \\ \\ \\ \end{array}\right\} \begin{array}{l}\text{Gew. d. Wassers}\\ M = (b - a)\ \text{g.}\end{array}$$

$$\left.\begin{array}{l} \\ \\ \\ \end{array}\right\} \begin{array}{l}\text{Gew. d. Eises}\\ m = (c - b)\ \text{g.}\end{array}$$

Auch hier ist es empfehlenswert, dem ersten Vorversuch einen zweiten folgen zu lassen, bei dem man die Anfangstemperatur des Kalorimeterwassers um den halben Temperaturabfall $\left(\dfrac{t - \tau}{2}\right)^0$ über die Zimmertemperatur einstellt, damit Verlust und Gewinn durch die Umgebung sich ungefähr ausgleichen.

68. Die Lösungswärme eines Salzes zu bestimmen.

Erklärung. Die Auflösung vieler Salze, z. B. von Salmiak, in Wasser ist von einem erheblichen Wärmeverbrauch begleitet. Die sogen. Lösungswärme, d. h. die Anzahl Kalorien, die 1 g des Salzes bei der Auflösung verbraucht, kann in derselben Weise bestimmt werden, wie in der vorigen Aufgabe die Schmelzwärme des Eises, allerdings nur so lange, als die spezifische Wärme der entstandenen Lösung sich nicht wesentlich von der des reinen Wassers unterscheidet, also bei relativ kleinen Salzmengen.

Zubehör. Kalorimeter mit Rührer und Thermometer, Wage, Gewichtsatz, Salmiak.

Ausführung. Die Ausführung entspricht vollkommen der bei der vorigen Aufgabe gegebenen Darstellung; auch die Resultate werden in der gleichen Weise angeschrieben. Zur Abmessung einer geeigneten Salzmenge bedient man sich am besten eines kleinen Präparatenglases, das bis zu einer bestimmten Marke gefüllt wird.

Die Berechnung gestaltet sich folgendermaßen: Werden m g Salz von Zimmertemperatur t^0 in M g Wasser von derselben Temperatur eingetragen, so entstehen $(M + m)$ g Lösung, deren Temperatur auf τ^0 sinkt; dann ist die von der Lösung und dem Kalorimetergefäß mit w g Wasserwert abgegebene Wärmemenge $= (M + m + w) \cdot (t - \tau)$ g-kal., dagegen die vom Salz bei der Auflösung aufgenommene Wärmemenge

$= m \cdot x$ g-kal. Aus der Gleichsetzung beider Wärmemengen ergibt sich

$$x = \frac{(M + m + w) \cdot (t - \tau)}{m} \cdot$$

69. Die Dampfwärme des Wassers zu bestimmen.

Erklärung. Werden m g Wasserdampf von T^0 in M g Wasser von t^0 geleitet, so tritt Kondensation des Dampfes zu Wasser von T^0 ein und die hierbei freiwerdende Dampfwärme erhöht die Temperatur des Wassers; außerdem mischt sich das Kondensationswasser von T^0 mit dem Kalorimeterwasser und bewirkt dadurch eine weitere Temperaturerhöhung auf τ^0.

Bezeichnet man die Dampfwärme von 1 g Dampf mit x, so ist die abgegebene Kondensationswärme $= m \cdot x$ g-kal. und die vom Kondensationswasser bei seiner Abkühlung auf τ^0 abgegebene Wärme $= m\,(T - \tau)$ g-kal. Andererseits nehmen das Kalorimeter und sein Wasserinhalt die Wärmemenge $(M + w) \cdot (\tau - t)$ g-kal. auf; daher die Gleichungen

$$(M + w) \cdot (\tau - t) = m \cdot x + m\,(T - \tau); \quad x = \frac{(M + w) \cdot (\tau - t)}{m} - (T - \tau).$$

Zubehör. Kalorimeter mit Thermometer, Dampfkessel, Dreifuß mit Brenner, Dampftrockenrohr, Schirm, Wage, Gewichtsatz, Gummischlauch.

Ausführung. Man wiegt das Kalorimeter zur Bestimmung des Wasserwertes (Aufg. 63), darauf das Kalorimeter nebst Thermometer, füllt etwa 200 g Wasser ein, dessen Temperatur ca. 6^0 unter der Zimmertemperatur steht, und wiegt wieder. Alsdann füllt man den Dampfkessel halb mit Wasser und erhitzt dasselbe auf dem Dreifuß zum Sieden. An dem Dampfhahn wird mittels eines kurzen Schlauchstückes das Trockenrohr befestigt und der Doppelschirm vorgesetzt.

Wenn alles derart erwärmt ist, daß aus dem Dampfrohr trockener Wasserdampf ausströmt, wird die Gasflamme so weit verkleinert, daß nur ein schwacher Dampfstrahl austritt, das Kalorimeter neben den Schirm gesetzt und die Temperatur des Wassers bestimmt und notiert. Nun hebt man die

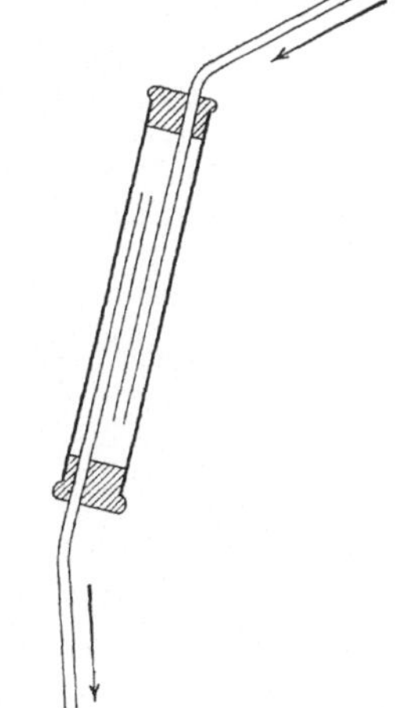

Fig. 33.

Mündung des Trockenrohres über den Schirm und taucht sie rasch ins Wasser; indem man mit der Röhre das Kalorimeterwasser vorsichtig umrührt, beobachtet man das Thermometer und zieht dieselbe rasch zurück, sobald die Temperatur des Kalorimeterwassers etwa 6^0 über die Lufttemperatur gestiegen ist. Die beobachtete Endtemperatur wird notiert und zur Bestimmung der zugeführten Dampfmenge das Kalorimeter mit Thermometer und Wasserinhalt nochmals gewogen. Schließlich wird der Barometerstand abgelesen und aus Tab. 4 die entsprechende Siedetemperatur entnommen.

In folgender Weise sind die Messungen anzuschreiben:

Gew. des Kalorimeters $= p$ g (Wasserwert $= 0{,}093 \cdot p$).

Gew. des Kalorimeters nebst Thermometer $= a$ g

Gew. des Kalorimeters nebst Thermometer und Wasser $= b$ g } Gew. d. Wassers $M = (b - a)$ g.

Lufttemperatur Θ

Anfangstemperatur des Kalorimeter-Wassers $= t^0$

Endtemperatur desselben $= \tau^0$

Gew. des Kalorimeters $+$ Thermometer $+$ Wasser $+$ Dampf $= c$ g } Gew. d. Dampfes $m = (c - b)$ g.

Barometerstand $= B$ cm; Siedetemperatur $= T^0$.

V. Aufgaben über das Licht.

70. Nachweis des Reflexionsgesetzes am Goniometer.

Erklärung. Um die Achse einer am Rande mit Kreisteilung versehenen Scheibe sind drehbar: 1. ein Tisch T, dessen Stellung mittels eines radialen Armes an der Teilung bestimmt werden kann; 2. ein radialer Arm mit Lichtquelle L (glühender Platindraht) am Ende; 3. ein radialer Arm mit einer kleinen Kamera obskura C, auf deren Mattscheibe eine senkrechte Marke eingeritzt ist. Die drei Arme haben an den Enden Klemmen, um sie an beliebigen Orten festklemmen zu können.

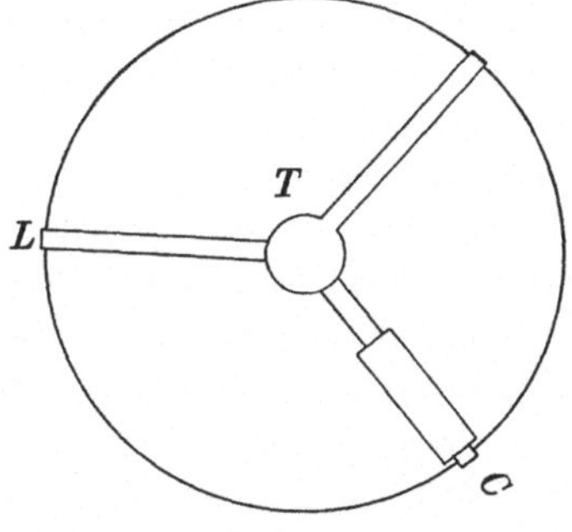

Fig. 34.

Die Kreisteilung schreitet von $1/_2{}^0$ zu $1/_2{}^0$ fort; an den Armen sind Nonien angebracht, bei denen $5/_2{}^0$ in 6 gleiche Teile geteilt sind, so daß ein Noniusteil gleich $5/_{12}{}^0$ ist, während ein Teil der Kreisteilung $6/_{12}{}^0$ beträgt. Der Unterschied zweier solcher Teile ist also $1/_{12}{}^0$, d. h. die Nonien geben $1/_{12}{}^0$ oder 5 min. an. Es würde beispielsweise die in der Figur gegebene Darstellung $239^0\,20'$ bedeuten.

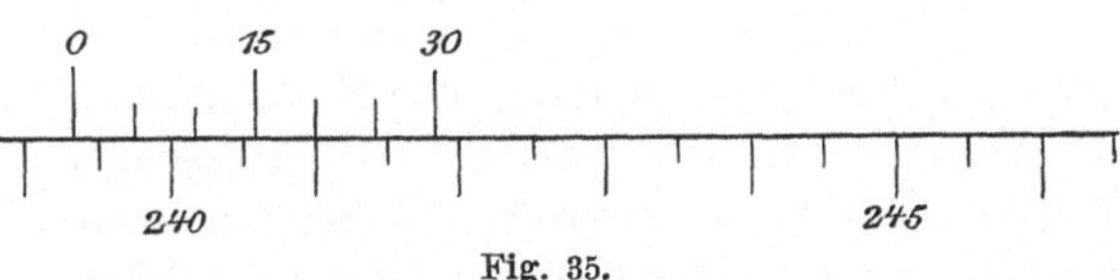

Fig. 35.

Befindet sich in der Mitte des Tischchens ein senkrechter Spiegel und stellt man vor denselben den Arm mit der Lichtquelle, so kann man dem Kameraarm eine solche Lage geben, daß das Bild der Lichtquelle auf der Mittelmarke steht. Erweist sich die Lage der Halbierungslinie dieses Winkels zwischen einfallendem und reflektiertem Strahl als unabhängig von der Größe des Winkels, d. h. erhält man für alle zusammengehörigen Einstellungen des einfallenden und reflektierten

Strahles die nämliche feststehende Winkelhalbierende, so ist damit die Richtigkeit des Reflexionsgesetzes bewiesen und die konstante Winkelhalbierende ist das Einfallslot des Spiegels.

Zubehör. Goniometer, ebener Metallspiegel, Schirm, Gasschlauch, Wachs. (P. Z. **3.** 1 ff.)

Ausführung. Der Brenner am Ende des einen Armes wird durch Gummischlauch mit der Gasleitung verbunden und das Gas angezündet, wodurch der Draht weißglühend wird. Dann stellt man die Marke 0 des Armes auf eine beliebige Zahl des Teilkreises, klemmt ihn dort fest und bringt den Kameraarm genau auf die gegenüberliegende Zahl; fällt jetzt das Bild der Lichtlinie nicht genau auf die Marke der Mattscheibe, so wird die Kamera mit den seitlichen Stellschräubchen so weit verschoben, bis dieses Zusammenfallen stattfindet.

Hierauf erwärmt man das abgenommene Goniometertischchen über der Flamme und kittet mit etwas Wachs das Metallspiegelchen derart auf, daß die spiegelnde Fläche durch den markierten Mittelpunkt des Tischchens geht und daß der Tischarm nahezu senkrecht auf der Rückseite des Spiegels steht. Dann bringt man das Tischchen an seinen Ort zurück und sucht mit den Stellschrauben die Spiegelebene in senkrechte Lage zu bringen. Schließlich klemmt man den Tischarm auf den Nullpunkt des Teilkreises fest, so daß die Spiegelebene ungefähr mit dem Durchmesser 90—270⁰ zusammenfällt. (In vielen Fällen ist es bequem, denjenigen Arm, der festgeklemmt und im weiteren Verlauf der Aufgabe nicht mehr verschoben wird, auf 0 zu stellen, weil dann die anderen Arme bei ihrer Bewegung den Nullpunkt nicht überschreiten. Hat man diese Vorsicht nicht angewendet, so muß beim Überschreiten des Nullpunktes zur Ablesung 360⁰ hinzugefügt werden.)

Nun bringt man den Lichtarm auf 190⁰, sucht im anderen Quadrant diejenige Stellung des Kameraarmes, für die das Bild auf die Marke fällt, und notiert beide Ablesungen. Dabei empfiehlt es sich, falsches Licht dadurch von der Bildkamera fern zu halten, daß man hinter dem Spiegel einen schwarzen Schirm aufstellt.

Ebenso verfährt man für die Einstellungen des Lichtarmes auf 200⁰, 210⁰ usf. bis 260⁰. Alsdann nimmt man das Tischchen vorsichtig weg, vertauscht Lichtarm und Kameraarm, so daß ersterer in den Quadrant 180—90⁰ zu stehen kommt, setzt das Tischchen wieder genau an seine alte Stelle und verfährt wie zuvor, indem man jetzt den Lichtarm auf die Zahlen 170⁰, 160⁰ . . . 100⁰ einstellt und das Bild sucht.

Die Resultate werden folgendermaßen angeschrieben:

Ort der Lichtquelle	Ort des Bildes	Winkel-halbierende	Ort der Lichtquelle	Ort des Bildes	Winkel-halbierende
190⁰	168⁰ 20′	179⁰ 10′	170⁰	188⁰ 25′	179⁰ 12,5′
....	....	....	....	....	....

Die Unveränderlichkeit der Winkelhalbierenden ist der Beweis für die Gültigkeit des Reflexionsgesetzes.

71. Die Winkel eines dreiseitigen Glasprismas zu bestimmen. (Feststehendes Prisma.)

Erklärung. In Aufg. 70 ist ein Verfahren nachgewiesen, um das Lot einer spiegelnden Fläche zu finden. Wenn man nach diesem Muster für zwei Seiten des Prismas die Lote bestimmt, so schließen dieselben, wie Fig. 36 zeigt, das Supplement des entsprechenden Prismenwinkels ein.

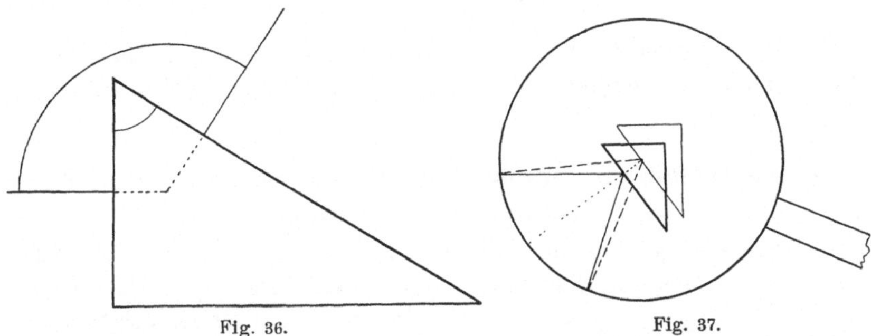

Fig. 36.   Fig. 37.

Es müßte also zu diesem Zweck das Prisma auf das Goniometertischchen gekittet werden; dabei ist aber folgendes zu beachten. Die am Umfang des Teilkreises abgelesenen Bogen sind nur dann zugleich das richtige Maß für die dahinter liegenden Winkel der Strahlen, wenn die letzteren radial verlaufen, die Winkel also Zentriwinkel sind, wie aus der Fig. 37 ohne weiteres hervorgeht.

Da nun zur Bestimmung eines Prismenwinkels die Lote der beiden einschließenden Prismenflächen ohne Änderung der Prismenstellung bestimmt werden müssen, so müßten streng genommen beide Flächen durch den Mittelpunkt des Tischchens gehen. Man muß also für jeden einzelnen Winkel das Prisma von neuem aufkitten, und zwar so, daß der Mittelpunkt des Tischchens in dem Felde des zu messenden Winkels, und zwar möglichst nahe seiner Kante liegt.

Zubehör. Goniometer, Gasschlauch, Prisma, Wachs, Schirm. (P. Z. **3.** 1.)

Ausführung. Das Goniometer wird hergerichtet, wie in der vorigen Aufgabe beschrieben wurde, das Prisma, dessen Winkel mit α, β, γ bezeichnet sind, in der angegebenen Weise aufgekittet, so daß etwa die Kante (b, c) am Mittelpunkt des Tischchens steht, und der Tischarm an beliebiger Stelle festgeklemmt. Nun werden Lichtarm und Kameraarm vor die Seite b gebracht und die Lage des Einfallslotes bestimmt (nach Aufg. 70); alsdann wird bei der zweiten Seite c ebenso verfahren. Die Resultate können in folgender Weise angeschrieben werden:

$$\text{Lot v. } b \begin{cases} \text{Licht auf } 60^0 \\ \text{Bild auf } 133^0\, 2' \end{cases} \text{Winkelhalbierende } \frac{193^0\, 2'}{2} = 96^0\, 31'$$

$$\text{Lot v. } c \begin{cases} \text{Licht auf } 200^0 \\ \text{Bild auf } 223^0\, 14' \end{cases} \text{Winkelhalbierende } \frac{423^0\, 14'}{2} = 211^0\, 37'$$

$$\begin{array}{r} 211^0\, 37' \\ - 96^0\, 31' \\ \hline 115^0\quad 6' \end{array} \quad \alpha = 64^0\, 54'.$$

Zur Messung des Winkels β ist das Prisma mit der Kante (a, c), für γ mit (a, b) aufzukitten; sonst wird in gleicher Weise wie oben verfahren.

72. Die Winkel eines dreiseitigen Glasprismas zu bestimmen.
(Bewegliches Prisma.)

Erklärung. Das in Aufg. 71 angewendete Verfahren ist nicht sehr genau, denn zur Bestimmung jedes Lotes dienen zwei Ablesungen, die mit den unvermeidlichen Beobachtungsfehlern behaftet sind und beide das Ergebnis ungünstig beeinflussen. Besser ist folgende Methode:

Man stellt Lichtarm und Kameraarm vor b auf, so daß das Bild auf die Kameramarke fällt; die Halbierende des Winkels zwischen beiden Armen ist das Lot von b. Könnte man die beiden Arme nebst ihrer Winkelhalbierenden wie ein Ganzes um die Achse des Goniometers drehen, so müßte

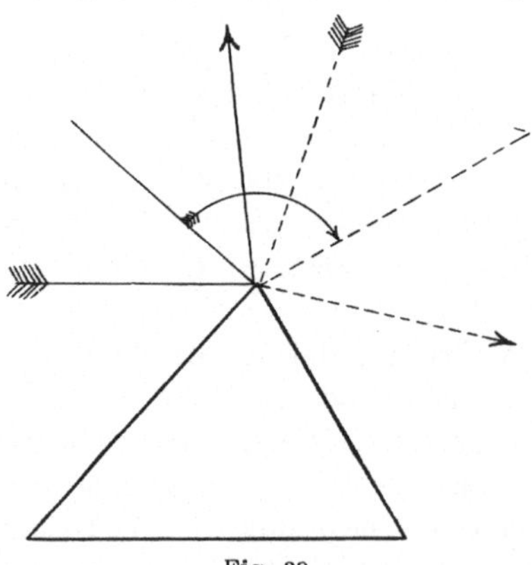

Fig. 38.

man das System bezw. die Winkelhalbierende um $(180 - \alpha)^0$ drehen, damit die Reflexion an c stattfände. Dasselbe Ergebnis kann man aber auch so erzielen, daß man das Prismentischchen aus der ersten Stellung, wo die Reflexion an b stattfindet, um $(180 - \alpha)^0$ im entgegengesetzten Sinne dreht, dann findet die Reflexion derselben Strahlen an der Seite c statt. In diesem Falle braucht man aber nur die Drehung des Tischarmes aus seiner Anfangsstellung in die Endlage zu bestimmen, um $(180 - \alpha)^0$ und daraus α selbst zu erhalten, während die Lagen von Lichtquelle und Kamera gleichgültig sind. Die vier Ablesungen der vorigen Aufgabe gehen also auf zwei zurück und das Resultat wird im gleichen Verhältnis genauer.

Zubehör. Goniometer, Gasschlauch, Schirm, Prisma, Wachs. (P. Z. **3**. 1.)

Ausführung. Nachdem die Kamera nach Aufg. 70 richtig eingestellt ist, bringt man den Lichtarm auf 20^0, den Kameraarm auf 340^0 und klemmt beide in ihren Stellungen fest. Dann kittet man das Prisma mit der Kante (b, c) am Mittelpunkt des Tischchens auf, so daß der Winkel α sich nach der Seite des Tischarmes öffnet, und dreht den Tischarm in die Stellung, daß Reflexion an b stattfindet und das Bild der Lichtlinie auf der Marke einsteht; die Stellung des Tischarmes wird abgelesen und notiert. Hierauf dreht man den Tischarm derart, daß die Seite c reflektiert und das Bild auf die Marke der Kamera fällt, liest wieder ab und notiert die Stellung. Die Differenz beider Ablesungen ist das Supplement von α.

Ganz ebenso verfährt man mit den anderen Winkeln, nachdem man das Prisma neu aufgekittet hat; immer müssen die spiegelnden Flächen nahezu durch den Mittelpunkt des Tischchens gehen.

Die Beobachtungen können in folgender Weise angeschrieben werden:

Lichtquelle auf 20^0; Kamera auf 340^0.

$$\measuredangle\, \alpha \begin{cases} \text{Reflexion an } b;\ \text{Tischarm auf } 239^0\, 55' \\ \text{Reflexion an } c;\ \text{Tischarm auf } 124^0\, 50' \end{cases} \begin{array}{r} 239^0\, 55' \\ -\ 124^0\, 50' \\ \hline 115^0\ \ 5' \end{array} \quad \alpha = 64^0\, 55'$$

und ähnlich für $\measuredangle\, \beta$ und $\measuredangle\, \gamma$.

73. Den virtuellen Bildort am ebenen Spiegel zu bestimmen.

Erklärung. Auf der optischen Bank ist ein schmaler Spiegelstreifen Sp von nur 2 cm Höhe aufgestellt und davor befindet sich als Lichtquelle L ein senkrechter glühender Platindraht. Hinter dem Spiegel steht ein weißer Schirm mit einem lotrechten schwarzen Strich über der Achse der optischen Bank. Blickt nun ein Auge O z. B. rechts seitwärts über den Spiegelrand hinweg, so sieht dasselbe im Spiegel das Bild der Lichtlinie L, über dem Spiegel die Marke M_1 rechts seitwärts des Bildes B. Wird der Schlitten mit Schirm allmählich näher geschoben, so nähert sich die Marke dem Bild der Lichtlinie und geht danach auf die linke Seite hinüber (Stellung M_2). Von der linken Seite gesehen, spielt sich der Vorgang umgekehrt ab. Es ist einleuchtend, daß die Marke dann die Verlängerung der im Spiegel sichtbaren Lichtlinie bildet, wenn der Schirm sich am Ort des Bildes B befindet; damit ist ein Verfahren gegeben, den virtuellen Bildort zu finden.

Zubehör. Optische Bank, 3 Schlitten, Spiegelhalter, Spiegelchen, Schirmhalter, Schirm mit Marke.

Ausführung. Man stellt die drei Schlitten auf die optische Bank und befestigt auf denselben den Brenner mit Platindraht, den Spiegelhalter mit dem eingespannten Spiegelchen und den Schirmhalter mit Schirm und Marke. Nachdem man das Gas entzündet, den Brenner auf 30 cm, den Spiegel auf 70 cm und den Schirm auf 110 cm eingestellt

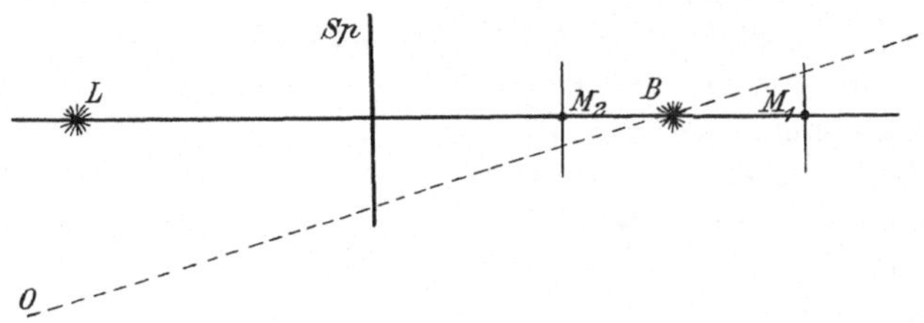

Fig. 39.

hat, bringt man den Spiegel durch Drehen um die Achse seines Halters zur optischen Bank in senkrechte Lage, die daran kenntlich ist, daß beim seitlichen Visieren über den Spiegel, einerlei ob links oder rechts, die Marke die Verlängerung des Spiegelbildes der Lichtlinie bildet.

Nun kann die Messung beginnen. Der Schlitten mit der Lichtquelle wird auf 0 gesetzt, und darauf schiebt der eine Beobachter langsam den Schlitten mit Schirm vom Spiegel weg nach dem Ende der optischen Bank (oder umgekehrt), während der andere zuerst einerseits, dann andererseits neben dem Brenner vorbei über den Spiegelrand hinweg visierend die jedesmalige Koinzidenz der Marke und Lichtlinie feststellt; die entsprechenden Einstellungen des Schirmes werden abgelesen und angeschrieben, ihr Mittel ist der Bildort.

Hierauf stellt man die Lichtquelle auf 10, 20 usf. und verfährt in gleicher Weise.

Die Resultate können nach folgendem Muster angeschrieben werden:

Spiegel auf 70 cm.

Ort der Lichtquelle	Ort des Schirmes links	Ort des Schirmes rechts	Ort des Bildes	Mittel von Bildort und Lichtort
0	139,70	140,40	140,05	70,03
…	……	……	……	……

In die letzte Kolonne setzt man das Mittel von Lichtort und Bildort; ist diese Zahl konstant gleich dem Ort des Spiegels, so ist damit der Satz von der symmetrischen Lage der Lichtquelle und des Bildes gegen einen ebenen Spiegel bewiesen.

74. Abhängigkeit der Beleuchtung von der Kerzenzahl.

Erklärung. Zwei Lichtquellen senden J bezw. i Strahlen aus; zwischen denselben, senkrecht zu ihrer Verbindungslinie, befindet sich im Abstand R bezw. r cm ein Papierschirm, der von beiden auf je einer Seite beleuchtet wird. Die Zahl der Strahlen, die auf je einen Quadratzentimeter des Schirmes fallen, nennt man die Beleuchtung der Stelle. Ein solcher Quadratzentimeter kann aber als Teil der Kugeloberfläche vom Mittelpunkt J und Radius R betrachtet werden; die $4\,R^2\pi$ Quadratzentimeter der Kugelfläche werden von J Strahlen getroffen, auf 1 qcm fallen also

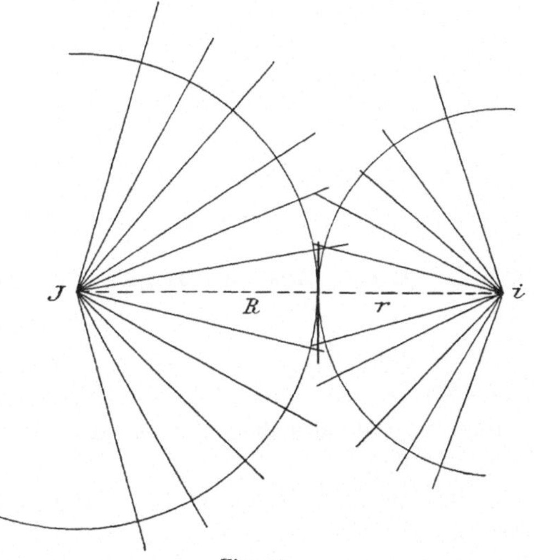

Fig. 40.

$J : 4\,R^2\pi$ Strahlen. Ebenso ergibt sich die Beleuchtung von der anderen Seite gleich $i : 4\,r^2\pi$. Durch Verschieben des Schirmes kann man erreichen, daß die beiderseitigen Beleuchtungen einander gleich sind; dann ist $J : i = R^2 : r^2$, d. h. die Intensitäten der beiden Lichtquellen, d. i. die Mengen der von ihnen ausgesandten Strahlen, verhalten sich wie die Quadrate ihrer Abstände von dem Orte gleicher Beleuchtung.

Als Merkmal gleicher beiderseitiger Beleuchtung dient das nahezu völlige Verschwinden des Fettflecks auf weißem Papier im BUNSENschen Photometer.

Zubehör. Optische Bank, 3 Schlitten, Photometer, Petroleumlämpchen, Kerzenhalter, Wachskerzen, Gaslampe mit Zündflämmchen.

Ausführung. Bei allen photometrischen Messungen ist das Zimmer zu verdunkeln; die Gaslampe mit Zündflämmchen gestattet nach geschehener Einstellung zum Ablesen und Anschreiben der Resultate eine rasche Beleuchtung des Tisches.

Ein Schlitten mit dem Kerzenhalter wird auf den Nullpunkt der optischen Bank, ein zweiter mit dem Petroleumlämpchen auf 150 cm eingestellt; der dritte Schlitten mit dem Photometer kommt dazwischen. Das Lämpchen, welches als Normallicht von der Stärke $i = 1$ dient, und eine Kerze in der Mitte des Kerzenhalters werden angezündet; nachdem beide ihre volle Leuchtkraft erlangt haben, also nicht sofort, verdunkelt man das Zimmer und verschiebt nun das Photometer so lange, bis der Fettfleck fast verschwunden ist, genauer, bis er beiderseits

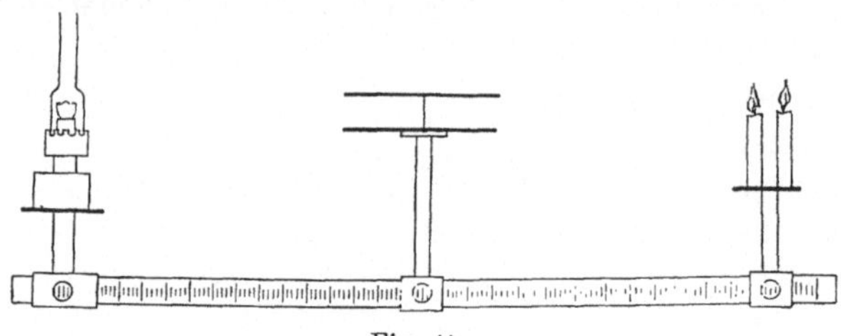

Fig. 41.

fast das gleiche Aussehen zeigt. Zu diesem Zweck gestatten zwei Spiegelchen die gleichzeitige Beobachtung beider Seiten. Ist hierbei die Einstellung des Photometers R, so hat man $J = \left(\dfrac{R}{150 - R}\right)^2 \cdot i$.

Ebenso wird mit 2, 3 . . . 5 Kerzen verfahren, wobei darauf zu achten ist, daß dieselben stets symmetrisch auf dem Kerzenhalter anzuordnen sind.

Die Resultate können nach beifolgendem Muster angeschrieben werden. Was kommt in die letzte Kolonne? Welches ist die Bedeutung dieser Konstanten?

Zahl n der Kerzen	Ort von:			$J = \left(\dfrac{R}{150 - R}\right)^2 \cdot i$	?
	Kerze	Photometer	Norm. Licht		
1	0	69,52	150	$0,746 \cdot i$	
.	. . .	. . . . .	. . .	. . . .	

75. Die Lichtstärke eines Flachbrenners nach der breiten und schmalen Seite zu vergleichen.

Erklärung. Nach dem in der vorigen Aufgabe dargelegten Verfahren ist es möglich, die Lichtmenge zu bestimmen, die ein kleiner Petroleumflachbrenner nach der breiten und nach der schmalen Seite aussendet, und insbesondere auch die Frage zu prüfen, ob und wie das Verhältnis dieser beiden Lichtmengen abhängig von der Flammengröße ist.

Zubehör. Optische Bank, 3 Schlitten, Photometer, Normallämpchen, Petroleumflachbrenner.

Ausführung. Man richtet die optische Bank nach den Angaben von Aufg. 74 ein; dann zündet man beide Lichtquellen an, reguliert den Flachbrenner auf eine kleine Flammenhöhe und wartet, bis die Lampen sich ganz angewärmt haben. Alsdann führt man die Messungen bei den beiden Lampenstellungen aus und notiert die gefundenen Photometereinstellungen.

Hierauf bringt man die Flamme des Flachbrenners auf mittlere Größe und wiederholt das Verfahren, nachdem dieselbe ihre volle Leuchtkraft erlangt hat.

Schließlich gibt man der Flamme die höchste zulässige Größe, wartet bis zu ihrer vollen Entwicklung und mißt ihre Lichtstärke wieder in beiden Stellungen.

Die Resultate können nach folgendem Muster angeschrieben werden:

| Größe der Flamme | Stellung der Flamme | Ort von: | | | $J = \left(\dfrac{R}{150 - R}\right)^2 . i$ | $\dfrac{J\,\text{br.}}{J\,\text{schm.}}$ |
		Flachbrenner	Photometer	Norm. Licht		
klein	schmal	0	82,77	150	$1{,}512 . i$	1,23
	breit	0	86,49	150	$1{,}854 . i$	
….	…	…	…..	…	…….	

In die letzte Kolonne kommen die zu vergleichenden Verhältnisse.

76. Bestimmung des durch Rauchgläser absorbierten Lichtes.

Erklärung. Bringt man auf die optische Bank einerseits eine Lampe als Normallicht, andererseits eine stärkere Lichtquelle und dazwischen das Photometer, so kann man die Intensität J_0 der zweiten Lichtquelle bestimmen. Sobald man zwischen dieselbe und das Photometer eine Scheibe grauen Glases bringt und das Photometer neu einstellt, erweist sich die Lichtstärke J_1 als geringer, weil ein Teil des

Lichtes durch das Glas absorbiert wird. Die absorbierte Lichtmenge ist $J_0 - J_1$ oder in Prozenten des auffallenden Lichtes $100 \cdot (J_0 - J_1) : J_0$.

Nach Einschaltung eines zweiten Rauchglases sinkt die beobachtete Stärke des durchgehenden Lichtes auf den Betrag J_2; da das zweite Glas von der Lichtmenge J_1 getroffen wird, so ist die absorbierte Lichtmenge $J_1 - J_2$ und in Prozenten der auffallenden $100 \cdot (J_1 - J_2) : J_1$ usf.

Es fragt sich nun, ob die Menge des absorbierten Lichtes sich ändert mit der Zahl der Absorptionen oder ob sie unverändert bleibt.

Zubehör. Optische Bank, 3 Schlitten, Photometer, 2 Petroleumlämpchen, Rauchgläser.

Ausführung. Das Verfahren ergibt sich aus der Erklärung und den Angaben von Aufg. 74. Zu bemerken ist nur, daß die in das Photometer eingesetzten Rauchglasscheibchen senkrecht zur Achse der optischen Bank stehen müssen, was durch eingeschobene Holzklötzchen erreicht wird.

Die Resultate können folgendermaßen angeschrieben werden:

Zahl der Gläser vor J	Ort von:			$J = \left(\dfrac{R}{150 - R}\right)^2 \cdot i$	Absorbiertes Licht	Absorbiertes Licht in Prozenten des auffallenden
	J	Photometer	Norm. Licht			
0	0	80,75	150	$1{,}360 \cdot i$		
1	0	66,66	150	$0{,}640 \cdot i$	$0{,}720 \cdot i$	52,9
...	...	......	...	....	....	....

Die letzte Kolonne gibt die Antwort auf die gestellte Frage. Es empfiehlt sich aber, auch die durchgehenden Lichtmengen auf ihre Gesetzmäßigkeit zu prüfen; welche einfache mathematische Beziehung zeigen die Zahlen der J in der fünften Kolonne?

77. Bestimmung der Lichtabsorption in mattgeschliffenen Glasscheiben.

Erklärung. Eine Anzahl Glasscheibchen sind mit verschiedenen Smirgelsorten mattiert und nach abnehmender Feinheit des Kornes mit den Nummern 1, 2 .... gezeichnet worden. Es soll untersucht werden, welchen Einfluß die Korngröße auf die Menge des absorbierten Lichtes hat.

Die Behandlung der Aufgabe deckt sich völlig mit der vorigen.

78. Prüfung der Hohlspiegelformel.

Erklärung. Wenn man in dem Satze von der harmonischen Teilung des Spiegelradius durch Lichtquelle und Bild deren Entfernungen

a und b vom Spiegel einführt, so erhält man die zur experimentellen Prüfung geeignete Formel

$$\frac{1}{a} + \frac{1}{b} = \frac{1}{r/_2},$$

d. h., bestimmt man eine Anzahl zusammengehöriger Werte von Gegenstandsweite und Bildweite, so muß sich die Summe ihrer reziproken Werte als konstant erweisen. Da für eine unendlich ferne Lichtquelle, wie es die Sonne ist, $\frac{1}{a} = 0$, also $b = \frac{r}{2}$ wird, so ist diese Konstante nichts anderes als der reziproke Wert der Brennweite, d. h. es ist

$$\frac{1}{a} + \frac{1}{b} = \frac{1}{f}.$$

Zubehör. Optische Bank, 3 Schlitten, Brenner mit Platindraht und Gasschlauch, Spiegelhalter, Schirmhalter, Kugelhohlspiegel, weißer Schirm, Glasschirm mit Pauspapierscheibchen, Gaslampe mit Zündflamme, Koordinatenpapier (1 mm).

Ausführung. Auch bei diesen und den folgenden Aufgaben muß das Einstellen des scharfen Bildes im halb oder ganz verdunkelten

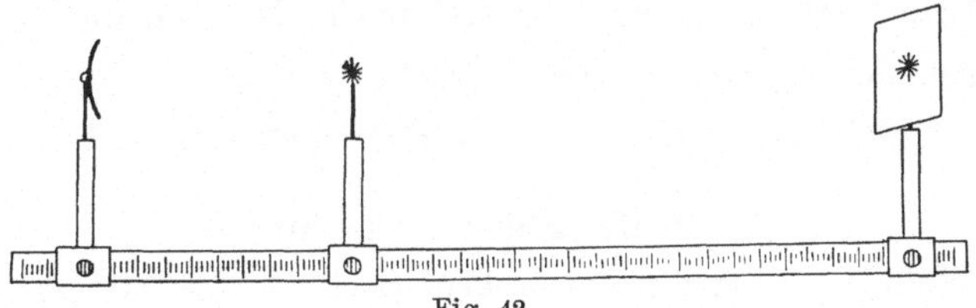

Fig. 42.

Zimmer geschehen; zur Ablesung der Einstellungen usf. bedient man sich der Gaslampe mit Zündflamme.

Auf den Nullpunkt der optischen Bank setzt man den Schlitten mit Spiegelhalter und Spiegel und stellt den letzteren nach Augenmaß möglichst senkrecht zur optischen Bank. An das andere Ende bringt man den Schlitten mit Schirmhalter nebst weißem Schirm und zwischen beide den Schlitten mit dem Brenner, der durch einen hinreichend langen Schlauch mit der Gasleitung verbunden ist; Spiegel, Lichtquelle und Schirmmitte müssen einerlei Höhe über der optischen Bank haben.

Alsdann führt man die Lichtquelle langsam der optischen Bank entlang, bis auf dem Schirm ein Bild sichtbar wird, dreht erforderlichenfalls den Spiegel um seine Achse, hebt oder senkt ihn, bis das Bild in der Mitte des Schirmes steht.

Nun vertauscht man Lichtquelle und Schirm, ersetzt den weißen Schirm durch den Glasschirm, klemmt den Schlitten mit der Lichtquelle auf 150 cm fest und sucht diejenige Stellung des Schirmes, wo ein vollkommen scharfes Bild erscheint; die beiden Ablesungen werden notiert. Dann nähert man die Lichtquelle auf 140, 130 usf. und bestimmt jedesmal das zugehörige b und umgekehrt.

Die Resultate werden nach folgendem Muster angeschrieben:

Ort des Spiegels	Ort von		$\dfrac{1}{a}+\dfrac{1}{b}$
	Lichtquelle a	Bild b	
0	150	15,32	0,071 94
0	15,37	150	0,071 73
…	……	……	……

In die vierte Kolonne kommt die Summe $\dfrac{1}{a}+\dfrac{1}{b}$ der reziproken Entfernungen; zu ihrer Berechnung kann man sich der Tab. 8 bedienen, wodurch die sonst umständliche Rechnung nicht unerheblich vereinfacht wird.

Betrachtet man a als Abszisse und b als Ordinate eines rechtwinkeligen Koordinatensystems, so stellt $\dfrac{1}{a}+\dfrac{1}{b}=\dfrac{1}{f}$ eine bekannte Kurve dar, welche? (Konstruktion auf Koordinatenpapier, 1 cm = 1 mm.)

79. Prüfung der Linsenformel.

Erklärung. Da die Reziprokenformel auch für die Bilder einer Sammellinse gilt, so kann ihre Richtigkeit in entsprechender Weise an der Unveränderlichkeit der Reziprokensumme für verschiedene Einstellungen geprüft werden.

Zubehör. Optische Bank, 3 Schlitten, Brenner mit Platindraht und Gasschlauch, Linsenhalter, Linse mit kleiner Öffnung, Schirmhalter und weißer Schirm, Gaslampe mit Zündflamme.

Ausführung. Die optische Bank wird hergerichtet, wie in der vorigen Aufgabe beschrieben worden ist, nur mit dem Unterschied, daß die Lichtquelle auf 0 zu stehen kommt, während die Linse zwischen Lichtquelle und Schirm verschoben wird.

Die Ausführung der Messungen geschieht am besten so, daß man zunächst den Schirm auf 150 bringt, die zugehörigen Einstellungen der Linse aufsucht (es sind deren zwei) und beide Ablesungen notiert. Darauf wird der Schirm der Lichtquelle um 10 cm genähert und das Verfahren wiederholt.

Die Resultate werden in folgender Weise angeschrieben:

Ort der Lichtquelle	Ort der Linse a	Ort des Bildes $a + b$	b	$\dfrac{1}{a} + \dfrac{1}{b}$
0	24,10	150	125,90	0,04944
0	125,88	150	24,12	0,04941
...	......	...	......	....

Vergl. auch Aufg. 78.

80. Die Brennweite einer Linse nach Bessels Verfahren zu bestimmen.

Erklärung. Die Messungen der vorigen Aufgabe, sowie die Symmetrie der Reziprokengleichung lehren, daß Bild und Gegenstand

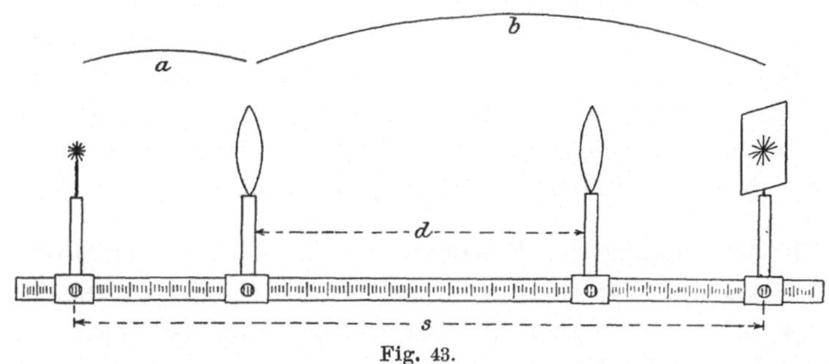

Fig. 43.

vertauschbar sind. Bezeichnet man demnach die Entfernung (Bild — Gegenstand) mit s und die Verschiebung der Linse in dem Zwischenraum zwischen beiden mit d, so ist $s = a + b$ und $d = b - a = a - b$ oder

$$a = \frac{s - d}{2}, \qquad b = \frac{s + d}{2}.$$

Daraus folgt aber beim Einsetzen in die Reziprokengleichung

$$f = \frac{(s + d) \cdot (s - d)}{4 s},$$

d. h. man kann f unmittelbar aus s und d berechnen, ein Umstand, der gewisse Vorteile bringt.

Erstens ist die Verschiebung d genauer bestimmbar als

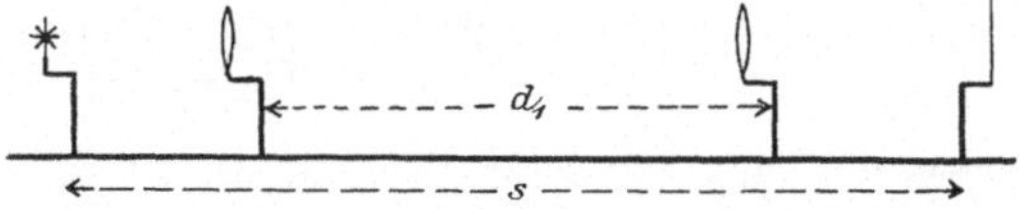

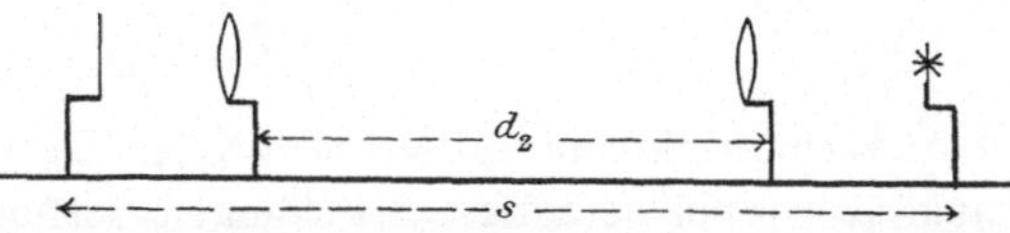

Fig. 44.

die Entfernung a, denn sie ist unabhängig von dem Ort der Linse

6*

bezw. der Lichtquelle. Zweitens kann auch s unabhängig von dem wirklichen Ort von Lichtquelle bezw. Schirm gefunden werden, wenn man diese beiden nach Messung von s und d vertauscht und das entsprechende d_2 bestimmt. Aus s und $d = \dfrac{d_1 + d_2}{2}$ ergibt sich dann ein genauerer Wert von f.

Zubehör. Optische Bank, 3 Schlitten, Brenner mit Platindraht und Schlauch, Linsenhalter, Linse mit kleiner Öffnung, Schirmhalter, weißer Schirm, Gaslampe mit Zündflamme.

Ausführung. Man stellt die Lichtquelle auf den Nullpunkt, den Schlitten mit Schirm etwa auf 150 cm und bestimmt die Verschiebung der Linse zwischen den beiden Stellungen, in denen sie scharfe Bilder liefert. Hierauf vertauscht man die beiden Schlitten, welche die Lichtquelle bezw. den Schirm tragen, und sucht wieder die Verschiebung der Linse. Das Mittel der beiden Verschiebungen wird für d, sowie der Wert 150 für s in die obige Formel eingesetzt.

Weitere Messungen kann man anstellen, indem man von einem anderen s, etwa $= 120$ cm oder 100 cm, ausgeht.

81. Bestimmung der Brennweite nach Abbes Verfahren.

Erklärung. Bezeichnen A und B die Größe von Objekt und Bild, a und b ihre bezüglichen Entfernungen von der Linse, so sind diese Größen durch die beiden Gleichungen verbunden:

$$A : B = a : b; \qquad \frac{1}{a} + \frac{1}{b} = \frac{1}{f}.$$

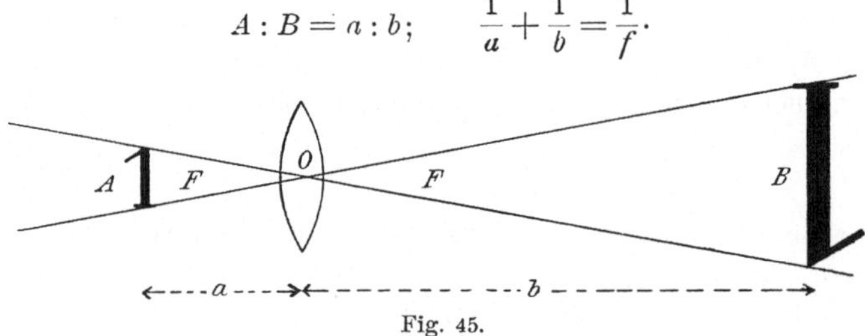

Fig. 45.

Erweitert man die letzte Gleichung mit b, isoliert $\dfrac{b}{a}$ und setzt dafür nach der ersten Gleichung $B : A$, so ist:

$$\frac{b - f}{f} = \frac{B}{A}.$$

Wenn man nun auf Grund zweier Einstellungen an der optischen Bank über zwei derartige Gleichungen verfügt:

$$\frac{b_1 - f}{f} = \frac{B_1}{A} \quad \text{und} \quad \frac{b_2 - f}{f} = \frac{B_2}{A},$$

so kann man dieselben voneinander subtrahieren und bekommt, indem man noch die Verschiebung $b_1 - b_2$ des Bildes mit d bezeichnet, die Gleichungen:

$$\frac{d}{f} = \frac{B_1 - B_2}{A} \quad \text{und} \quad f = \frac{d \cdot A}{B_1 - B_2},$$

d. h. man kann die Brennweite f einer Linse berechnen aus der Größe zweier Bilder eines gemessenen Objektes und der entsprechenden Verschiebung des Schirmes.

Welches sind die Vorzüge dieses Verfahrens?

Zubehör. Optische Bank, vier Schlitten, Gasflachbrenner, Zweiblenden-Schirm, Schirm mit Millimeterpapier, Sammellinse und Linsenhalter, Lupe, Maßstab.

Ausführung. Die Linse wird fest eingestellt, etwa in $^1/_3$ der optischen Bank, und bleibt dort während der Versuchsreihe stehen; der Abstand der feinen Drähte, die über die runden Öffnungen des Blendenschirms gespannt sind, wird mit Lupe und Millimetermaßstab sehr genau gemessen und der Blendenschirm innerhalb des ersten Drittels der optischen Bank aufgestellt; der Brenner kommt auf den Nullpunkt der Bank. Nun wird der Schirm auf den Endpunkt der optischen Bank gesetzt und die Blende als Objekt so lange verschoben, bis das Bild vollkommen scharf ist; nachdem die Bildgröße sorgfältig bestimmt ist, wird der Bildschirm um eine gemessene Strecke verschoben und das ganze Verfahren wiederholt, eventuell mehrmals.

Die Resultate können folgendermaßen angeschrieben werden:

Ort der Linse	Ort des Bildes	Verschiebung d	Größe des Bildes B	Brennweite f
45	150		4,40 cm	
45	....		....	
45	....		....	
45	120	30 cm	2,84	19,8 cm
...	....	......	....	

Größe des Objektes (Blendenabstand) $A = 1{,}03$ cm.

Weitere derartige Versuchsreihen können für andere Einstellungen der Linse vorgenommen werden.

82. Den Unterschied der Brennweite von Randstrahlen und Zentralstrahlen zu bestimmen.

Erklärung. Bekanntlich werden Strahlen, die von einem leuchtenden Punkte ausgehen, nur durch Linsen mit kleiner Öffnung wieder in **einen** Punkt vereinigt, während Strahlen, die einen größeren Winkel mit der Hauptachse bilden, nach der Brechung einen anderen Vereinigungspunkt haben. Dieses verschiedene Verhalten kann in der Weise geprüft werden, daß man für die zentralen Strahlen, die einen kleinen Winkel mit der Hauptachse bilden, und ebenso für die Randstrahlen mit großer Divergenz getrennt die Brennweiten zu bestimmen sucht.

Zubehör. Optische Bank, 3 Schlitten, Brenner mit Platindraht und Gasschlauch, Linsenhalter, Linse mit großer Öffnung, Zentral- und Ringblende von schwarzem Papier, Klebwachs, Schirmhalter, weißer Schirm, Gaslampe mit Zündflamme.

Ausführung. 1. Man klemmt zugleich mit der Linse in den Linsenhalter einen Kreisring von schwarzem Papier von der Größe der Linse mit einem zentralen Ausschnitt von 1—2 cm Durchmesser und bestimmt die Brennweite des unbedeckten inneren Teiles der Linse am besten nach dem Besselschen Verfahren (Aufg. 72).

2. Man entfernt die ringförmige Blende und befestigt mit etwas Klebwachs auf der Linsenmitte ein kreisförmiges Stückchen schwarzen Papieres, dessen Durchmesser um 2 cm kleiner ist als der der Linse; alsdann bestimmt man wieder die Brennweite nach Bessels Verfahren.

83. Den Unterschied der Brennweite von blauen und roten Strahlen zu bestimmen.

Erklärung. Im Spektrum des weißen Lichtes erscheinen die blauen Strahlen stärker von der ursprünglichen Richtung abgelenkt als die roten, d. h. die ersteren haben einen höheren Brechungsexponent als die letzteren. Es ist demnach zu erwarten, daß der Brennpunkt einer Linse für blaue Strahlen der Linse näher liegt als für rote.

Zubehör. Optische Bank, 4 Schlitten, Gasflachbrenner, Blendenschirm und Halter, Linse und Halter, Schirm und Schirmhalter, blaues und rotes Strahlenfilter.

Ausführung. Auf den Nullpunkt der optischen Bank kommt ein Schlitten mit dem in Aufg. 81 benutzten Schirm mit Löchern, davor (außerhalb des Maßstabes) ein Schlitten mit dem Flachbrenner, auf 150 cm ein Schlitten mit dem weißen Schirm, dazwischen der Schlitten mit Linse.

Nun setzt man in die Nuten des Blendenschirmes zunächst das rote Strahlenfilter und bestimmt aus einem oder mehreren Versuchen die Brennweite nach Bessels Verfahren. Darauf ersetzt man das rote durch das blaue Filter und verfährt ebenso nach Aufg. 80.

84. Die Zerstreuungsweite einer Konkavlinse durch Bestimmung des virtuellen Bildortes zu finden.

Erklärung. Bei Zerstreuungslinsen sind Gegenstandsweite, Bildweite und Zerstreuungsweite durch die Gleichung verbunden $\dfrac{1}{a} + \dfrac{1}{b} = -\dfrac{1}{f}$. Es fällt also für ein positives a die Bildweite b negativ aus, entsprechend der Tatsache, daß solche Linsen nur virtuelle Bilder liefern. Zur Bestimmung virtueller Bilder gibt aber Aufg. 73 ein einfaches Verfahren an, durch dessen Benutzung die zur Prüfung obiger Gleichung und zur Berechnung von f erforderlichen Größen leicht gefunden werden können.

Zubehör. Optische Bank, 3 Schlitten, Brenner mit Platindraht und Gasschlauch, Linsenhalter und Konkavlinse, Schirmhalter und Glasschirm mit senkrechtem Diamantstrich. (P. Z. **15**. 200.)

Ausführung. Man setzt einen Schlitten mit der Konkavlinse auf 0, den zweiten mit der Lichtquelle auf 150, verbindet den Brenner

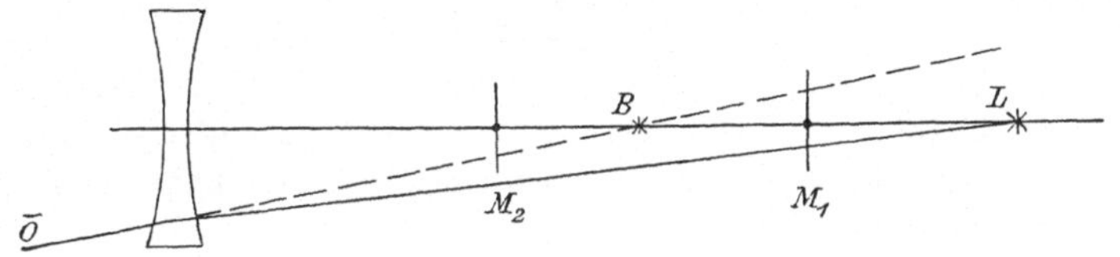

Fig. 46.

mit der Gasleitung durch einen hinreichend langen Schlauch, um dem Schlitten die erforderliche Beweglichkeit zu verschaffen, und bringt den dritten Schlitten mit dem Glasschirm zwischen die beiden anderen.

Indem man nun etwa rechts seitwärts durch die Linse blickt, sieht man durch die Linse hindurch das Bild der Lichtquelle, über dem Rand der Linse hinweg die Marke auf dem Glasschirm. Durch Verschiebung des letzteren kann man Bild und Marke zum Zusammenfallen bringen, genau wie in Aufg. 73. Denselben Versuch stellt man auf der linken Seite an und nimmt das Mittel beider Ablesungen.

Andere Werte erhält man, wenn man die Lichtquelle auf 140, 130 usf. einstellt und den Bildort in gleicher Weise aufsucht.

Die Resultate können nach folgendem Muster angeschrieben werden:

Ort der Linse	Ort des Lichtes a	Ort des Bildes links	Ort des Bildes rechts	Mittel b	$\dfrac{1}{a} + \dfrac{1}{b}$
0	150	31,60	30,98	− 31,29	− 0,0253
...	...	......	......	....	....

Das Mittel der letzten Kolonne ist der reziproke Wert der gesuchten Zerstreuungsweite.

85. Die Zerstreuungsweite einer Konkavlinse durch Kombination mit einer Sammellinse zu bestimmen.

Erklärung. Die reziproke Brennweite einer Kombination dünner Linsen ist gleich der Summe der reziproken Brennweiten ihrer einzelnen Bestandteile, wobei die Zerstreuungsweite einer Konkavlinse negativ zu nehmen ist. Ist demnach φ die gesuchte Zerstreuungsweite und kombiniert man diese Zerstreuungslinse mit einer stärkeren Sammellinse von der Brennweite f, so erhält man eine schwächere Sammellinse, deren Brennweite F durch die Gleichung $\dfrac{1}{F} = \dfrac{1}{f} - \dfrac{1}{\varphi}$ bestimmt ist. Mißt man also auf der optischen Bank die Brennweiten dieser Sammellinsen, so läßt sich aus diesen beiden Zahlen die Zerstreuungsweite berechnen nach der Gleichung:

$$\varphi = \frac{F \cdot f}{F - f}.$$

Um längere Brennweiten zu messen, ist eine optische Bank von 150 cm Länge bisweilen nicht ausreichend; dann kann man nach folgender Erwägung verfahren.

Bringt man eine Lichtquelle in den Brennpunkt einer Sammellinse, so verlassen die durchgehenden Strahlen die Linse als paralleles Bündel; reflektiert man dieses Strahlenbündel durch einen hinter der Linse aufgestellten ebenen Spiegel, so werden die parallelen Strahlen durch die Linse wieder in den Brennpunkt vereinigt. (Nur bei einem unendlich fernen Schnittpunkt der Strahlen hat das Einschalten eines ebenen Spiegels in den Strahlengang keine Verschiebung des Schnittpunktes zur Folge.) Gibt man nun dem Spiegel eine ganz schwache Neigung gegen die optische Achse, so kann man neben der Lichtquelle ihr Bild auffangen. Gelingt dies, so ist die Entfernung der Linse von der Lichtquelle die gesuchte Brennweite.

Zubehör. Optische Bank, 4 Schlitten, Einsatz mit Gasflachbrenner und Schlauch, Linsenhalter, Spiegelhalter, ebener Spiegel, weißer Schirm mit Blendenausschnitt (Aufg. 81), Zerstreunglinse, Sammellinse.

Ausführung. Auf den Nullpunkt der optischen Bank setzt man einen Schlitten mit einem Linsenhalter, der den Blendenschirm trägt; dahinter, außerhalb der Teilung, wird zur Beleuchtung der Blendenöffnung ein Schlitten mit dem Gasflachbrenner aufgestellt. In einiger

Entfernung von dieser Lichtquelle wird ein dritter Schlitten aufgestellt, der zur Aufnahme des Linsenhalters mit der Kombination von Sammel- und Zerstreuungslinse dient, und dicht daneben, von der Linse weg, kommt der vierte Schlitten mit dem ebenen Spiegel zu stehen.

Zur richtigen Einstellung des Spiegels entfernt man die Linse, visiert durch die Blendenöffnung und dreht den Spiegelhalter um seine Achse, bis man das Spiegelbild der Blendenöffnung mitten im Spiegel sieht; dann setzt man die Linse wieder an ihren Platz und entzündet die Gasflamme. Nun wird der Schlitten mit der Linse so lange ver- schoben, bis auf dem weißen Blendenschirm neben der Blendenöffnung ihr Bild erscheint; das scharfe Einstellen wird sehr erleichtert durch einen feinen Draht, der über die Blendenöffnung gespannt ist. Nun notiert man Blendenort und Linsenort.

Als Kontrollversuch kann man dem Blendenschirm andere Auf- stellungen auf 10, 20 .... geben. Das Mittel der so gefundenen Ent- fernungen von Blende und Linse ist die Brennweite der Kombination.

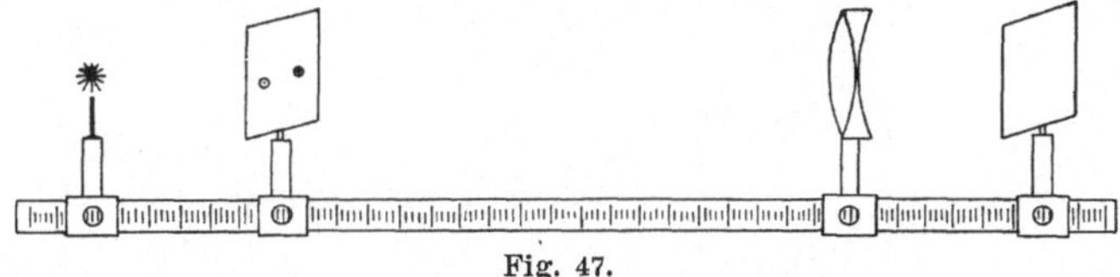

Fig. 47.

Setzt man diese Zahl und die in Aufg. 80 und 81 gefundene Brennweite f der Sammellinse in die oben angegebene Formel ein, so erhält man die gesuchte Zerstreuungsweite der Konkavlinse.

86. Den Brechungsexponent von Glas mit einem Würfel zu bestimmen.

Erklärung. Die Schenkel eines rechten Winkels seien mit je einer Zentimeterteilung versehen, die am Scheitel des rechten Winkels ihren gemeinsamen Nullpunkt haben. Legt man auf den einen Schenkel einen Glaswürfel von der Höhe k und sieht von dem Teilstrich h des anderen Schenkels nach der Teilung des ersten, so sieht man, daß der Teilstrich b zusammenfällt mit dem durch das Glas hindurch gesehenen Teilstrich a.

Der Strahl, der von dem Punkte a der Teilung ausgehend im Glas mit dem Lot den Winkel β bildet, verläßt den Würfel so, als käme er von dem Teilstrich b her, indem er mit der Verlängerung des Lotes den Austrittswinkel α bildet. ·Wenn man die Winkel α und β

bestimmen kann, so wird $\sin\alpha : \sin\beta$ das Brechungsverhältnis des Glases sein.

Nun besteht aber an der Figur, wenn die Gegenkathete von β mit x bezeichnet wird, die Proportion:

$$h : k = b : x + d,$$

woraus man erhält:

$$x + d = \frac{k \cdot b}{h}, \qquad x = \frac{k \cdot b - h\,d}{h};$$

demnach ist:

$$\operatorname{tg}\alpha = \frac{b}{h}; \qquad \operatorname{tg}\beta = \frac{k \cdot b - h \cdot d}{k \cdot h} = \operatorname{tg}\alpha - \frac{d}{k}.$$

Kennt man also k, h, a und b, mithin auch $d = b - a$, so kann man α und β und daraus $n = \sin\alpha : \sin\beta$ berechnen.

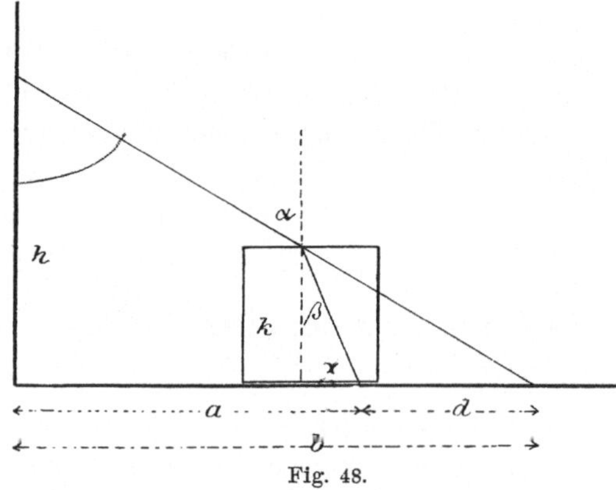

Fig. 48.

Zubehör. Meßbrett mit Diopter, Glaswürfel, Schublehre. (P. Z. **15**. 199.)

Ausführung. Man legt den Würfel so auf das Grundbrett, daß seine Seitenkante dessen Längskante parallel ist, und daß er die Zentimeterteilung zur Hälfte bedeckt. Den ganzen Apparat stellt man in der Nähe eines Fensters auf, damit das vom Würfel bedeckte Stück des Maßstabes recht hell beleuchtet ist.

Indem man nun durch das am senkrechten Maßstab befindliche Diopter nach dem Würfel hinblickt, verschiebt man es so lange, bis zwei Teilstriche, a im Glas und b in Luft, sich decken. Die Ablesungen werden notiert und nebst der mit der Schublehre gemessenen Höhe k des Würfels in obige Formel eingesetzt.

Je weiter man den Würfel von dem senkrechten Maßstab wegschiebt, um so größer wird bei gleicher Diopterhöhe h die Differenz $b - a = d$; bei einer Länge des wagrechten Maßstabes von 30 cm wächst z. B. d von 2 cm bis zu 9 cm, wenn man sich auf ganze Zahlen beschränkt. Man kann daher leicht die Versuche variieren und aus den gefundenen Werten das Mittel nehmen.

Die Versuche werden in folgender Weise angeschrieben:

h	a	b	$d = b - a$	α	β	$n = \dfrac{\sin \alpha}{\sin \beta}$
16,3	20	26	6	$57^0\,55'$	$32^0\,56'$	1,56
....	...	...	...	......	......	....

$$k = 6{,}33 \text{ cm.}$$

87. Den Brechungsexponent von Glas mit einem Halbzylinder zu bestimmen.

Erklärung. Setzt man auf das Goniometertischchen konzentrisch einen Halbzylinder von Glas, dessen ebene Fläche bis auf einen schmalen, achsenparallelen Spalt in der Mitte mit Stanniol beklebt ist, und läßt auf diesen Spalt ein Strahlenbündel unter dem Einfallswinkel α fallen, so wird dasselbe gebrochen und trifft in seinem weiteren Verlauf als Radius die Zylinderfläche senkrecht. Daher verläßt der Strahl den Glaskörper, ohne eine zweite Brechung zu erfahren, und es kann also der Winkel β am Goniometer gemessen werden.

Zubehör. Goniometer, Halbzylinder von Glas, Schirm, Wachs. (P. Z. **3**. 1.)

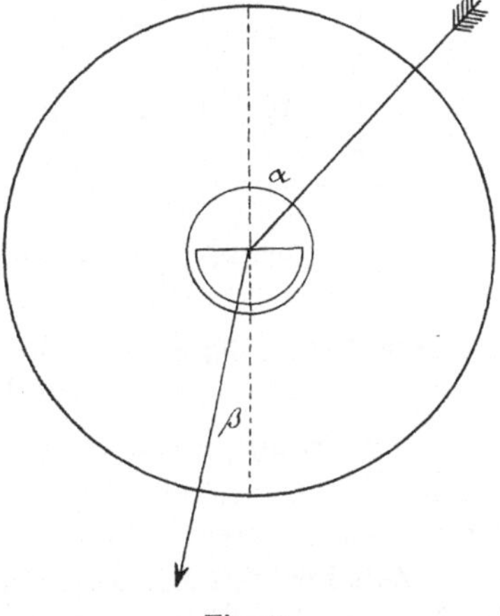

Fig. 49.

Ausführung. Zuerst wird das Fernrohr (Kamera obskura) nach Aufg. 70 eingestellt; darauf kittet man den Halbzylinder so auf das vorgewärmte Goniometertischchen, daß der Spalt am Mittelpunkt liegt und die ebene Begrenzungsfläche ungefähr parallel dem Tischarm läuft. Hierauf stellt man den Lichtarm, nachdem man das Gas entzündet hat, auf 20^0, das Fernrohr auf 340^0 und dreht das Tischchen so lange, bis im Fernrohr das Bild der Lichtlinie, herrührend von der Reflexion an der schmalen Glasfläche des Spaltes, auf der Marke steht. Klemmt man in dieser Stellung den Tischarm fest, so ist der Goniometerdurchmesser $0^0 - 180^0$ Einfallslot des Halbzylinders.

Diese Einstellungen, sowie die folgenden Messungen werden sehr erleichtert, wenn man hinter das Goniometer einen dunklen Schirm zum Abhalten des fremden Lichtes stellt.

Bringt man jetzt die Lichtquelle auf 0°, das Fernrohr auf 180°, so kann man sich zunächst überzeugen, daß der senkrecht einfallende Strahl keine Brechung erfährt.

Nun stellt man die Lichtquelle auf 10° bezw. 350°, bestimmt für beide Einstellungen die Lage des gebrochenen Strahles mit dem Fernrohr und nimmt von beiden Einstellungen das Mittel. Dann macht man, wiederum beiderseits des Lotes, den Einfallswinkel gleich 20°, 30° usf. und verfährt ebenso.

Die Ablesungen werden nach folgendem Muster angeschrieben:

Ort der Lichtquelle	Ort des Fernrohres	Einfallswinkel α	Brechungswinkel β	$n = \dfrac{\sin \alpha}{\sin \beta}$
10° 350°	186° 30′ 173° 28′	10° . . .	6° 31′	1,530 . . . . .

In die letzte Kolonne kommt das gesuchte Brechungsverhältnis.

88. Den Brechungsexponent von Wasser in einem Halbzylinder zu bestimmen.

Erklärung. Benutzt man einen hohlen Halbzylinder von Glas, der mit Wasser gefüllt wird, so kann man nach dem in der vorigen Aufgabe dargelegten Verfahren den Brechungsexponent für Wasser finden.

Zubehör. Goniometer, hohler Halbzylinder von Glas, Schirm, Wachs. (P. Z. **3**. 1.)

Ausführung. Das Verfahren entspricht in allen Einzelheiten dem von Aufg. 87.

89. Den Brechungsexponent einer Flüssigkeit zu bestimmen, die sich in einem zylindrischen Glasgefäß befindet.

Erklärung. a cm von der Achse eines mit Flüssigkeit gefüllten zylindrischen Fläschchens oder eines Becherglases entfernt, befinde sich eine senkrechte lineare Lichtquelle; es wirkt dann die Flüssigkeit wie eine Zylinderlinse und es entsteht b cm hinter der Achse des Gefäßes ein scharfes Bild, das auf einem Schirm aufgefangen werden kann.

Ist der Durchmesser des Gefäßes $2r$ und der Brechungsexponent der Flüssigkeit n, so besteht die Gleichung:

$$n = \frac{2 \cdot a \cdot b}{a(b-r) + b(a-r)},$$

die durch eine einfache geometrische Betrachtung gefunden werden kann (Schröder, P. Z. **23**. 26; a. a. O. sind die Entfernungen von der Wand des Becherglases aus gemessen, in unserer Formel dagegen von der Achse aus).

Man kann demnach auf der optischen Bank aus den gemessenen Entfernungen der Lichtquelle und des Bildes von der Achse des Gefäßes und dem gemessenen Radius des letzteren leicht den Brechungsexponent der Flüssigkeit bestimmen.

Führt man aber in obige Formel anstatt a und b, wie in Aufg. 80, die Größen s und d ein, so erhält man die Gleichung:

$$n = \frac{s^2 - d^2}{(s^2 - d^2) - 2rs} = \frac{1}{1 - \dfrac{2rs}{(s+d) \cdot (s-d)}},$$

deren Anwendung mit wesentlichen Vorteilen gerade für diese Aufgabe verbunden ist, da die Resultate unabhängig von der Stellung des Fläschchens auf dem Schlitten werden.

Zubehör. Optische Bank, 3 Schlitten, 2 Schirmhalter, 2 Mattglasschirme, 1 Tischchen, dünnwandiges, zylindrisches Mediziglas von 6 cm Durchmesser mit Mantel von schwarzem Papier, Petroleum, Streifen von Koordinatenpapier von 25 cm Länge, Gasflachbrenner.

Ausführung. Man bringt den einen Schlitten mit Schirmhalter auf den Nullpunkt der optischen Bank, setzt die eine der beiden Mattglasscheiben ein, nachdem man mit Tusche einen kräftigen senkrechten Strich aufgezeichnet hat, und beleuchtet sie durch den dahinter aufgestellten Gasflachbrenner; in einiger Entfernung wird am Teilstrich s der zweite Schlitten mit Schirmhalter und Schirm aufgesetzt, wobei zu beachten ist, daß die Entfernung s der beiden Schirme um so kleiner zu wählen ist, je stärker brechend die zu untersuchende Flüssigkeit ist.

Zwischen beide stellt man auf das Tischchen des dritten Schlittens die Flasche mit Petroleum, nachdem man in den Papiermantel in der halben Höhe der Flasche mit dem Korkbohrer 2 runde Ausschnitte von etwa 2 cm Durchmesser einander gegenüber ausgeschnitten hat, und bestimmt nun genau, wie bei Aufg. 80, die Verschiebung d dieses Schlittens zwischen den beiden Einstellungen, die scharfe Bilder liefern.

Hierauf legt man den Streifen Koordinatenpapier straff um das Glasgefäß an der Stelle, wo sich bei der Messung die beiden Blenden-Ausschnitte befunden hatten, und bestimmt so seinen Umfang und daraus den Radius r.

Setzt man diese Zahlen in obige Formel ein, so erhält man das gesuchte n.

90. Das Brechungsverhältnis von Glas mit einem Prisma nach der Methode senkrechten Eintritts zu bestimmen.

Erklärung. Trifft ein Bündel paralleler Strahlen ein Prisma unter beliebigem Winkel, so wird es im allgemeinen sowohl beim Eintritt wie auch beim Austritt gebrochen und erfährt dadurch eine Ablenkung A von seiner ursprünglichen Richtung. Bei diesem Vorgang kann man zwar den Einfallswinkel und ebenso den Austrittswinkel sowie die Ablenkung bestimmen, wenn man das Prisma auf das Goniometertischchen bringt, allein die zur Berechnung von n erforderlichen Winkel, die das Strahlenbündel im Glaskörper selbst mit den Flächenloten bildet, entziehen sich naturgemäß der Messung.

Nur bei besonderen Stellungen des Prismas ist man imstande, deren Größe anzugeben; dazu gehört der Fall senkrechten Eintritts. Der Strahl geht dann ungebrochen durch die erste Prismenfläche hindurch und trifft die zweite unter einem Einfallswinkel β, der gleich dem Winkel B an der brechenden Kante ist, und wenn man die Ablenkung A kennt, so ist der Austrittswinkel $\alpha = A + B$. Da nun

$$n = \sin (A + B) : \sin B$$

ist, so besteht die Aufgabe in der Ermittelung dieser beiden Winkel.

Zubehör. Goniometer, Prisma mit einem brechenden Winkel von 30°, Kollimatorlinse, Rotglas, Schirm.

Ausführung. Das Fernrohr (Kamera obskura) wird aus seinem Lager herausgenommen, durch Anvisieren eines fernen Gegenstandes auf parallele Strahlen eingestellt und wieder eingesetzt. Dann wird der Lichtarm etwa auf 0°, der Kameraarm auf 180° festgeklemmt, auf den Lichtarm eine Sammellinse aufgesetzt und so eingestellt, daß das Bild der Lichtlinie im Fernrohr scharf erscheint. Jetzt treten aus der Sammellinse parallele Strahlen aus.

Nachdem alsdann die Fernrohrstellung korrigiert ist (Aufg. 70), wird der Lichtarm auf 25°, der Fernrohrarm auf 335° eingestellt und das Tischchen mit dem aufgekitteten Prisma (vergl. Aufg. 71) so gedreht, daß der an der ersten Prismenfläche reflektierte Lichtstrahl auf die Fernrohrmarke fällt; dann ist das Einfallslot dieser Fläche der Nullradius. Klemmt man in dieser Stellung den Tischarm fest und bringt die Lichtquelle auf 0^0, so steht der einfallende Strahl senkrecht auf der ersten Prismenfläche.

Da das Prisma mit seiner Kante nahe am Mittelpunkt des Tischchens angekittet ist, so geht ein Teil der einfallenden Strahlen an der Kante vorbei und kann gegenüber mit dem Fernrohr aufgefangen werden; bei richtiger Aufstellung geschieht dies bei 180^0. Von dieser Stellung aus muß das Fernrohr um A^0 gedreht werden, bis das Bild des gebrochenen Strahles auf der Marke erscheint. Dasselbe ist aber infolge der Zerstreuung breit und deshalb wenig geeignet zur scharfen Einstellung; man setzt daher zwischen Fernrohr und Prisma eine kleine Scheibe Rotglas, die nur einen schmalen Streifen des Spektrums hindurchläßt.

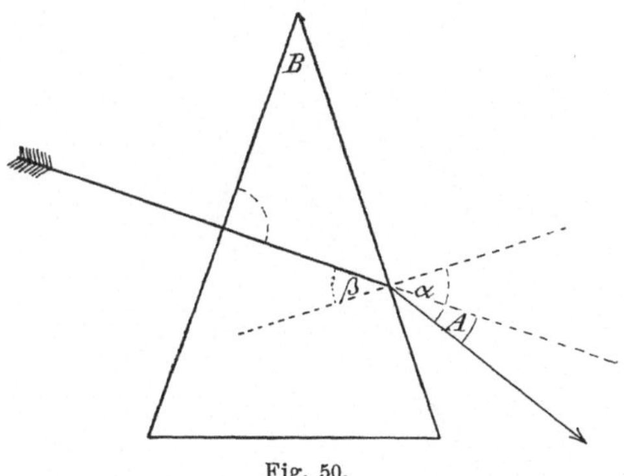

Fig. 50.

Nachdem so die Ablenkung A bestimmt ist, bringt man die Lichtquelle auf 25^0, wo sie zuerst stand, zurück, ebenso den Kameraarm auf 335^0 und notiert die Stellung des Tischarmes; dann dreht man denselben weiter, bis Reflexion an der zweiten Prismenfläche stattfindet, und liest die neue Stellung ab. Nach den Angaben von Aufg. 72 ergibt sich hieraus der Winkel B.

Die Berechnung von n erfolgt danach, wie in der Erklärung angegeben wurde.

91. Den Zusammenhang von Ablenkung, Einfallswinkel und Austrittswinkel zu untersuchen.

Erklärung. Wenn man ein Prisma mit einem brechenden Winkel von 60^0 auf dem Goniometertischchen aufkittet und dieses in beliebiger Lage feststellt, so kann man zuerst nach Aufg. 71 die Lage der Lote der beiden Prismenflächen bestimmen; bringt man darauf den Lichtarm in die Stellung eines dieser Lote, so daß der Einfallswinkel 0 ist, und das Fernrohr auf die andere Seite, so wird zunächst der Strahl nicht austreten, weil an der Austrittsfläche totale Reflexion stattfindet, wie eine graphische Konstruktion des Strahlenganges zeigt. Läßt man aber den Einfallswinkel allmählich wachsen, so wird von einer bestimmten Größe an der Lichtstrahl auf der anderen Seite austreten, und nun können, da die Lage der Lote bekannt ist, die drei in der Aufgabe genannten Winkel bestimmt werden.

Zubehör. Goniometer, Prisma mit brechendem Winkel von 60°, Rotglas, Schirm, Kollimatorlinse, Koordinatenpapier (2 mm).

Ausführung. Zunächst wird das Fernrohr auf ∞ eingestellt und die Strahlen der Lichtquelle unter sich parallel gemacht, wie dies in der vorigen Aufgabe angegeben wurde. Hierauf stellt man ebenfalls nach Aufg. 90 das Tischchen mit dem aufgekitteten Prisma (Aufg. 71) so ein, daß der Nullradius Einfallslot wird und der Tischarm sowie die Basis des Prismas nach der Seite von 90° hin gewendet sind; in dieser Stellung klemmt man den

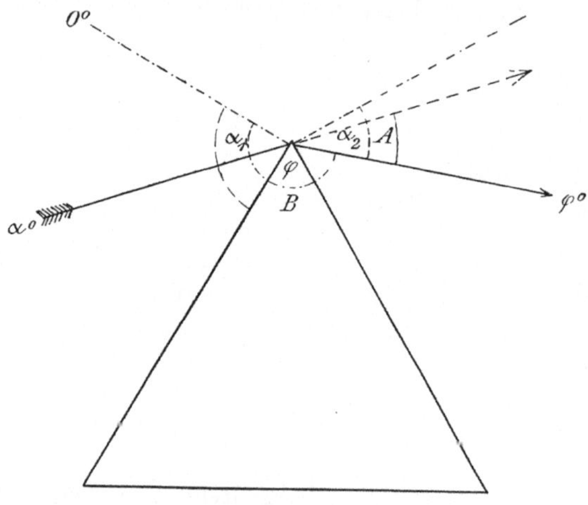

Fig. 51.

Arm fest. Dann geht man mit Fernrohr und Lichtquelle vor die zweite Prismenfläche und bestimmt die Lage des Austrittslotes, welches also für ein Prisma von 60° nahezu auf 240° liegt (Aufg. 71).

Bringt man jetzt die Lichtquelle auf 0°, das Fernrohr auf 240°, so ist der Apparat gebrauchsfertig. Läßt man den Einfallswinkel von 0° an wachsen, indem man mit dem Fernrohr folgt, so wird bei einem Einfallswinkel von etwa 30° der erste gebrochene Strahl in das Fernrohr gelangen. Dabei gibt die Einstellung α_1 des Lichtarmes ohne weiteres den Einfallswinkel an; ist die Einstellung des Fernrohrs φ, so ist der Austrittswinkel $\alpha_2 = (240° - \varphi)°$, und da der Gegenpunkt des Lichtarmes $(180 + \alpha_1)°$ ist, so ist die Ablenkung $A = (180 + \alpha_1 - \varphi)°$.

Diese Werte werden notiert und dann der Einfallswinkel um einige Grad, z. B. 2^0, vergrößert und ebenso verfahren wie zuvor. In gleicher Weise fährt man fort, bis der Einfallswinkel etwa 70^0 groß geworden ist.

Die Resultate werden in folgender Weise angeschrieben:

Ort des Lichtarmes α_1	Ort des Fernrohrs φ	Austrittsw. $\alpha_2 = (240 - \varphi)^0$	Ablenkung $A = 180^0 + \alpha_1 - \varphi$
32^0	$167^0\ 32'$	$72^0\ 28'$	$44^0\ 28'$
...	....	......	......

Wenn man auch schon aus einem Vergleich des Verlaufes von α_1 und α_2 und der Betrachtung der gleichzeitigen Ablenkung das eigentümliche Verhalten erkennen kann, so gibt doch erst die graphische Darstellung eine vollkommene Vorstellung des Zusammenhanges. Man macht die Einfallswinkel zu Abszissen ($1^0 = 2$ mm), die Ablenkungen bezw. die Austrittswinkel zu Ordinaten ($1^0 = 2$ mm) und erhält so auf demselben Blatt zwei Kurven. Zur Diskussion konstruiert man noch die Winkelhalbierende des Koordinatensystems und das Projektionslot aus ihrem Schnittpunkt mit der Kurve der Austrittswinkel auf die Abszissenachse.

92. Bestimmung des Brechungsexponents von Glas im Prisma bei symmetrischem Durchgang.

Erklärung. Die Resultate der letzten Aufgabe zeigen, daß ein Lichtstrahl, der ein Prisma so durchläuft, daß die Ablenkung ein Minimum wird, gleichen Eintritts- und Austrittswinkel hat, oder in anderen Worten das Prisma symmetrisch durchläuft. Damit ist eine zweite Prismenstellung gegeben (Aufg. 90), bei der man in der Lage ist, die Größe des Winkels β anzugeben, den der hindurchgehende Strahl innerhalb des Prismas mit den Flächenloten bildet. Bei einem Prisma vom brechenden Winkel B betragen sie in diesem Falle $\beta_1 = \beta_2 = \dfrac{B}{2}$; ebenso ist leicht einzusehen, daß $A = 2\,(\alpha - \beta)$, also $\alpha_1 = \alpha_2 = \dfrac{A + B}{2}$ ist. Daraus ergibt sich $n = \sin \dfrac{A + B}{2} : \sin \dfrac{B}{2}$.

Es ist also bei dieser Lage des einfallenden Strahles zum Prisma nur nötig, den Winkel an der brechenden Kante B und die Ablenkung A zu bestimmen, um den Brechungsexponent zu erhalten.

Zubehör. Goniometer, Prisma mit brechendem Winkel von etwa 60°, Rotglas, Schirm, Kollimatorlinse.

Ausführung. Zunächst wird die Fernrohrstellung nach Aufg. 70 korrigiert, das Prisma auf dem Goniometertischchen aufgekittet und nach Aufg. 72 der Winkel B an der brechenden Kante bestimmt. Alsdann wird das Fernrohr nach Aufg. 90 auf ∞ eingestellt und die Strahlen der Lichtquelle mittels der Kollimatorlinse parallel gemacht. Ist das geschehen und die zentrische Stellung des Fernrohrs nochmals geprüft, so wird die Lichtquelle auf 0° gestellt und dem Prismentischchen eine solche Stellung gegeben, daß der Lichtstrahl das Prisma durchläuft. Nachdem man ihn im Fernrohr unter Einschaltung eines Rotglases aufgefangen hat, dreht man vorsichtig das Tischchen im Sinne wachsender Einfallswinkel und folgt der Bewegung mit dem Fern-

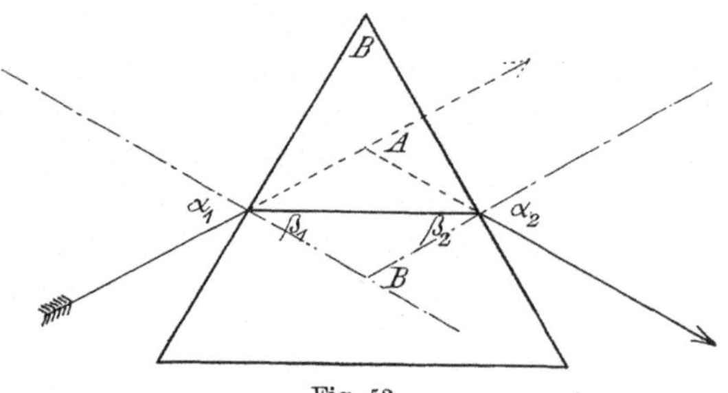

rohr derart, daß das Bild der Lichtlinie annähernd auf der Marke bleibt. Bei einer gewissen Stellung des Prismas wird das Bild kurze Zeit stehen bleiben, um dann bei weiterer Drehung des Prismas umzu-

Fig. 52.

kehren. Diese Stellung des Prismas, bei der die Umkehr des Bildes stattfindet, ist nun recht sorgfältig herauszuprobieren; es ist die Stellung kleinster Ablenkung oder symmetrischen Durchgangs. Die zugehörige Stellung des Fernrohrs wird bestimmt und notiert; alsdann wird dasselbe so weit zurückgedreht, bis es auf die an der Prismenkante vorbeigehenden nicht abgelenkten Strahlen einsteht, und die Stellung wieder notiert; der Unterschied beider Ablesungen ist die Ablenkung.

Die Resultate können in folgender Weise angeschrieben werden:

1. Bestimmung von B; Lichtquelle auf 0°; Fernrohr auf 40°.

Reflexion an der ersten Fläche: Tisch-
   arm auf 260° 59′
Reflexion an der zweiten Fläche: Tisch-
   arm auf 141° 13′

$$B = 180° - 119° 46' = 60° 14'.$$

2. Bestimmung von A; Lichtquelle auf 0°; Tischarm auf 290° 45 (Minimumstellung).

$$\left.\begin{array}{l}\text{Bild des unabgelenkten Strahles auf } 180^0 \\ \text{Bild des abgelenkten Strahles auf } 218^0\ 56'\end{array}\right\} A = 38^0\ 56'.$$

Zur Kontrolle kann man dieselbe Messung beim umgekehrten Gang der Lichtstrahlen durch das Prisma vornehmen.

93. Bestimmung des Brechungsexponents einer Flüssigkeit mit Prisma beim symmetrischen Durchgang.

Erklärung. Das in der letzten Aufgabe benutzte Verfahren kann dazu benutzt werden, den Brechungsexponent einer Flüssigkeit zu bestimmen, die in ein Hohlprisma eingefüllt ist.

Zubehör. Goniometer, Hohlprisma von ungefähr 60^0, Rotglas, Schirm, Kollimatorlinse, Zinkchloridlösung, Kassiaöl, Schwefelkohlenstoff.

Ausführung. Die Aufgabe lehnt sich so vollständig an die vorige an, daß über das Verfahren nichts weiter zu sagen ist. Nur bezüglich des Schwefelkohlenstoffs ist daran zu erinnern, daß die Substanz sehr feuergefährlich und daher das Prisma gut zu verschließen ist, bevor man es auf das Goniometer in die Nähe der offenen Flamme bringt.

VI. Aufgaben über Magnetismus.

94. Darstellung und Abbildung magnetischer Felder einzelner Pole.

Erklärung. Wenn man die magnetischen Kraftlinienbilder mittels feiner Eisenfeilspäne auf negativem Lichtpauspapier (sogen. blausaurem Eisenpapier) entwirft und dann belichtet und entwickelt, so erhält man bleibende Kopien der Felder in einer sehr einfachen Weise.

Zubehör. Zeichenrähmchen auf Stellschrauben, 3 Holzklötze, Gestell für die Magnete, Eisenfeilspäne, Siebchen, Waschgefäß, 2 Paar Stabmagnete, Ring von Schmiedeeisen, Lichtpauspapier. (P. Z. **15**. 193.)

Ausführung. Hinter einem nach der Sonnenseite gelegenen Fenster, das sich durch Laden oder Filz-Rouleaus verdunkeln läßt, stellt man einen Tisch auf und verdunkelt die übrigen Fenster des Zimmers durch einfache Rouleaus, so daß das Tageslicht stark gedämpft ist. Auf den Tisch legt man das Gestell für die Magnete, daneben die drei Holzklötze in solchen Abständen voneinander, daß man das Zeichenrähmchen mit seinen 3 Stellschrauben darauf legen kann. Die Höhe der Klötze ist so bemessen, daß die Polfläche eines in dem Gestell senkrecht stehenden Magnetes sich etwa $^1/_2$ cm unter der Fläche des Zeichenrähmchens befindet; dieser Abstand kann mit Hilfe der Stellschrauben verändert werden.

Hierauf legt man auf das Zeichenrähmchen einen Bogen des lichtempfindlichen Papieres im Format 37,5 : 37,5 (halbe Rollenbreite), beschwert seine vier Ecken mit Bleischeibchen und stäubt mittels eines Siebchens aus 30 cm Höhe so gleichmäßig wie möglich Eisenfeilspäne auf die Fläche. Den günstigsten Dichtigkeitsgrad muß man ausprobieren, ebenso auch den geeignetsten Abstand der Pole von der Zeichenfläche. Ist man fertig mit Bestäuben, so ist ein sehr vorsichtiges Klopfen mit der Fingerspitze auf den Rand des Rähmchens von Nutzen für die vollkommene Ausbildung der Kurven, doch muß man sich sehr vor einem Zuviel hüten.

Ist alles wohlgelungen, so wird der Fensterladen und eventuell das Fenster geöffnet und das Papier belichtet, wobei natürlich besonders darauf zu achten ist, daß die Aufstellung nicht angestoßen und erschüttert wird. Ist das Papier an den freiliegenden Stellen grau geworden, wobei man zur Kontrolle die ursprünglich gelbe Farbe unter den Bleiplatten prüft, so wird wieder verdunkelt, das Papier aufgenommen und das Eisenfeilicht in das Aufbewahrungsgefäß zurückgeschüttet.

Zum Fixieren, das bei Tageslicht geschehen kann, bringt man das Papier leicht gerollt, Schichtseite innen, in ein weites zylindrisches Gefäß von ca. 40 cm Höhe, welches unter der Wasserleitung steht und unten einen Hahn zum Wasserablauf hat. Bei fließendem Wasser kann nach 10 Minuten das Bild herausgenommen und zum Trocknen aufgehängt oder auf Fließpapier ausgebreitet werden.

In dieser Weise können etwa die folgenden Bilder entworfen werden:

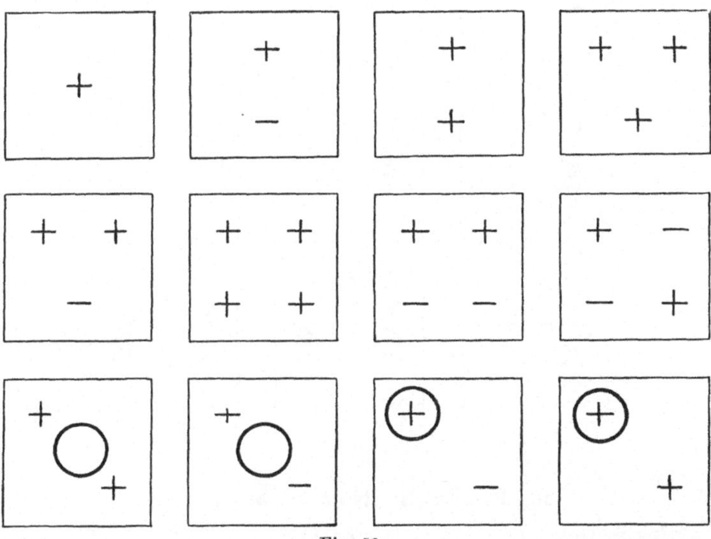

Fig. 53.

Bei den vier letzten Bildern wird das Verhalten von Eisen im magnetischen Feld untersucht; zur Aufstellung des Eisenringes dient ein axial durchbohrter Holzklotz, der auf das Magnetgestell gesetzt werden kann, z. B. so, daß der Magnet durch seine Durchbohrung hindurchgeht; auf diesen Klotz wird der Ring gelegt.

95. Darstellung und Abbildung magnetischer Felder ganzer Magnete.

Zubehör. Zeichenrähmchen auf Stellschrauben, drei Holzklötze, Gestell für Magnete, Eisenfeilspäne, Siebchen, Waschgefäß, 2 Paar Stabmagnete, rechteckiges Stück Eisen, Ring von Eisen, Hufeisenmagnet, Lichtpauspapier.

Ausführung. Die drei Holzklötze, worauf das Zeichenrähmchen zu liegen kommt, werden umgelegt und der Magnet, dessen Feld abgebildet werden soll, auf das Gestell gelegt; dann ist seine Entfernung von der Zeichenfläche, die mittels der Stellschrauben verändert werden kann, etwa $^1/_2$ cm. Im übrigen wird verfahren, wie in der vorigen Aufgabe beschrieben wurde.

Man kann die folgenden Felder abbilden:

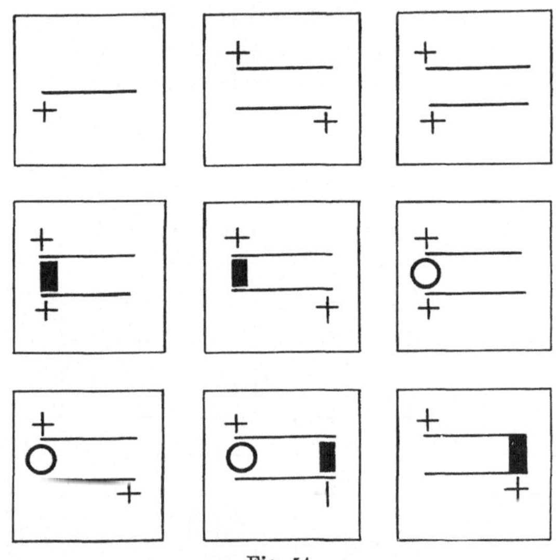

Fig. 54.

96. Die Inklination zu bestimmen.

Erklärung. Das Inklinatorium ist ein Teilkreis, über dem in feinen Spitzen eine Magnetnadel spielt; der Teilkreis kann um eine senkrechte Achse gedreht werden und läßt sich ferner durch ein Gelenk in wagrechte, sowie nach beiden Seiten in senkrechte Lage bringen.

Derjenige seiner Durchmesser, welcher der Gelenkachse parallel ist, trägt die Zahlen 0°—0°; von da aus geht die Bezifferung nach beiden Seiten bis 90°. Zur Ermittelung des Inklinationswinkels wird der Teilkreis im magnetischen Meridian in senkrechte Lage gebracht.

Es ist nicht möglich, mit einem solchen Instrument den Inklinationswinkel durch eine einzige Ablesung richtig zu bestimmen, weil dasselbe mit einer Anzahl unvermeidlicher Konstruktionsfehler behaftet ist, welche die einzelne Beobachtung erheblich beeinflussen. Die hauptsächlichsten Fehler des Instruments sind die folgenden:

1. Die Drehachse der Nadel ist nicht konzentrisch mit dem Teilkreis (Fig. 55). Der hieraus entspringende Fehler wird vermieden, indem man stets beide Nadelenden abliest; die eine Ablesung ist um ebensoviel zu groß, wie die andere zu klein.

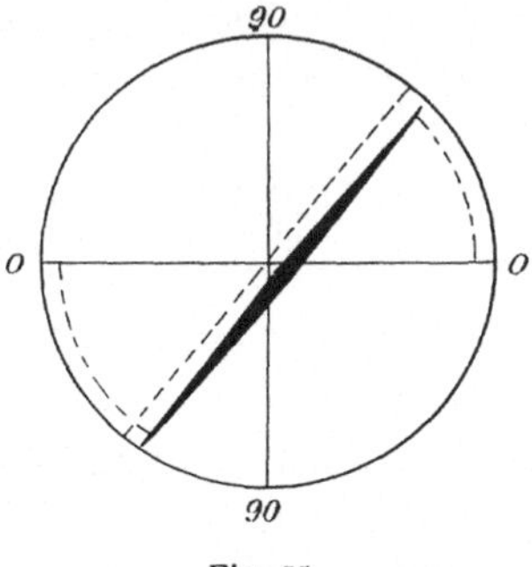

Fig. 55.

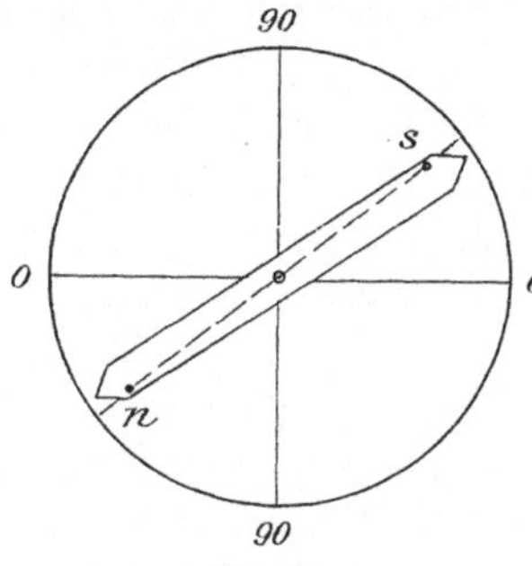

Fig. 56.

2. Der Durchmesser 0^0—0^0 ist nicht genau parallel der Umlegachse. Ist der Teilkreis nach Osten umgelegt, so werden durch diesen Fehler die Ablesungen vielleicht zu groß; legt man darauf den Teilkreis nach Westen um, so spielt die Nadel vor den beiden anderen Quadranten und die Ablesungen werden um ebensoviel zu klein. Das Mittel ist demnach frei von diesem Fehler.

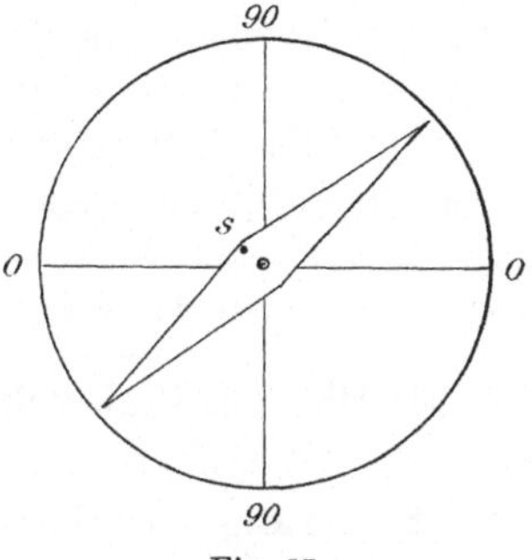

Fig. 57.

3. Die magnetische Achse der Nadel fällt nicht zusammen mit der geometrischen Achse, an deren Enden man abliest; es werden dadurch z. B. in Fig. 56 die Ablesungen zu klein. Wenn man aber die Nadel in ihren Lagern so umlegt, daß die jetzige Vorderseite der Nadel nach hinten zu liegen kommt, gegen die Teilung gewendet, so vergrößert dieser Fehler beide Ablesungen, so daß wieder das Mittel in dieser Beziehung fehlerfrei wird.

4. Der Schwerpunkt der Nadel ist seitlich gegen ihre Drehachse verschoben, wie Fig. 57 zeigt. Es wird hierdurch die Inklination vergrößert; läge der Schwerpunkt auf der anderen Seite der Drehachse, so würde sein Einfluß den Ausschlag verkleinern. Demnach hilft auch gegen diesen Fehler das Umlegen der Nadel in ihren Lagern.

5. Der Schwerpunkt der Nadel liegt nicht in der Drehachse, sondern ist in deren Längsrichtung gegen den Nordpol verschoben; dann wird bei allen Stellungen des Teilkreises und den verschiedenen Lagen der Nadel die Inklination zu groß gefunden. Magnetisiert man aber die Nadel um, so wird das Südende schwerer, die Inklination fällt zu klein aus; wieder gibt das Mittel den richtigen Wert.

Aus diesen Erwägungen ergibt sich das einzuschlagende Verfahren.

Zubehör. Stellbrett, Wasserwage, Inklinatorium, Magnete.

Ausführung. Das Stellbrett wird nivelliert, das Inklinatorium mit wagrechtem Teilkreis darauf gestellt und um seine senkrechte Achse gedreht, bis die Nadel auf 0—0 einspielt; dann steht die Umlegachse des Instrumentes im Meridian.

Nun wird der Teilkreis zur senkrechten Lage aufgerichtet, etwa nach Osten, und in dieser Stellung der Ausschlag an beiden Nadelenden abgelesen. Dann wird der Teilkreis nach Westen umgelegt und ebenso verfahren. Hierauf legt man die Nadel in ihrem Lager um und liest von neuem ab, und zuletzt legt man den Teilkreis wieder nach Osten um und bestimmt abermals die beiden Winkel.

Nachdem diese acht Ablesungen zu einem Mittel vereinigt sind, wird die Nadel aus den Lagern herausgenommen und ummagnetisiert, indem man etwa 10 mal die beiden Hälften mit den entgegengesetzten Polen der Magnete von der Mitte nach den Enden hin streicht. Das Ende, welches zuerst Nordpol war, ist mit dem Nordpol zu streichen und wird dadurch Südpol. Wenn dies geschehen ist, wird die Nadel wieder eingelegt und dann werden von neuem acht Ablesungen in der oben angegebenen Weise vorgenommen, deren Mittel mit dem zuerst erhaltenen zu einem Gesamtmittel vereinigt wird.

97. Die Abhängigkeit der Polstärke von der Stablänge zu prüfen.

Erklärung. Vor einer sehr leichten Wage (KLEIBERS Polwage), deren Schwingungsebene mit dem magnetischen Meridian zusammenfällt, ist an einem leichten Stab als Träger in der Höhe des unteren Zeigerendes ein Magnetstab aufgehängt. In seiner Gleichgewichtslage steht derselbe dem Wagebalken parallel; dreht man ihn um 90°, also in die Ostwestlage, und bringt das Trägerende hinter den Zeiger, so übt der in den Meridian zurückstrebende Magnet ein Drehmoment auf die Wage aus, das durch ein Reitergewicht auf dem Wagebalken kompensiert werden kann.

Stellen p Dyn im Abstand a cm vom Drehpunkt wieder Gleichgewicht her und ist die halbe Trägerlänge c cm, die Zeigerlänge b cm, so übt p auf den Träger den Druck $x = p \cdot a : b$ und das Drehmoment $p \cdot a \cdot c : b$ aus. Ebensogroß, aber entgegengesetzt, ist das Drehmoment $2\,(H \cdot P \cdot l)$, welches die horizontale Intensität des erdmagnetischen Feldes auf die beiden Pole des Magnetes von dem Polabstand $2\,l$ und der Polstärke P ausübt. (H kann dabei definiert werden als die Kraft in Dyn, die der Erdmagnetismus in horizontaler Richtung auf einen Pol von der Einheit des Magnetismus ausübt. Der Polabstand $2\,l$ ist kleiner als die Stablänge, da die Pole nicht an den Endflächen liegen; bei dünnen Stäben kann man $2\,l = {}^5/_6$ der Stablänge setzen.)

Aus der Gleichsetzung der beiden obigen Ausdrücke folgt:

$$P = p \cdot \frac{a \cdot c}{2 \cdot b \cdot H \cdot l},$$

d. h. wenn man die Längen a, c, b und l in cm bestimmt hat, und wenn p in Dyn gegeben und H bekannt ist, so kann man die Polstärke P des Magnetes in Dyn finden.

Vielfach noch wichtiger ist die Kenntnis des Produktes:

$$2 \cdot P \cdot l = p \cdot \frac{a \cdot c}{b \cdot H}$$

für das Verhalten eines Magnetes; man nennt dasselbe das magnetische Moment des Stabes und bezeichnet es mit M.

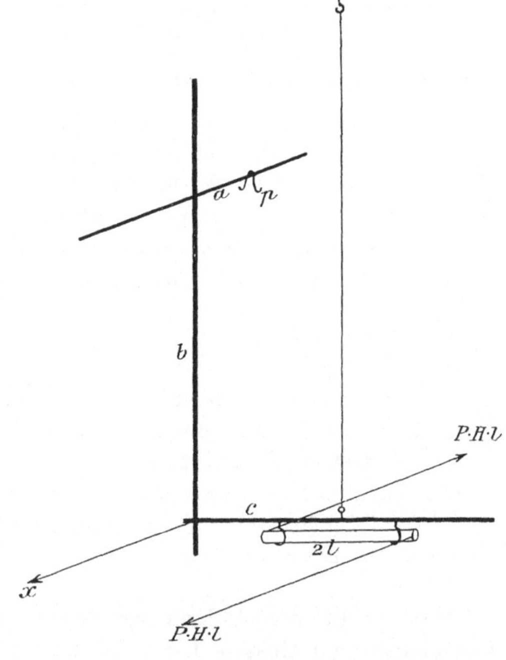

Fig. 58.

Damit ist ein Weg gegeben, die Polstärke einer Anzahl Magnete in ihrer Abhängigkeit von deren Länge zu bestimmen.

Zubehör. Polwage mit Reitern von 1, 10 und 100 Dyn. Kästchen mit Magneten verschiedener Länge aus Silberstahl von 5 mm Dicke, Maßstab, Koordinatenpapier (mm). (P. Z. **15**. 194.)

Ausführung. An den Träger wird der zu prüfende Magnet gehängt und das Gehäuse der Polwage so gedreht, daß der Magnet längs der auf dem Grundbrett befindlichen, dem Wagebalken parallelen

Marke einspielt. Alsdann wird die Wage mit den Stellschrauben nach dem Pendel eingestellt, die Arretierung gelöst, das Einspielen des Zeigers auf die Nullmarke geprüft und gegebenenfalls mit dem Fähnchen am oberen Ende des Zeigers korrigiert.

Hierauf wird bei arretierter Wage der Magnetträger um 90^0 gedreht und mit der am Ende befindlichen Gabel der Zeiger der Wage umfaßt; dann sucht man durch Heben und Senken des Trägers und durch Verschieben der Suspension die Gabelmarke mit der Zeigermarke zum Zusammenfallen zu bringen. Ist dies geschehen, so ist $b = 25$ cm, $c = 10$ cm, und setzt man für H seinen Wert (im allgemeinen für Mitteldeutschland 0,20), so wird $P = \dfrac{p \cdot a}{l}$.

Nun setzt man den 100-Dynreiter auf den betreffenden Hebelarm und verschiebt ihn so lange um ganze Zentimeter, bis ein weiteres Verschieben ein Ausschlagen der Wage nach der anderen Seite bewirkt; dann erzielt man das genaue Einspielen durch Aufsetzen und Verschieben des 10-Dynreiters, event. auch des 1-Dynreiters. Sitzen die Reiter auf A und a cm, so ist $(100 . A + 10 a)$ das Drehmoment und man erhält:

$$P = \frac{(100 . A + 10 a)}{l}.$$

Ebenso verfährt man mit den übrigen, aus demselben Stück Stahl verfertigten und bis zur Sättigung magnetisierten Stäben, indem man jedesmal Drehmoment und Stablänge notiert. Eine graphische Darstellung auf Koordinatenpapier, die Stablängen als Abszissen (1 mm = 1 mm), die Polstärken als Ordinaten (Polstärke 1 = 2 mm) zeigt den gesuchten Zusammenhang.

98. Wie hängt die Ablenkung der Kompaßnadel durch einen Magnetstab von dessen Lage in der Windrose und von seiner Stellung gegen den Kompaß ab?

Erklärung. Auf wagrechter Ebene steht ein Kompaß, auf dessen Nadel ein kurzer Magnetstab aus konstanter Entfernung ablenkend einwirkt. Der Betrag der Ablenkung ändert sich, wenn man den Magnet um seinen festgehaltenen Mittelpunkt in wagrechter Ebene dreht, aber auch wenn man den Magnet mit unveränderter Richtung um den Kompaß herumführt. Die Untersuchung muß sich natürlich auf die Hauptlagen beschränken; als solche bieten sich die folgenden dar: Der Magnet wird in konstantem Abstand um den Kompaß herumgeführt, 1. während seine Achse gegen die Mitte der Kompaßnadel gerichtet ist, also in radialer Lage (N innen oder außen); 2. während seine Achse senkrecht zur Verbindungslinie beider Magnetmitten steht, also in tangentialer Lage (N vorn oder hinten); 3. bei stets ostwestlicher Richtung (N östlich oder westlich); 4. bei stets nordsüdlicher Stellung (N nördlich oder südlich).

Zubehör. Magnetometer mit drehbarem Arm, Magnetstab, Koordinatenpapier (5 mm), lange Magnetnadel an Kokonfaden. (P. Z. **24**.)

Ausführung. Man stellt das Magnetometer, zunächst ohne Bussole, in die Mitte des Tisches, hängt die lange Magnetnadel (Silberstahl von 30 cm Länge) über seinem Mittelpunkt auf und dreht es so, daß der Durchmesser 0^0—180^0 des Teilkreises genau in den magnetischen Meridian zu liegen kommt; in dieser Stellung drückt man die Spitzen der Füße in die Tischplatte ein und setzt die Bussole in die dafür bestimmte Hülse. Hierauf dreht man die Magnetometer-schiene so, daß die Marke auf den Null-punkt des Teil-kreises einsteht; sie liegt dann ebenfalls im magnetischen Meridian. Zuletzt legt man den Mag-

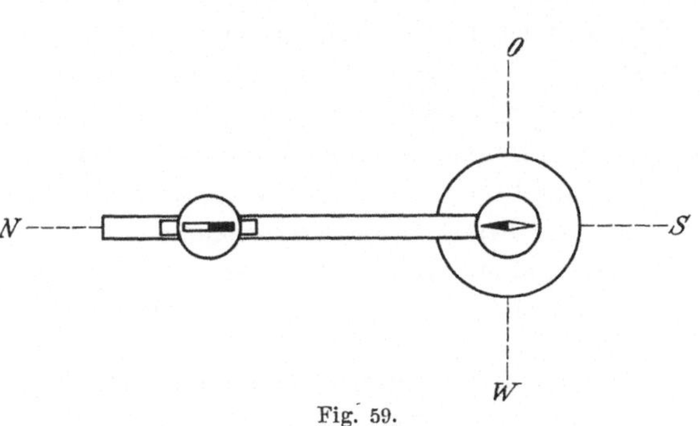

Fig. 59.

net auf den Schlitten, dessen Mitte sich z. B. in 40 cm Abstand von der Bussole befindet, und dreht den Teilkreis so, daß sein Nullpunkt mit der Marke am Schlitten zusammenfällt; dann liegt auch der Magnet im Meridian, d. h. er ist radial gegen die Mitte der Kompaßnadel gerichtet.

Nun notiert man die Einstellung 0^0 des Armes und die Ablenkung der Kompaßnadel (als das Mittel der Ablesung beider Nadelenden), die man negativ im Uhrzeigersinn, positiv im Gegensinn rechnet; indem man nun den Arm im Gegensinn des Uhrzeigers, z. B. von 15^0 zu 15^0, weiterdreht, notiert man jedesmal die Armstellung und die Kompaßablenkung.

Die erhaltenen Zahlen werden graphisch verarbeitet, die Einstellungen der Magnetometerschiene als Abszissen, die Ablenkungen der Kompaßnadel als Ordinaten. Auf der nicht liniierten Rückseite des Blattes entwirft man eine Darstellung in Polarkoordinaten, indem man die Drehung der Magnetometerschiene als Amplitude, die Ablenkung als Radiusvektor einträgt; die Punkte der positiven Ausschläge verbindet man mit Blaustift, die der negativen mit Rotstift zu einer Kurve, die ein besonders übersichtliches Bild der Verhältnisse gibt.

Hierauf dreht man das Magnettischchen auf dem Schlitten um 90°, so daß der Magnet senkrecht zum Dreharm steht, und wiederholt die Messung; die Resultate zeichnet man über die obigen Figuren, etwa in punktierten Linien.

Ganz in derselben Weise verfährt man mit den Lagen 3. und 4., mit dem einzigen Unterschied, daß nach jeder Drehung des Armes um 15° auch das Magnettischchen um denselben Betrag, aber im entgegengesetzten Sinne gedreht wird; die Stellung des Magnetes gegen den Meridian bleibt dann die ursprüngliche. Die Resultate beider Versuchsreihen werden wieder auf ein und dasselbe neue Blatt Koordinatenpapier, wie oben beschrieben, eingezeichnet.

Den Schluß bildet eine eingehende Vergleichung und Diskussion dieser so erhaltenen Kurven; insbesondere ist die Frage zu prüfen, bei welcher Amplitude die größte Ablenkung stattfindet und warum, ferner welche von diesen Versuchsanordnungen die geeignetste ist, wenn es gilt, den Einfluß der Entfernung des Magnetstabes von der Bussole auf die Größe der Ablenkungen zu studieren.

99. Gesetz der magnetischen Fernewirkung am Magnetometer.

Erklärung. Die vorige Aufgabe hat gezeigt, daß unter den verschiedenen Lagen rings um die Bussole herum, den ein ablenkender Magnet einnehmen kann, einzelne besonders bemerkenswert sind; dazu gehört vor allem die erste GAUSSsche Hauptlage, für die jetzt der Einfluß des Abstandes von Magnet und Bussolennadel auf die Ablenkungen der letzteren untersucht werden soll. In der Mitte einer in ostwestlicher Lage aufgestellten Meßschiene steht die Bussole, deren Nadel die Länge 2λ und die Polstärke p hat. In r cm Abstand von der Bussolenmitte befindet sich der Mittelpunkt des auf der Magnetometerschiene liegenden Magnetstabes von der Länge $2l$ und der Polstärke P. Die Länge 2λ der Bussolennadel sei so klein, daß die Pole sich bei einer Drehung der Nadel nicht merklich aus der Meridianlinie entfernen (Glockenmagnet).

Zwischen den vier Polen wirken die folgenden Kräfte:

$$- \frac{P \cdot p}{(r+l)^2}, \quad - \frac{P \cdot p}{(r+l)^2}, \quad + \frac{P \cdot p}{(r-l)^2}, \quad + \frac{P \cdot p}{(r-l)^2};$$

erstere im Uhrzeigersinn, letztere im Gegensinn. Die Summe dieser vier Kräfte ist gleich

$$+ \frac{8\,P\,.\,p\,.\,rl}{(r+l)^2\,.\,(r-l)^2}\,;$$

daher ist das auf die Bussolennadel im Gegensinn des Uhrzeigers ausgeübte Drehmoment:

$$\frac{8\,.\,P\,.\,p\,.\,r\,.\,l\,.\,\lambda\,.\,\cos\varphi}{(r^2-l^2)^2} = \frac{2\,.\,M\,.\,m\,.\,\cos\varphi}{r^3}\,,$$

wenn man für $2\,Pl$ und $2\,p\,\lambda$ die Zeichen M und m setzt (magnetische Momente von Stab und Nadel) und durch r hebt, was allerdings nur statthaft ist, wenn l so klein ist, daß l^2 neben r^2 vernachlässigt werden kann.

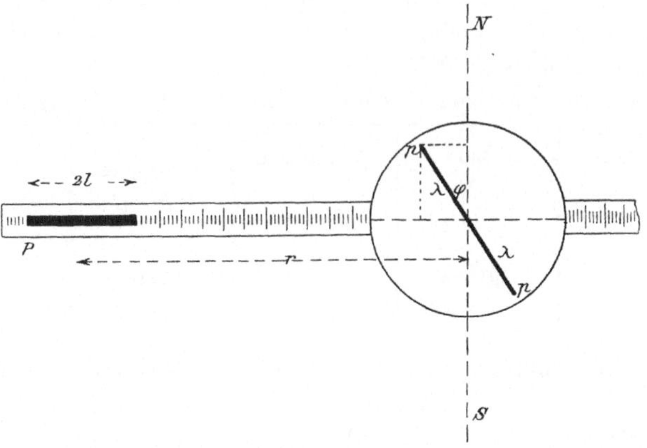

Fig. 60.

Ebenso ist das Drehmoment, das der Erdmagnetismus H auf die abgelenkte Kompaßnadel im Uhrzeigersinn ausübt, gleich:

$$2\,.\,H\,.\,p\,.\,\lambda\,.\,\sin\varphi = H\,.\,m\,.\,\sin\varphi.$$

Die Nadel kommt unter dem Einfluß beider Kräfte in derjenigen Stellung zur Ruhe, für die beide Drehmomente gleich sind; daraus folgt aber:

$$\frac{M}{H} = \frac{1}{2}\,.\,r^3\,.\,\operatorname{tg}\varphi,$$

d. h. die Tangente der Ablenkung ist umgekehrt proportional der dritten Potenz der Entfernung des ablenkenden Magnetes.

Zubehör. Ablenkungs-Magnetometer mit Bussole, zwei Schlitten, Magnet. (P. Z. **5**. 279; **23**. 273.)

Ausführung. Die Magnetometerschiene wird in ostwestlicher Lage aufgestellt und mit Hilfe der Stellschrauben so justiert, daß der Glockenmagnet vollkommen zentrisch im Kupferdämpfer spielt. Weicht dann der Bussolenzeiger noch etwas von der Nulllinie ab, so wird diese Abweichung durch Drehung des Magnetometers beseitigt. Schließlich wird die zentrische Stellung des Magnetes nochmals geprüft und event. mit den Stellschrauben nachkorrigiert. Nun werden die Schlitten beiderseits z. B. auf die Zahl 50 cm eingestellt und der Magnet zuerst auf den einen gelegt, die Einstellungen der beiden Nadelenden notiert, der Magnet umgelegt und die Ablesung wiederholt. Alsdann kommt der Magnet auf den anderen Schlitten und werden wieder vier Ablesungen vorgenommen; das Mittel der 8 Zahlen ist die gesuchte Ablenkung.

In derselben Weise verfährt man bei anderen Entfernungen des ablenkenden Magnetes. Die Ergebnisse können in eine Tabelle nach beigefügtem Muster eingetragen werden. Es empfiehlt sich, die Versuche bis herab zu kleinen Abständen r des ablenkenden Magnetes fortzusetzen, weil sich dabei deutlich zeigt, von welchem Abstand an die Vernachlässigung von l^2 neben r^2 nicht mehr zulässig ist.

Abstand r des Magnetes	Ablenkung φ (Mittel)	$r^3 . \operatorname{tg} \varphi = 2\,M : H$
50 cm	4,84 ⁰	10 600
· · · · · ·	· · · · ·	· · · · · ·

100. Bestimmung von M und H mit dem Magnetometer und der Polwage.

Erklärung. Ist H nicht bekannt, so kann nach Aufg. 97 immerhin das Produkt $M . H = 0{,}4 . p . a$ mit der Polwage bestimmt werden. Ebenso lehrt Aufg. 99 ein Verfahren kennen, um mit dem Ablenkungsmagnetometer einen Wert von $M : H = \frac{1}{2} r^3 . \operatorname{tg} \varphi$ zu finden. Liefert so die erste Methode $M . H = x$ und die zweite $M : H = y$, so ergeben sich durch Multiplikation bezw. Division für die einzelnen Größen die Werte:

$$M = \sqrt{x . y}; \qquad H = \sqrt{x : y}.$$

Zubehör. Polwage mit Reitergewichten, Ablenkungsmagnetometer mit 2 Schlitten und Bussole, Normalmagnet. (P. Z. **15**. 195; **5**. 279.)

Ausführung. 1. Zunächst wird nach Aufg. 97 die Polwage aufgestellt, der Magnet in Ostwestlage gebracht und durch Aufsetzen von Reitern die Wage abgeglichen. Hierauf wird der Magnet in seinen Lagern umgelegt, so daß der Druck auf die Wage im entgegengesetzten Sinn ausgeübt wird, und abermals gewogen. Nimmt man von beiden Messungen das Mittel, so ist dasselbe frei von dem Einfluß einer nicht ganz genauen Aufstellung im Meridian und von den Fehlern, die aus etwa vorhandener Unsymmetrie der Wage entspringen. Wird das gefundene $p \cdot a$ in obige Formel eingesetzt, so erhält man den gesuchten Wert x für $M \cdot H$.

2. Nunmehr wird nach den Angaben von Aufg. 99 das Ablenkungsmagnetometer aufgestellt, und zwar so, daß die Bussole sich möglichst genau an der Stelle des Tisches befindet, wo vorher bei der Polwage der aufgehangene Magnet hing. Nachdem Magnetometer und Bussole justiert sind, beobachtet man bei zwei oder drei großen Abständen des Magnetes, etwa 50, 45 und 40 cm, die Ablenkungen α und setzt das Mittel y der daraus berechneten Werte von $^1/_2 \, r^3 \cdot \operatorname{tg} \alpha = y = M : H$.

Aus x und y ergeben sich nach der Erklärung die gesuchten Werte von M und H.

101. Das magnetische Moment eines Magazins zu prüfen.

Erklärung. Bringt man auf das Ablenkungsmagnetometer einerseits der Bussole im Abstand R einen Magnet vom Moment M, so daß er einen Bussolenausschlag φ hervorbringt, und legt darauf andererseits der Bussole auf die Schiene einen Magnet vom Moment m in einem solchen Abstand r, daß er einen entgegengesetzt gleichen Ausschlag bewirkt, die Nadel also wieder auf 0^0 weist, so ist nach Aufg. 99

$$\frac{M}{R^3} = \frac{1}{2} \, H \cdot \operatorname{tg} \varphi = \frac{m}{r^3} \text{ oder } M : m = (R : r)^3,$$

d. h. die Momente zweier Magnete verhalten sich wie die dritten Potenzen ihrer Entfernungen von der Stelle, wo sie entgegengesetzt gleiche Wirkung hervorbringen (vergl. Aufg. 74).

Es ist damit ein Verfahren nachgewiesen, um das Moment eines Stabes rasch und einfach auf das bekannte Moment (Aufg. 100) eines anderen beziehen zu können. Es soll nun nach diesem Verfahren untersucht werden, wie das Moment eines magnetischen Magazins von den Momenten seiner Teile abhängt.

Zubehör. Magnetometer mit 2 Schlitten und Bussole, Normalmagnet, zerlegbares magnetisches Magazin. (P. Z. **5.** 279; **23.** 273.)

Ausführung. Das Ablenkungsmagnetometer wird in der Weise aufgestellt, wie in Aufg. 99 beschrieben wurde, und zwar so, daß eins der Nadelenden der Bussole genau auf 0^0 weist; darauf wird einerseits der Bussole ein Schlitten auf 50 gesetzt und der Normalmagnet daraufgelegt (unter der Voraussetzung, daß sein Moment das größere ist, sonst umgekehrt). Auf den anderen Schlitten jenseits der Bussole legt man den ersten der numerierten Stäbe des Magazins in umgekehrter Lage und nähert den Schlitten so weit, daß Kompensation eintritt, die Nadel wieder auf 0^0 steht. Hierauf legt man beide Magnete auf ihren Schlitten um und sucht wieder die Einstellung des Ausgleichs auf. Alsdann werden beide Bestimmungen wiederholt, nachdem man die beiden Magnete miteinander vertauscht und den Schlitten mit Normalmagnet andererseits auf 50 eingestellt hat. Ist im Mittel der vier Ablesungen der Abstand des zu prüfenden Teilstabes von der Bussole r, so ist sein Moment $m = M \cdot (r : 50)^3$.

In gleicher Weise mißt man das Moment der anderen Stäbe, sowie die Momente von $I + II$, $I + II + III$ usf.

102. Wie hängt das magnetische Moment einer Spule von der Stromstärke ab?

Erklärung. Da eine vom Strom durchflossene Spule nach außen genau wie ein Magnet wirkt, so kann ihr Moment leicht mit Hilfe des Normalmagnetes (Aufg. 100) auf der Magnetometerschiene nach dem Verfahren der vorigen Aufgabe gemessen werden. Variiert man dabei die Stromstärke und mißt sie gleichzeitig an einem Amperemeter, so läßt sich die gestellte Frage prüfen.

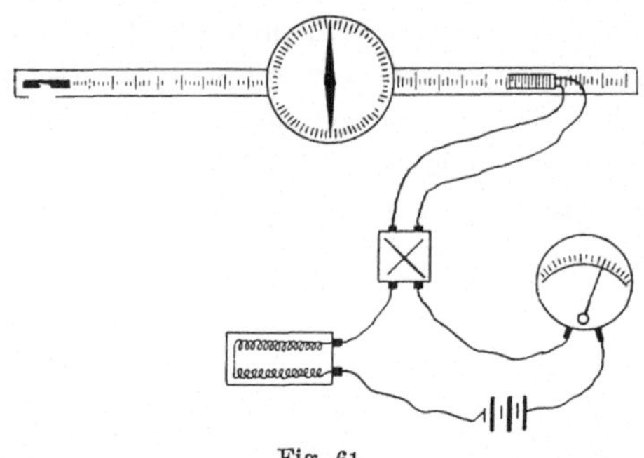

Fig 61.

Zubehör. Ablenkungsmagnetometer mit Bussole und Schlitten, Solenoid mit Leitungsschnüren, Amperemeter, Rheostat, Kommutator, Batterie von 6—8 Volt, Normalmagnet. (P. Z. **5**. 279; **23**. 273.)

Ausführung. Nachdem die Magnetometerschiene nach Aufg. 101 aufgestellt und justiert ist, stellt man zunächst einen Stromkreis her aus der Batterie, dem Rheostat, Amperemeter und Kommutator; vom Kommutator aus führen zwei lange zusammengedrehte Leitungsschnüre nach der Spule, die auf einem der Magnetometerschlitten liegt; auf den anderen Schlitten, der auf 50 cm eingestellt ist, legt man den Normalmagnet.

Zunächst läßt man den vollen Strom von etwa 2 Amp. durch die Spule fließen und notiert die Stromstärke; dann verschiebt man den Schlitten mit der Spule, bis der Ausgleich eintritt, und notiert seine Stellung; hierauf kommutiert man den Strom, legt den Normalmagnet um und verfährt ebenso. Schließlich vertauscht man Normalmagnet und Spule und wiederholt beide Messungen. Aus dem bekannten Moment des Normalmagnetes, sowie seiner Entfernung 50 cm und dem Mittel der vier Spulenabstände ergibt sich das gesuchte Moment m.

Nun schaltet man allmählich immer größere Widerstände in den Stromkreis und verfährt jedesmal in der gleichen Weise. Die Resultate kann man nach folgendem Muster anschreiben:

Strom-stärke i	Normal-Magnet auf	Solenoid auf	Moment m der Spule	?
1,80 Amp.	50 cm	40,25	678	
. . . .	. . . . . .	. . . . .	. . .	

Moment des Normalmagnets = 1300.

Welche Konstante kommt in die letzte Kolonne? Was bedeutet dieselbe?

103. Bestimmung des spezifischen Magnetismus.

Erklärung. Das Moment einer von einem konstanten Strom durchflossenen Spule wächst, wenn man in den Hohlraum der Spule einen Eisenstab, ein Drahtbündel oder ähnliches einführt. Hat man das Moment M_0 der leeren Spule auf dem Ablenkungsmagnetometer bestimmt und mißt darauf ebenso das Moment M_1 der Spule mit Kern, so ist der Unterschied $M_1 - M_0$ das Moment des in dem betreffenden Material induzierten Magnetismus; dividiert man dieses Moment durch die Masse des Körpers, so erhält man den spezifischen induzierten Magnetismus des betreffenden Stoffes $= (M_1 - M_0) : m$.

Zubehör. Magnetometer mit Bussole und Schlitten, Solenoid mit Leitungsschnüren, Amperemeter, Rheostat, Kommutator, Batterie von 2 Volt, Normalmagnet, Stäbe und Drahtbündel von Eisen, Stahl, Nickel, Wage. (P. Z. **5.** 279; **23.** 273.)

Ausführung. Die Aufgabe wird ganz ähnlich wie die vorige behandelt. Man leitet einen Strom von $^1/_2$—1 Amp. durch die Spule und bestimmt zunächst ihr Moment mit dem Magnetometer durch vier Einstellungen. Dann schiebt man z. B. einen Eisenstab in die Spule und verfährt ebenso. Dabei ist nur zu beachten, daß immer das größere magnetische Moment auf den bei 50 cm stehenden Schlitten zu bringen, das kleinere dagegen zur Herstellung der Kompensation zu verschieben ist. Alsdann wiegt man den Stab und berechnet den obigen Quotient.

In gleicher Weise verfährt man mit den übrigen Körpern, indem man immer zuerst wieder das Moment der leeren Spule bestimmt, um sich von seiner Unveränderlichkeit zu überzeugen.

Die Resultate werden in folgender Weise angeschrieben:

Inhalt der Spule	Masse des Körpers m	Ort des Norm. Magnet	Ort der Spule	Moment M	$\dfrac{M_1 - M_0}{m}$
leer		50,00 cm	29,28 cm	261	
mit Eisenrohr	62,75 g	40,25 „	50,00 „	2493	35,6
. . . .	. . . .	. . . .	. . . .	. . . .	. . . .

Moment des Normalmagnets $= 1300$.

104. Bestimmung von $M \cdot H$ mit dem Schwingungs- magnetometer.

Erklärung. Wird ein Magnetstab, der an einem Kokonfaden in wagrechter Lage aufgehängt ist, aus dem magnetischen Meridian abgelenkt und der horizontalen Komponente der erdmagnetischen Kraft überlassen, so gerät er in Schwingungen um seine Gleichgewichtslage, auf die sich die Bemerkungen von Aufg. 32 und 38 anwenden lassen.

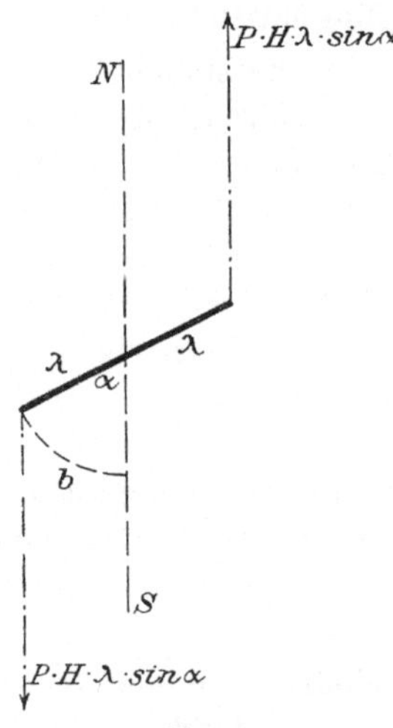

Fig. 62.

Auf einen Magnet von der Länge 2λ und der Polstärke P wirkt bei der Ablenkung α das Drehmoment $2 \cdot P \cdot H \cdot \lambda \cdot \sin \alpha$, wofür man bei kleinen Ausschlägen $2 \cdot \lambda \cdot P \cdot H \cdot \dfrac{b}{\lambda}$ setzen kann. Das ist also eine Kraft, die sich proportional dem Ausschlag b ändert, wie in Aufg. 32 für Anwendung der Schwingungsformel vorausgesetzt wurde. Demnach ist unter k_1 die Größe dieser Kraft bei dem Ausschlag 1, d. h. bei einem Ausschlag b gleich dem zugehörigen Radius λ zu verstehen, wenn auch tatsächlich so große Ausschläge nicht angewendet werden. Für k_1 ist also einfach $M \cdot H$ zu setzen.

Wie in Aufg. 38 dargelegt wurde, ist bei solchen Drehbewegungen unter μ das Trägheitsmoment zu verstehen; dasselbe kann nach dem in Aufg. 39 benutzten Verfahren leicht bestimmt bezw. eliminiert werden. Man läßt zu diesem Zweck zunächst den Magnet allein schwingen, wobei sich die Schwingungsdauer:

$$t_1 = 2\,\pi\,\sqrt{\mu : M . H}$$

ergibt; hierauf vermehrt man das Trägheitsmoment, indem man zwei schwere Ringe, jeder von der Masse $\frac{m}{2}$, im Abstand r cm von der Drehachse auf den Magnet aufschiebt, um den Betrag $\mu_1 = m . r_2$ und läßt wieder schwingen, dann steigt die Schwingungsdauer auf den Wert:

$$t_2 = 2\,\pi\,.\,\sqrt{(\mu + \mu_1) : M . H}.$$

Eliminiert man aus diesen beiden Gleichungen μ, so erhält man:

$$M . H = 4\,\pi^2 . \mu_1 : (t_2{}^2 - t_1{}^2).$$

Zubehör. Schwingungsmagnetometer, Belastungsringe für den Magnet, Beobachtungsuhr, Wage, Maßstab, Normalmagnet.

Ausführung. Man legt den Magnet in den am Kokonfaden befestigten Drahtbügel und bestimmt die Meridianlinie. Dann stellt man vor den Magnetpol in die Meridianlinie einen Kork mit Marke, um den Durchgang durch die Gleichgewichtslage scharf beobachten zu können. Nachdem man hierauf den Magnet durch seitliche Annäherung eines anderen in Schwingungen versetzt hat, bestimmt man die Zeit, die zwischen $(n + 1)$ gleichsinnigen Durchgängen durch die Gleichgewichtslage verstreicht; der $n$te Teil der beobachteten Zeitdauer ist die ganze Schwingungsdauer t_1.

Hierauf wiegt man die beiden Messingringe, steckt dieselben mit ihren zentralen Durchbohrungen auf die Pole des Magnetes und bestimmt mit dem Maßstab den gegenseitigen Abstand d ihrer Innenflächen bezw. D ihrer Außenflächen, woraus sich die Entfernung ihrer Schwerpunkte voneinander gleich $2\,r = \dfrac{D + d}{2}$ ergibt.

Alsdann bestimmt man wie vorhin die Schwingungsdauer t_2 und berechnet aus $\mu_1 = m . r^2$ und den beiden Schwingungsdauern t_2 und t_1 in der oben angegebenen Weise den Wert von $M . H$.

Wenn man daneben mit dem Ablenkungsmagnetometer den Wert von $M : H$ bestimmt, so kann man daraus sowohl M als auch H wie in Aufg. 100 berechnen.

105. Die Änderung des Momentes beim Magnetisieren durch Streichen zu prüfen.

Erklärung. Das Verfahren der vorigen Aufgabe ist besonders geeignet, rasch und verhältnismäßig genau das magnetische Moment eines Stabes aus einer einfachen Zeitbestimmung zu berechnen, wenn man die Horizontalkomponente des Erdmagnetismus und das Trägheitsmoment des Stabes kennt. Die Schwingungsformel $t = 2\pi . \sqrt{\mu : (M . H)}$ liefert dann für M den Wert

$$M = \frac{4\mu . \pi^2}{H} : t^2.$$

Damit ist ein Weg gegeben, das Wachsen des Momentes eines Stahlstabes beim Magnetisieren mit der Zahl der erfolgten Striche zu untersuchen. Das Trägheitsmoment kann man hierbei nach der Formel

$$\mu = m \left(\frac{1}{12} l^2 + \frac{1}{4} r^2 \right)$$

berechnen, wenn l die Länge und r der Radius des zylindrischen Magnetstabes sind.

Zubehör. Schwingungsmagnetometer, Beobachtungsuhr, Streichmagnete, Streichgestell, Stahlstab, Koordinatenpapier (1 mm).

Ausführung. Man bestimmt zunächst das Moment des noch nicht magnetisierten Stahlstabes, der gewöhnlich nicht ganz frei von einer geringen Magnetisierung ist, und bezeichnet sich seinen N-Pol durch ein aufgeklebtes Papierstreifchen; dann legt man den Stab in das Streichgestell, setzt die Streichmagnete mit entgegengesetzten Polen auf die Indifferenzstelle, den N-Pol auf die Südhälfte, den S-Pol auf die Nordhälfte und streicht einmal mit je einem der Pole über die Stabhälften gegen die Enden hin; dann bestimmt man wieder t und fährt so fort bis zu 20 Strichen. Da die ersten Striche ein starkes Wachsen des Momentes bewirken, während bei der Annäherung an die Sättigung eine größere Zahl von Strichen erforderlich ist, um noch weiteres Wachsen des Momentes zu erzielen, so empfiehlt es sich, Bestimmungen des Momentes vorzunehmen nach 1, 1, 1, 1, 6, 10 — im ganzen 20 — Strichen.

Anschließend hieran kann man folgende Aufgabe behandeln: Man geht von dem durch 20 Striche magnetisierten Stahlstab aus, entmagnetisiert ihn durch 1, 1, 1, 1, 6, 10, 20 — im ganzen 40 — Striche und magnetisiert ihn entgegengesetzt, indem man jedesmal das Moment bestimmt. Darauf magnetisiert man ihn wiederum in der ursprünglichen Richtung durch dieselbe Zahl von 1, 1, 1, 1, 6, 10, 20 — im ganzen 40 — Strichen. Die zusammengehörigen Strichzahlen, Schwingungszeiten und Momente wird man zunächst tabellarisch anschreiben und dann die Resultate auf Koordinatenpapier graphisch darstellen, die Anzahl der Striche als Abszissen (1 Strich = 1 mm), die magnetischen Momente als Ordinaten (Moment 10 = 1 mm).

VII. Aufgaben über Reibungselektrizität.

106. Eine reibungselektrische Spannungsreihe aufzustellen.

Zubehör. Zwei Elektroskope mit Faradayschen Gefäßen, Hartgummistab mit Fell, Glasstab mit Seide, Bunsenscher Gasbrenner, Kasten
mit Reibzeugen. (P. Z. **15**. 134.)

Ausführung. Man ordnet die einzelnen Reibzeuge alphabetisch:
Glas, Hartgummi, Kopalharz, Kork, Leinen, Pelz, Pergamentpapier,
Sammet, Seide, Wolle, und fertigt eine Tabelle nach folgendem Muster an:

Das Vorzeichen bezieht sich auf die Ladung des obenstehenden Körpers	Glas	Hartgummi	Kopalharz	Kork	Leinen	Pelz	Pergam.-Papier	Sammet	Seide	Wolle
Glas										
Hartgummi .						+				
Kopalharz . .										
Kork										
Leinen										
Pelz	−									
Perg.-Papier .										
Sammet										
Seide										
Wolle										
Anzahl der +										

Darauf gibt man den beiden Elektroskopen eine schwache Ladung,
dem einen +, dem andern −.

Nun reibt man Glas mit Hartgummi, nachdem man beide zur
Entfernung einer etwa vorhandenen Ladung an der Flamme des Bunsen-

brenners nahe vorbeigeführt hat, und prüft die Elektrizität des Glases an den Elektroskopen, indem man dasjenige aufsucht, dessen Ausschlag wächst, wenn man das geriebene Glas in das FARADAYsche Gefäß eintaucht. Das gefundene Vorzeichen wird unter der Überschrift „Glas" neben „Hartgummi" eingetragen. Dann verfährt man ebenso mit Glas und Kopalharz, Glas und Kork usf., indem man stets zuvor sorgfältig mit der Flamme entlädt.

Sind so die Vorzeichen der Ladungen bestimmt, die das Glas beim Reiben mit den übrigen Stoffen annimmt, und in die erste Kolonne eingetragen, so geht man dazu über, den nächsten Stoff der Reihe, Hartgummi, in der gleichen Weise mit allen übrigen, einschließlich Glas, zu prüfen, und trägt die gefundenen Vorzeichen in die zweite Kolonne ein usf.

Sind in dieser Weise alle Stoffe geprüft, so werden in den einzelnen Kolonnen die + Zeichen addiert und ihre Anzahl untergeschrieben; ordnet man die Stoffe nach der Zahl der ihnen zufallenden + Zeichen, so erhält man die gesuchte Spannungsreihe.

107. Graduierung eines Elektrometers mit der Leydener Flasche.

Erklärung. Zur Graduierung eines Elektrometers ist es erforderlich, demselben eine Anzahl möglichst gleichgroßer Ladungen etwa mit einem Probescheibchen zuzuführen und die entstehenden Ausschläge zu bestimmen. Dazu bedarf man aber einer Elektrizitätsquelle von konstanter Ladung, die eine so große Elektrizitätsmenge faßt, daß die mehrmalige Entnahme kleiner Beträge keine merkliche Abnahme zur Folge hat. Als eine solche Elektrizitätsquelle darf eine große Leydener Flasche betrachtet werden, die nur mäßig geladen wird und der man mit einem Probescheibchen die Ladungen entnimmt.

Wollte man die Ladung des Probescheibchens so auf das Elektrometer übertragen, daß man dessen Knopf oder Platte mit dem geladenen Scheibchen berührt, so würde nur ein Teil der Ladung, allerdings der größere, auf das Elektrometer übergehen, da sich die Ladung auf das ganze Leitersystem Elektrometer-Probescheibchen ausbreiten und in dem Maß, wie die Ladung des ersteren bei wiederholten Übertragungen wächst, das letzere immer geringere Bruchteile der seinigen abgeben würde. Soll die ganze Ladung des Probescheibchens auf das Elektrometer übergehen, so muß man dasselbe mit einem FARADAYschen Gefäß versehen, dem die Ladung von innen zugeführt wird.

Zubehör. Elektrometer mit Gradskala und Hohlkugel, Influenzmaschine, große Leydener Flasche (etwa 16 qdm), ein Satz Probekugeln an langem Stiel, Schirm, BUNSENscher Gasbrenner, Koordinatenpapier (1 mm), Leitungsschnüre. (E. M. E. 23.)

Ausführung. Man stellt das Elektrometer mit der Fußschraube senkrecht, verbindet das Gehäuse leitend mit der Gasleitung, um es auf das Potential 0 zu bringen, und schützt das Elektrometer durch einen vorgesetzten, geerdeten Metallschirm vor direkter Einwirkung der in einiger Entfernung aufgestellten Leydener Flasche und Maschine. Alsdann lädt man die Flasche durch einige Umdrehungen der Maschine auf einen niederen Ladungsgrad und unterbricht die Verbindung mit der Maschine. Nun nimmt man eine der Probekugeln, führt sie rasch durch die Gasflamme, um den Isolierstiel von einer etwa vorhandenen Ladung zu befreien, lädt sie durch Berührung mit der Kugel der Leydener Flasche und überträgt die Ladung auf das Elektrometer, indem man die Kugel in das Innere der Hohlkugel des Elektrometers einführt und nach Berührung des Bodens wieder herauszieht, ohne die Ränder der Öffnung zu streifen.

Nachdem man den entstehenden Ausschlag notiert hat, führt man in gleicher Weise eine neue Ladung zu, liest wieder ab und fährt so fort, bis der Ausschlag auf etwa 60° gewachsen ist. Nun entlädt man das Elektrometer und überzeugt sich durch abermalige Zuführung einer Ladung von der Konstanz der Flaschenladung; ist dieselbe nicht befriedigend, d. h. erhält man nicht wieder den ersten Ausschlag, so tut man besser, die Versuchsreihe zu verwerfen.

Durch passende Wahl einer größeren oder kleineren Probekugel hat man es in der Hand, den Ausschlag von ungefähr 60° durch 3, 4 oder mehr Ladungen zu erreichen. Man erhält so mehrere Versuchsreihen, die aber nicht ohne weiteres vergleichbar sind, da sie von verschiedenen Grundladungen ausgehen. Man kann sie aber leicht aufeinander zurückführen, wie im folgenden gezeigt werden soll.

Es seien drei Beobachtungsreihen erhalten worden:

14,5	27,8	38,2	47,2	54,2	59,4.
21,2	37,4	49,8	58,2.		
25,6	44,2	57,9.			

Aus den Zahlen der ersten Reihe konstruiert man eine Elektrometerkurve auf Koordinatenpapier, indem man die Anzahl der Ladungen zu Abszissen (1 Ladung = 20 mm) und die zugehörigen Ausschläge zu Ordinaten (1° = 2 mm) macht. Nun sucht man in dieser Kurve den Punkt auf, der dem Ausschlag 37,4, dem zweiten der zweiten Reihe, entspricht, bestimmt die zugehörige Abszisse und halbiert dieselbe; die so gefundene Strecke ist dann die Einheit, nach der die Ladungen der zweiten Reihe zu messen sind. Alsdann verfährt man mit der dritten Reihe ebenso; man sucht z. B. den Punkt 25,6 der Kurve und erhält in der zugehörigen Abszisse den Ladungsmaßstab, nach dem die drei Ausschläge einzutragen sind.

Waren die Versuche einigermaßen vorsichtig und sorgfältig ausgeführt, so werden die Punkte der einzelnen Reihen sich überraschend gut aneinanderfügen.

In ähnlicher Weise kann man sich überzeugen, daß die Ladungsskala, die man statt der Gradskala in das Elektrometer einsetzen kann, wirklich gleiche Ladungsstufen angibt.

108. Graduierung des Elektrometers mit dem Spitzenkonduktor.

Erklärung. Ein Konduktor, der mit einer Spitze versehen ist, kann bekanntlich nur bis zu einem bestimmten Potential geladen werden, das allerdings mit den Witterungsverhältnissen etwas schwankt. Verbindet man daher einen solchen Spitzenkonduktor mit einer Elektrisiermaschine, die in gleichmäßiger Drehung gehalten wird, so kann derselbe als konstante Elektrizitätsquelle an Stelle der in der vorigen Aufgabe benutzten Leydener Flasche dienen. Natürlich muß die Berührung mit der Probekugel stets an der nämlichen Stelle des Konduktors vorgenommen worden, am besten an einer Stelle, wo die Krümmung sich wenig ändert.

Ein Vorzug dieses Verfahrens gegenüber dem vorigen besteht darin, daß man mehrere einzelne Beobachtungsreihen zu einem Mittel vereinigen kann, da ja allen dieselbe Ladungseinheit zugrunde liegt, solange man die nämliche Probekugel benutzt.

Zubehör. Elektrometer mit Gradskala und Hohlkugel, Influenzmaschine, Spitzenkonduktor, ein Satz Probekugeln, Schirm, Bunsenscher Brenner, Koordinatenpapier, Leitungsschnüre. (E. M. E. 20.)

Ausführung. Das Verfahren ist durchaus analog dem vorigen, nur wird man, wie schon erwähnt, die Versuche auf eine Probekugel von passender Größe beschränken und damit mehrere Reihen von Messungen ausführen, aus denen dann eine Reihe von Mittelwerten berechnet werden kann.

Die Zahlen dieser Reihe kann man nach dem in voriger Aufgabe erläuterten Verfahren auf dasselbe Blatt Koordinatenpapier eintragen, indem man den Maßstab für die neue Ladungseinheit der ersten Kurve entnimmt.

Wählt man eine andere Probekugel, so kann man natürlich noch weitere Reihen aufstellen.

109. Die Entladung eines Elektrometers durch Spitze und Flamme zu untersuchen. (1. Abhängigkeit vom Abstand.)

Erklärung. Versieht man ein Elektrometer mit einer feinen Spitze und stellt der letzteren gegenüber eine geerdete Flamme auf, so beobachtet man, daß das Elektrometer seine Ladung um so rascher verliert, je kleiner der Abstand von Spitze und Flamme ist. Die Erscheinung soll genauer untersucht werden.

Zubehör. Elektrometer mit Gradskala, Bank mit verstellbarem Maßstab und Schlittenführung für den Gasbrenner, Ausstrahlungsspitze, Beobachtungsuhr, Hartgummistab und Pelz, Glasstab und Seide, Leitungsschnüre, Koordinatenpapier (1 mm).

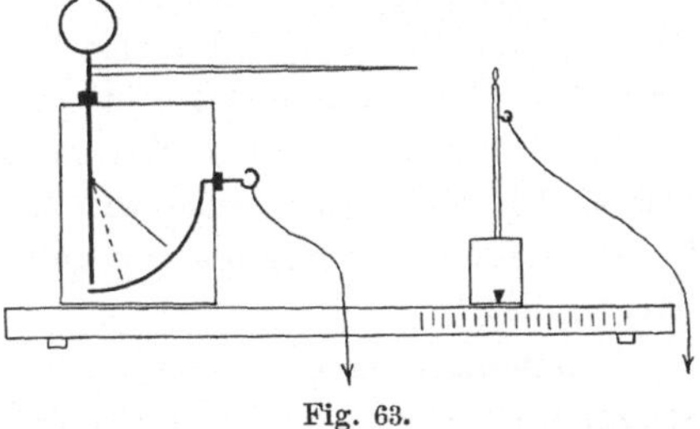
Fig. 63.

Ausführung. Man stellt das Elektrometer mit der daran befestigten Spitze auf die Meßbank, so daß die Spitze ungefähr über dem Nullpunkt steht, setzt den Schlitten mit der Gaslampe in die Führung und schiebt ihn so weit gegen das Elektrometer heran, daß die Brennermündung senkrecht unter der Ausstrahlungsspitze steht. Nun verschiebt man den Maßstab, bis sein Nullpunkt mit der Schlittenmarke zusammenfällt; in dieser Stellung klemmt man ihn fest. Elektrometergehäuse und Gaslampe werden mit der Gasleitung leitend verbunden, der Schlitten auf 5 cm Abstand von der Spitze eingestellt, die Flamme entzündet und auf etwa 20 mm Höhe reguliert. Damit ist der Apparat gebrauchsfertig.

Man lädt nun das Elektrometer zunächst + auf etwa 60° und bestimmt mit der Beobachtungsuhr die Zeit, die verstreicht, während das Elektrometerblättchen z. B. von 50° auf 30° sinkt; hierauf wiederholt man den Versuch mit negativer Ladung in ganz gleicher Weise (die Messung mit alternierenden Ladungen ist rätlich, um zu verhindern, daß der Isolator des Elektrometers durch langdauernde stärkere Ladungen polarisiert wird). Alsdann wird der Flammenabstand auf 6, 7 .... cm vergrößert und in entsprechender Weise die Zeit für eine Ladungsabnahme von 50° auf 30° bestimmt.

Die Resultate werden tabellarisch angeschrieben, wie beifolgendes Muster zeigt; auch empfiehlt es sich, den Zusammenhang graphisch darzustellen: die Abstände r als Abszissen (1 cm Abstand $=$ 10 mm), die Zeiten als Ordinaten (2 sec. $=$ 1 mm).

Abstand r von Flamme und Spitze	Entladungsdauer für	
	$+$	$-$
5 cm	14,6 sec.	15,2 sec.
6 cm	. . . .	. . . .
. . . . .	. . . .	. . . .

110. Die Entladung des Elektrometers durch Spitze und Flamme zu untersuchen. (2. Abhängigkeit von der Zeit.)

Erklärung. Es läßt sich erwarten, daß bei einem bestimmten Abstand von Spitze und Flamme die Zerstreuung der Ladung während eines längeren Zeitintervalls in ähnlicher Weise erfolgt, wie bei der in Aufg. 53 untersuchten Wärmeausstrahlung. Um diese Frage zu prüfen, hat man also ebenso wie dort nur den sinkenden Ladungsgrad in gleichen Zeitintervallen zu notieren und die Resultate graphisch darzustellen.

Zubehör. Elektrometer mit Ladungsskala und Ausstrahlungsspitze, Gasbrenner, Beobachtungsuhr, Reibzeug, Leitungsschnüre, Koordinatenpapier (2 mm).

Ausführung. Man stellt das Elektrometer senkrecht, verbindet das Gehäuse und den Gasbrenner leitend mit der Gasleitung und stellt den Brenner ungefähr 10 cm von der Spitze entfernt auf; dann entzündet man das Gas und reguliert die Flamme auf ungefähr 20 mm.

Hierauf setzt sich der eine Beobachter vor das Elektrometer, lädt dasselbe bis zu etwa 60 Skalenteilen und beobachtet nun von 50 Skalenteilen an die sinkende Ladung von 10 zu 10 Sekunden nach den Signalen, die der andere Beobachter mit der Sekundenuhr in der Hand in den genannten Zwischenräumen durch kurze Schläge auf den Tisch abgibt.

Die Ergebnisse werden in ähnlicher Weise wie bei Aufg. 53 angeschrieben und auf Koordinatenpapier eingetragen: die Zeiten als Abszissen (10 sec. $=$ 2 mm), die Ladungen als Ordinaten (1 Skalenteil $=$ 2 mm).

111. Entladung des Elektrometers durch einen schlechten Leiter. (1. Abhängigkeit von der Länge.)

Erklärung. Verbindet man das Elektrometer mit einer paraffinierten Holzstange, die an verschiedenen Punkten geerdet werden kann, so finden ganz ähnliche Verhältnisse statt, wie bei Aufg. 109; das Elektrometer entlädt sich, und zwar um so rascher, je näher die geerdete Stelle der Holzstange nach dem Elektrometer zu gelegen ist. Es soll untersucht werden, ob eine einfache Beziehung und welche zwischen der Stablänge und der Entladungszeit für eine bestimmte Ladung besteht.

Zubehör. Elektrometer mit Gradskala, Isoliersäule auf Fuß, paraffinierter Holzstab, Beobachtungsuhr, Reibzeug, Leitungsschnüre.

Ausführung. Das Elektrometergehäuse wird geerdet und der Halbleiter mit einem Ende an dem Elektrometer befestigt, während das andere auf der Isoliersäule ruht. Darauf wird dieses Ende des Stabes durch eine Leitungsschnur geerdet und das Elektrometer geladen.

Nun beobachtet man die Zeit, die verstreicht, während die Ladung des Elektrometers etwa von 50^0 auf 30^0 sinkt, und notiert Stablänge und Sekundenzahl. Dann hängt man die Schnur in die nächste, dem Elektrometer näher liegende Bohrung und wiederholt die Beobachtung. In dieser Weise fährt man fort, bis man mit der Ableitung an die letzte Bohrung gelangt ist.

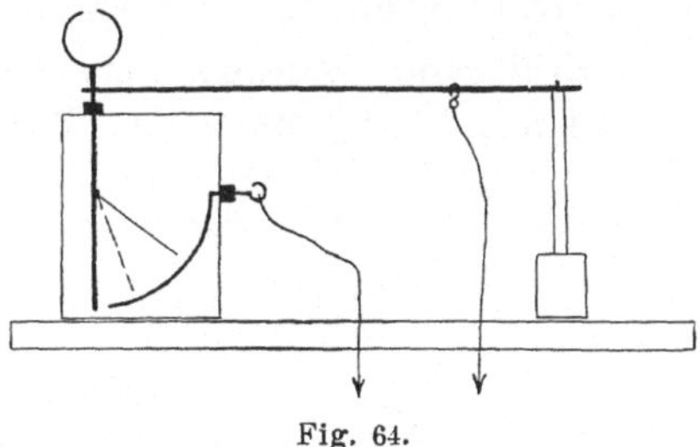

Fig. 64.

Die Ergebnisse werden tabellarisch angeschrieben, in die erste Kolonne die Stablänge l in Zentimetern, in die zweite die zum Abfließen der nämlichen Elektrizitätsmenge erforderliche Sekundenzahl t, in die dritte welcher nahezu konstante Ausdruck? Was bedeutet derselbe?

112. Entladung eines Elektrometers durch einen schlechten Leiter. (2. Abhängigkeit von der Zeit.)

Erklärung. Wird der Halbleiter der vorigen Aufgabe an beliebiger Stelle geerdet, z. B. bei 28 cm (7te Bohrung), das Elektrometer geladen und mit der Uhr die Abnahme der Ladung verfolgt, so kann man auch für diese Art der Entladung die Abhängigkeit von der Zeit untersuchen, wie dies in Aufg. 110 für die Zerstreuung geschehen ist.

Zubehör. Elektrometer mit Ladungsskala, Isoliersäule auf Fuß, paraffinierter Holzstab, Leitungsschnur, Reibzeug, Beobachtungsuhr, Koordinatenpapier (2 mm).

Ausführung. Nachdem das Elektrometer senkrecht gestellt ist, wird der Halbleiter daran befestigt und am anderen Ende durch die Isoliersäule unterstützt; dann werden das Elektrometergehäuse und die 7te Bohrung des Halbleiters geerdet und das Elektrometer geladen. Während nun der eine Beobachter die Uhr verfolgt und etwa alle 15 Sekunden ein Zeichen gibt, z. B. durch Klopfen auf die Tischplatte, liest der andere den Ladungsgrad des Elektrometers bei jedem Signal ab und notiert die Werte in einer kleinen Tabelle.

Die Resultate können zur Konstruktion einer Kurve verwendet werden; die Zeiten werden Abszissen (15 Sekunden = 2 mm), die Ladungen Ordinaten (1 Skalenteil = 2 mm). Gilt das Ausstrahlungsgesetz von Aufg. 53?

113. Graduierung eines Elektrometers mit Faradays Gefäß.

Erklärung. Faradays Gefäß besteht aus zwei ineinander passenden zylindrischen Blechgefäßen. Der Boden des größeren ist mit einer 1 cm

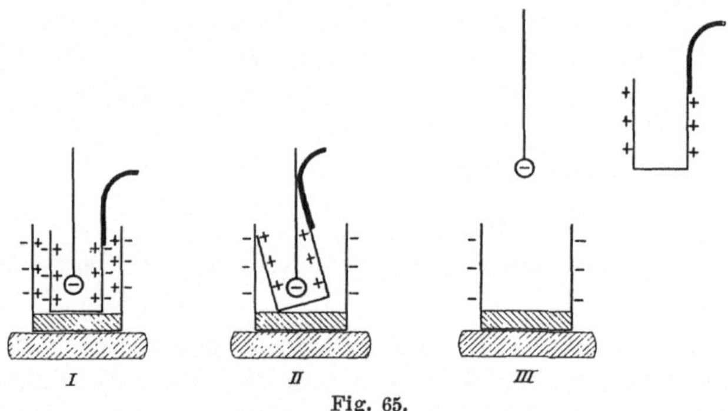

Fig. 65.

hohen Schicht Paraffin ausgegossen, an dem kleineren befindet sich eine isolierende Handhabe; dazu gehört eine Schellackkugel an isolierendem Stiel. Wird das kleinere Gefäß konzentrisch in das größere gesetzt, welches seinerseits auf einem Isolierblock steht, und die geladene Kugel tief eingesenkt (aber ohne zu berühren), so treten die in *I* von Fig. 65 dargestellten Verteilungen ein. Neigt man das innere Gefäß bis zur Berührung mit dem äußeren, so bleiben die in *II* dargestellten Ladungen erhalten. Unterbricht man die Berührung, hebt zuerst die Kugel, dann das kleinere Gefäß isoliert heraus, so hat jetzt das äußere Gefäß eine freie Ladung, wie *III* darstellt.

Nachdem das kleine Gefäß entladen ist, kann mit der nämlichen Ladung der Kugel durch Wiederholung des Verfahrens die freie Ladung des äußeren Gefäßes verdoppelt, verdreifacht usw. werden.

Zubehör. Elektrometer mit Gradskala, FARADAYS Gefäß, Isolierblock, Schellackkugel an Isolierstiel, Fell, Verbindungsdraht, Koordinatenpapier (1 mm). (E. M. E. 24.)

Ausführung. Mit Hilfe der Stellschraube wird das Elektrometer senkrecht gestellt und durch einen sehr feinen Draht mit dem in angemessener Entfernung (80—100 cm) auf einem Isolierblock stehenden äußeren Gefäß verbunden. Nachdem der Kugel durch Reiben eine passende Ladung erteilt ist, wird nach der Erklärung verfahren und nach der Entfernung von Kugel und innerem Gefäß der Elektrometerausschlag notiert und das innere Gefäß entladen. Nachdem man das Verfahren mehrmals wiederholt und die wachsenden Ausschläge notiert hat, werden Elektrometer und äußeres Gefäß entladen und der erste Versuch wiederholt. Erhält man dabei auch wieder den ersten Ausschlag, so hatte die Schellackkugel ihre Ladung gut gehalten, andernfalls ist die Versuchsreihe zu verwerfen. Eine zweite und dritte Reihe erhält man mit anderen Ladungen der Kugel.

Die Résultate sind graphisch darzustellen: die Ladungen als Abszissen, die Ausschläge als Ordinaten. Wie die verschiedenen Reihen auf gemeinsames Maß gebracht werden, ist in Aufg. 107 dargestellt.

114. Graduierung eines Elektrometers mit der Trockensäule.

Erklärung. Eine Trockensäule von 2000 Elementen Silberpapier-Bleisuperoxyd ist durch zwischengelegte Messingscheibchen mit überstehenden Lappen in 10 gleiche Schichten von je 200 Elementen geteilt. Eine solche Trockensäule bietet zwischen den Endscheiben eine Potentialdifferenz von etwa 1500 Volt, die allerdings mit den Witterungsverhältnissen etwas schwankt, immerhin aber für kürzere Zeitabschnitte als konstant gelten kann. Außerdem können aber an den Endscheiben der einzelnen Abteilungen beliebige Zehntel der ganzen Potentialdifferenz abgenommen werden.

Verbindet man demnach die eine Endscheibe 0 der Säule mit der Erde, dagegen die 1., 2., 3. . . . . Zwischenscheibe mit dem Elektrometer, dessen Gehäuse geerdet ist, so gibt man damit dem Elektrometer eine Potentialdifferenz d, $2\,d$, $3\,d$ . . . . und kann die zugehörigen Ausschläge bestimmen; hierdurch wird das Instrument auf Potentialgrade graduiert.

Zubehör. Elektrometer mit Gradskala, Trockensäule, zwei Verbindungsdrähte mit federnden Klemmen und Isoliergriffen, Leitungsschnur. (P. Z. **6**. 223; E. M. E. 25.)

Ausführung. Das Elektrometer wird mittels der Stellschraube senkrecht gestellt und das Gehäuse geerdet; alsdann befestigt man den einen Verbindungsdraht an der Gasleitung und klemmt sein anderes Ende an der Endscheibe der Trockensäule an. Den zweiten Verbindungsdraht befestigt man am Elektrometer und seine Endklemme an der ersten Zwischenscheibe. Ist der Ausschlag konstant geworden, was wegen der verhältnismäßig großen Elektrometerkapazität und des großen inneren Widerstandes der Säule nicht momentan geschieht, so wird der Elektrometerausschlag abgelesen und notiert; darauf steckt man die Klemmen auf die Scheiben 1—2, 2—3 . . . . und verfährt ebenso. Hat man die 10 Messungen ausgeführt, so schreibt man das Mittel der Ablesungen als Elektrometeraussschlag für die Potentialdifferenz $1\,d$ an. Durch dieses Verfahren macht man sich frei von dem Einfluß etwa vorhandener Ungleichheiten der einzelnen Schichten bezüglich ihrer Potentialdifferenz.

Verbindet man nun die Klemmen der Verbindungsdrähte mit den Zwischenscheiben 0—2, 1—3 . . . ., so erhält man 9 Ablesungen, deren Mittel der Elektrometerausschlag für die Potentialdifferenz $2\,d$ ist. In gleicher Weise fährt man fort bis zur letzten Messung mit der Potentialdifferenz $10\,d$. Es darf hierbei nicht übersehen werden, daß es bei wachsender Säulenlänge immer längerer Zeit bedarf, bis der maximale Ausschlag sich eingestellt hat.

Wenn man die so erhaltenen 10 Elektrometerausschläge, die den Potentialdifferenzen d bis $10\,d$ entsprechen, nach dem in Aufg. 107 angegebenen Verfahren in die dort gefundene Elektrometerkurve einträgt, so findet man, daß die Ladungsskala und die Potentialskala dieselben sind; warum?

115. Die Dichtigkeitsverteilung am Spitzenkonduktor zu untersuchen.

Erklärung. Die Verteilung der elektrischen Ladung auf einem Leiter ist im allgemeinen keine gleichmäßige, sondern es findet an den Stellen stärkerer Krümmung eine Anhäufung statt; die Menge der Elektrizität, die sich auf einem Quadratzentimeter befindet, ist dort größer als an anderen Orten schwächerer Krümmung. Mit Hilfe des auf gleiche Ladungen graduierten Elektrometers ist es leicht, die Verteilung der Elektrizität an der Oberfläche des in Aufg. 108 benutzten Spitzenkonduktors oder eines Blechwürfels zu untersuchen.

Man bezeichnet zu diesem Zweck eine Anzahl Punkte an der Oberfläche des mit der Maschine durch einen Draht verbundenen Leiters mit Buchstaben oder Zahlen und entnimmt mit einem kleinen Probescheibchen von angemessener Größe, während der Konduktor durch Drehen der Maschine auf konstantem Potential gehalten wird, von diesen Punkten Ladungen, die man auf das Elektrometer bringt.

Die abgelesenen Elektrometerausschläge sind ein Maß für die an den betreffenden Stellen des Leiters herrschende Dichtigkeit.

Zubehör. Elektrometer mit Ladungsskala und Hohlkugel, Spitzenkonduktor, Elektrisiermaschine, Probescheibchen, Schirm, Bunsenscher Brenner, Koordinatenpapier, Leitungsschnüre. (E. M. E. 27.)

Ausführung. Das Elektrometer wird senkrecht gestellt, mit der Faradayschen Kugel versehen und das Gehäuse geerdet. In einiger Entfernung (1,5 m etwa) stellt man den Spitzenkonduktor auf, der mit der Maschine durch einen Leitungsdraht verbunden ist. Zwischen Konduktor und Elektrometer kommt ein geerdeter Metallschirm, um das Elektrometer von der Einwirkung des geladenen Konduktors zu schützen.

Während nun die Maschine in möglichst gleichförmiger Umdrehung gehalten

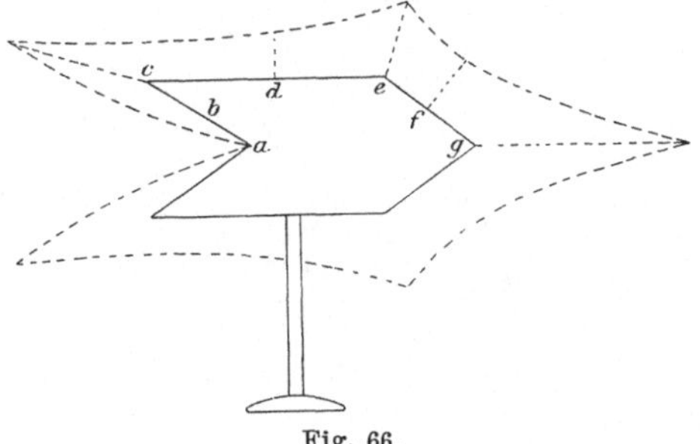

Fig. 66.

wird, berührt man mit dem Probescheibchen den Spitzenkonduktor bei (*a*), überträgt die Ladung auf das Elektrometer und notiert den Ausschlag. Darauf entlädt man das Elektrometer, führt das Probescheibchen vorsichtshalber durch die Flamme und berührt den Konduktor bei (*b*) usf.

Die Resultate verwertet man am besten so, wie es Fig. 66 zeigt; man zeichnet sich eine Durchschnittsfigur des Konduktors und trägt an jeder Stelle die betreffende Dichtigkeit in einem passenden gemeinsamen Maßstab als Lot oder Winkelhalbierende an. So erhält man ein übersichtliches Bild der elektrischen Dichtigkeitsverteilung.

116. Das Strömen der Elektrizität durch einen Halbleiter.

Erklärung. In einem Elektroskop, dessen beweglicher Teil aus einem großen Flügel von Goldpapier besteht, ist in einiger Entfernung ein mit der Erde leitend verbundener Bügel angebracht, gegen den der

Elektroskopflügel anschlägt, wenn sein Ausschlag eine bestimmte Größe erreicht hat.

Führt man also dem Instrument durch einen Halbleiter langsam Elektrizität zu, so wird jedesmal beim Anschlag die wegen der beträchtlichen Kapazität des Systems nicht unerhebliche Ladung in die Erde entladen. Dieser Selbstentlader bietet also ein Mittel zu einer angenäherten Messung der Elektrizitätsmengen, die während einer gewissen Zeit durch das Instrument hindurchgeflossen sind.

Verbindet man eine Leydener Flasche, die durch Drehen einer Elektrisiermaschine auf konstantem Potential gehalten wird, durch ein Leinenband mit dem Selbstentlader und zählt die in einem bestimmten Zeitintervall stattfindenden Entladungen, so kann man die Abhängigkeit der Stromstärke von der Länge und dem Querschnitt des Leiters, sowie von der Höhe des Flaschenpotentials untersuchen.

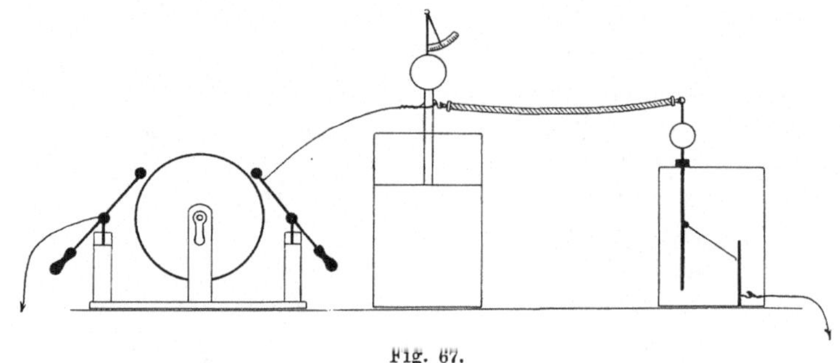

Fig. 67.

Zubehör. Selbstentlader, große Leydener Flasche mit Quadrantelektroskop, Influenzmaschine, 2 leinene Bänder von je 1 m Länge, Beobachtungsuhr, Leitungsschnüre.

Ausführung. Der Bügel des Selbstentladers wird in solche Entfernung eingestellt, daß eine Entladung allemal bei einem Ausschlag von ca. 30° eintritt, und abgeleitet. Hierauf verbindet man den Haken am Knopf durch ein leinenes Band mit der Kugel der Leydener Flasche, befestigt auf letzterer das Quadrantelektroskop und verbindet sie durch einen Draht mit einem Pol der Elektrisiermaschine; der andere wird geerdet.

Nun setzt man die Beobachtungsuhr in Gang und dreht die Maschine in solchem Tempo, daß sich das Quadrantelektroskop auf Teilstrich 1 einstellt; es ist nicht schwer, diese Einstellung längere Zeit ziemlich konstant zu erhalten. Unterdessen zählt der zweite Beobachter nach den Minutensignalen der Beobachtungsuhr die in einer Minute stattfindenden Entladungen und notiert deren Anzahl.

Ein zweiter und dritter Versuch werden in entsprechender Weise ausgeführt, nachdem zwei Leinenbänder hintereinander oder parallel zueinander geschaltet worden sind; das Flaschenpotential muß bei allen diesen Versuchen annähernd dasselbe sein.

Um den Einfluß des Flaschenpotentials auf die Zahl der in einer Minute stattfindenden Entladungen zu untersuchen, verfährt man folgendermaßen: Die Aufstellung erfolgt wie zu Anfang, d. h. Flasche und Selbstentlader werden durch ein einzelnes Leinenband verbunden und der Gang der Influenzmaschine so geregelt, daß der Ausschlag am Quadrantelektroskop 1 ist. Nachdem die minutliche Entladungszahl bestimmt ist, wird das Tempo so beschleunigt, daß der Zeiger des Quadrantelektroskops auf 2 zeigt, und wieder gezählt; ebenso verfährt man mit einem Flaschenpotential von 3 oder 4 (willkürlichen) Einheiten.

Die Versuchsergebnisse liefern natürlich keine ganz genauen und vollständig übereinstimmenden Zahlen; immerhin geben sie ein vollkommen deutliches Bild von der Abhängigkeit der Stromstärke von Länge, Querschnitt und Potential.

117. Die Messung von Funkenpotentialen.

Erklärung. Eine Leydener Flasche, deren Kugel durch ein Funkenmikrometer zur Erde abgeleitet ist, wird langsam geladen; so

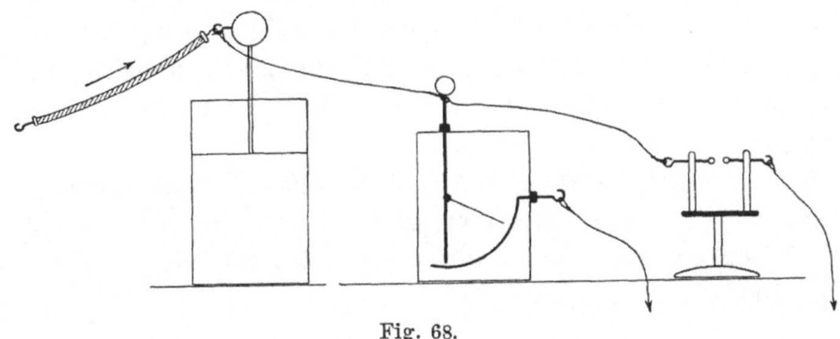

Fig. 68.

oft das Flaschenpotential einen bestimmten, von der Kugeldistanz des Funkenmikrometers abhängigen Wert erlangt hat, findet eine Entladung der Flasche statt, indem zwischen den Kugeln ein Funke überspringt. Verbindet man die innere Belegung der Flasche mit einem nach Volt geeichten Elektrometer, so gibt dasselbe durch seinen maximalen Ausschlag allemal das Flaschenpotential im Augenblick der stattfindenden Entladung an. Es sind nun für eine Anzahl von Schlagweiten zwischen

0,2 und 1,4 mm (entsprechend dem Meßbereich des Elektrometers) die zugehörigen Flaschenpotentiale zu bestimmen.

Zubehör. Elektrometer bis ca. 7000 Volt mit Voltskala, kleine Leydener Flasche (5 qdm), Funkenmikrometer, Influenzmaschine, leinenes Band, Verbindungsdrähte, Koordinatenpapier (1 mm). (P. Z. **15.** 137; E. M. E. 53.)

Ausführung. Zuerst wird das Elektrometer aufgestellt und sein Gehäuse geerdet. Die Kugel des Elektrometers verbindet man durch dünne Drähte einerseits mit der Kugel der Leydener Flasche, deren äußerer Beleg abgeleitet ist, andererseits mit der einen Kugel des Funkenmikrometers, während die andere Kugel ebenfalls geerdet ist. Die Kugel der Leydener Flasche ist durch ein kurzes Leinenband mit dem einen Maschinenpol verbunden, der andere ist geerdet.

Nun bringt man die mit feinem Smirgelpapier frisch geputzten Zinkkugeln des Mikrometers zur Berührung und stellt den Teilkreis auf 0 ein. Darauf gibt man den Kugeln einen Abstand von 0,2 mm, setzt die Maschine in Gang und verfolgt den Elektrometerausschlag; den höchsten Stand vor dem Zurückfallen notiert man als das zur Schlagweite von 0,2 mm gehörige Potential. Alsdann stellt man das Mikrometer auf 0,4 mm, 0,6 ... 1,0 mm, 1,1 mm ... ein und verfährt ebenso. Bis zu welcher Schlagweite man gehen kann, hängt von dem Meßbereich des Elektrometers ab.

Ist man an der Grenze angelangt, z. B. bei 1,4 mm, so wiederholt man die Versuche mit abnehmender Schlagweite, also 1,4 mm, 1,3 mm, 1,2 mm ... 0,2 mm. Aus den zur gleichen Schlagweite bei steigendem und fallendem Abstand gehörigen Potentialen nimmt man das Mittel.

Die Resultate werden zunächst in einer Tabelle angeschrieben und dann zur Konstruktion einer Kurve verwendet; die Schlagweiten werden Abszissen (0,1 mm Schlagweite = 5 mm), die Potentiale Ordinaten (100 Volt = 2 mm).

118. Die Kapazität des Elektrometers mit dem Pendelentlader zu bestimmen.

Erklärung. Durch ein Uhrwerk (Metronom) wird eine leichte Pendelstange aus Hartgummi in schwiegende Bewegung gesetzt; dieselbe trägt an ihrem Ende eine leichte Hohlkugel aus Aluminium. Stellt man diese Vorrichtung in angemessener Entfernung neben das Elektrometer, so kann man erreichen, daß beim größten Ausschlag nach der einen Seite die Kugel das FARADAYsche Gefäß des Elektrometers berührt und demselben eine kleine Ladung entzieht. Auf der anderen

Seite des Pendels befindet sich ein geerdeter Pinsel aus Lamettafäden, dem die geladene Pendelkugel alsbald ihre Ladung abgibt, um sofort das Spiel von neuem zu beginnen.

Wird das Elektrometer zum Ladungsgrad V geladen, und der Pendelentlader in Gang gesetzt, so entlädt er bei jedem Hin- und Hergang eine gewisse Elektrizitätsmenge nach der Erde; diese Menge ist natürlich veränderlich, weil sie abhängt von dem jeweiligen Ladungsgrad. Sinkt dabei die Ladung des Elektrometers auf den Grad v und ist γ die Kapazität des Systems (d. h. die Elektrizitätsmenge, die ihm zugeführt werden muß, damit das Potential um 300 Volt steigt), so ist die abgeführte Elektrizitätsmenge

$$q = \gamma \cdot (V - v).$$

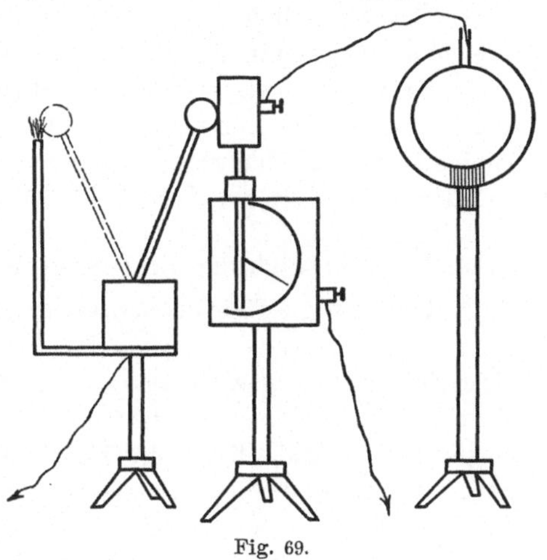

Fig. 69.

Dieselbe ist proportional der Zahl n der Pendelausschläge, solange zwischen denselben Ladungsgraden beobachtet wird.

Wird aber die Kapazität des Elektrometers um die Kapazität C vermehrt, so sind N Entladungen nötig, um das Potential von V auf v sinken zu machen, und die hierbei weggeführte Elektrizitätsmenge ist durch die Gleichung bestimmt:

$$Q = (\gamma + C) \cdot (V - v).$$

Wegen der Proportionalität der Elektrizitätsmengen mit den Entladungszahlen ist demnach

$$\gamma : \gamma + C = n : N,$$
$$\gamma = C \cdot n : (N - n).$$

Zubehör. Elektrometer mit Gradskala, Pendelentlader, außen geerdeter Kugelkondensator von bekannter Kapazität, Reibzeug, Bunsenbrenner. (E. M. E. 37.)

Ausführung. Das Verfahren ergibt sich ohne weiteres aus der Erklärung. Man stellt das Elektrometer senkrecht auf und erdet das Gehäuse; dann stellt man den aufgezogenen Pendelentlader daneben, setzt ihn in Gang und stellt ihn so, daß die Kugel beim größten Ausschlag das Faradaysche Gefäß des Elektrometers berührt. Hierauf reguliert man die Stellung des Lamettapinsels so, daß ihn die Pendel-

9*

kugel beim größten Ausschlag nach der anderen Seite gerade berührt, und verbindet ihn leitend mit der Erde. Nun bestreicht man die Hartgummistange des Pendels mit der Bunsenflamme, um sie zu entladen, lädt das Elektrometer etwa zum Ausschlag 65° und setzt den Pendelentlader in Gang. In dem Augenblick, wo das Blättchen auf 60° angekommen ist, beginnt man die Pendelschläge zu zählen und fährt damit fort, bis es auf 40° gesunken ist. Die Zahl wird notiert.

Ganz ebenso verfährt man, nachdem der Kugelkondensator mit dem Elektrometer verbunden ist. Mehrmalige Wiederholung dieses Doppelversuches liefert fast die gleichen Zahlen, deren Mittel, in obige Gleichung eingesetzt, die Elektrometerkapazität gibt.

So waren beispielsweise im Mittel von 10 Versuchen gefunden worden: Zahl der Entladungen ohne Kapazität $= 24{,}8$, Zahl der Entladungen mit angehängter Kapazität $12{,}5 = 50{,}2$, also nach der in der Erklärung abgeleiteten Formel Elektrometerkapazität $\gamma = 12{,}2$.

119. Die Verstärkungszahl eines Kondensators zu bestimmen.

Erklärung. Wie in der vorigen Aufgabe nach Gleichung
$$\gamma : (\gamma + C) = n : N$$
die Elektrometerkapazität aus zwei beobachteten Entladungszahlen und einer bekannten Kapazität berechnet wurde, ebenso läßt sich auch die umgekehrte Aufgabe lösen, die zugeschaltete Kapazität C zu bestimmen, wenn die des Elektrometers gleich 12,2 bekannt ist.

Handelt es sich um die Verstärkungszahl eines zerlegbaren Kondensators, so wird zuerst seine Kapazität in zusammengesetztem Zustand mit geerdetem Kondensator, dann die Kapazität des Kollektors allein nach Entfernung des Kondensators bestimmt; das Verhältnis beider Zahlen ist die Verstärkungszahl.

Zubehör. Elektrometer mit Gradskala, Pendelentlader, Reibzeug, Zylinderkondensator mit Stift zum Aufsetzen auf das Elektrometer, herausnehmbarem inneren Zylinder und Paraffin als Dielektrikum.

Ausführung. Man bestimmt zunächst wieder die Zahl der Entladungen, die zu einer Verminderung des Elektrometerausschlags von 60° auf 40° erforderlich sind; darauf bringt man den zusammengesetzten Kondensator auf das Elektrometer, leitet den inneren Zylinder nach der Erde ab (Gas- oder Wasserleitung) und wiederholt die Zählung der Entladungen zwischen denselben Grenzen. Aus den beiden Entladungszahlen ergibt sich nach der Formel
$$C = 12{,}2\,(N - n) : n$$
die gesuchte Kapazität C des Kondensators.

Alsdann wird die Erdleitung unterbrochen, der innere Zylinder herausgenommen und der äußere allein mit dem Elektrometer geladen; nachdem man wieder die Entladungen zwischen 60^0 und 40^0 gezählt hat, wird aus dieser dritten und der ersten Zählung die Kapazität c des äußeren Zylinders ohne Verstärkung berechnet.

Die Verstärkungszahl ist dann $= C : c$.

120. Wie hängt die Kapazität eines Kondensators vom Plattenabstand ab?

Erklärung. In Aufg. 118 und 119 war gezeigt worden, wie man mit Hilfe des Pendelentladers eine unbekannte Kapazität bestimmen kann. Sind n Entladungen erforderlich, damit der Ausschlag eines Elektrometers mit der Kapazität γ von P auf p Volt sinkt, dagegen N Entladungen für die gleiche Abnahme bei Verbindung des Elektrometers mit der gesuchten Kapazität C, so ist nach den dort abgeleiteten Formeln $C = \gamma (N - n) : n$. Zur Lösung der vorliegenden Aufgabe ist es demnach · nur erforderlich, wie in Aufg. 119 die Entladungszahl n für das Elektrometer von der bekannten Kapazität γ und die Entladungszahlen N für die Verbindung des Elektrometers mit dem Plattenkondensator bei verschiedenen Plattenabständen zu bestimmen.

Zubehör. Elektrometer mit Gradskala und Verbindungsdraht, Pendelentlader, Kugelkondensator, Schlittenkondensator, Koordinatenpapier (1 mm), Leitungsschnüre. (E. M. E. 42.)

Ausführung. Man bestimmt zunächst durch einen Vorversuch die Kapazität γ des Elektrometers einschließlich des daran befestigten Drahtes, der nachher zur Verbindung mit dem Kondensator dienen soll, nach dem Verfahren von Aufg. 119. Darauf legt man den Draht an die eine Platte des Kondensators, während die andere geerdet ist, stellt auf einen Plattenabstand von 2 mm ein und bestimmt die neue Entladungszahl wieder ganz nach den Angaben von Aufg. 119. Ebenso verfährt man bei 4, 6, 8 ... 20 mm Abstand.

Aus den gefundenen Entladungszahlen berechnet sich die gesuchte Kapazität nach obiger Formel. Die Resultate stellt man am besten graphisch dar, indem man die Abstände der Platten zu Abszissen (1 mm Abstand = 5 mm), die Kapazitäten zu Ordinaten (Kapazität 1 = 2 mm) nimmt.

Man kann dann aus dieser Kurve jederzeit die Kapazität des Kondensators für einen beliebigen Plattenabstand innerhalb dieser Grenzen entnehmen.

121. Die Dielektrizitätskonstante von Hartgummi zu bestimmen.

Erklärung. Unter Dielektrizitätskonstante eines Stoffes versteht man das Verhältnis der Kapazitäten eines Kondensators, wenn die Zwischenschicht einmal dieser Stoff, das anderemal Luft ist. Man braucht also nur einen Schlittenkondensator so einzustellen, daß eine Scheibe von Hartgummi den Zwischenraum vollkommen ausfüllt, und z. B. nach Aufg. 119 die Kapazität K des so gebildeten Kondensators, sowie die Kapazität k nach Entfernung der Scheibe zu bestimmen, so ist $K : k$ die gesuchte Zahl.

Zubehör. Elektrometer mit Gradskala, Schlittenkondensator, Hartgummiplatte, Reibzeug, Pendelentlader, Verbindungsdrähte. (E. M. E. 42.)

Ausführung. Auf die untere Platte des geöffneten Kondensators wird die zu prüfende Scheibe gelegt, der Kondensator geschlossen und die obere Platte möglichst genau so eingestellt, daß die Scheibe den Zwischenraum vollkommen ausfüllt. Im übrigen verfährt man genau wie bei Aufg. 119. Man bestimmt zuerst die Entladungszahl des Elektrometers allein, dessen Kapazität $= 12{,}2$ bekannt ist, darauf die Entladungszahl von (Elektrometer $+$ Hartgummikondensator), zuletzt die Entladungszahl von (Elektrometer $+$ Luftkondensator), nachdem man einfach die Hartgummischeibe herausgenommen hat. Das Weitere besagt die Erklärung.

122. Vergleichung zweier Kapazitäten durch Gegenschaltung.

Erklärung. Zwei Kondensatoren, deren einer unbekannte, der andere bekannte Kapazität hat, seien auf gleiches Potential geladen; verbindet man nun durch einen Draht mit Isoliergriff die isolierte negative Belegung des ersten mit der gleichfalls isolierten positiven Belegung des zweiten unter sich und gleichzeitig mit einem empfindlichen Elektrometer, so neutralisieren sich die Ladungen ganz oder teilweise und es zeigt das Elektrometer negative Ladung, wenn der erste größere Kapazität besaß, positive Ladung im umgekehrten Falle, und nur dann ist kein Ausschlag, d. h. keine Restladung vorhanden, wenn beide Kapazitäten gleichgroß waren.

Daraus ergibt sich ein Mittel, die unbekannte Kapazität zu bestimmen, indem man die bekannte Kapazität, z. B. einen Schlittenkondensator, so lange verändert, bis die Restladung bei der Gegenschaltung verschwindet.

Zubehör. Elektrometer mit Gradskala, Paraffinkondensator von Aufg. 119 auf Isolierfuß, Schlittenkondensator, Reibzeug, Verbindungsdrähte mit Isoliergriffen, Koordinatenpapier (1 mm).

Ausführung. Die innere Belegung des Paraffinkondensators wird geerdet, die äußere durch einen Draht mit Hartgummigriff mit der einen Platte des Schlittenkondensators verbunden; die andere Platte ist geerdet und steht mit dem Elektrometer durch einen Draht in Verbindung.

Nun werden die verbundenen Belegungen der beiden Kondensatoren auf ein annähernd reproduzierbares Potential geladen, z. B. dadurch, daß man dreimal den geriebenen Hartgummistab an dem Verbindungsdraht abstreicht. Jetzt isoliert man die zuerst geerdete Kondensatorplatte nebst Elektrometer, verbindet sie durch Umlegen des mit Isoliergriff versehenen Drahtes mit der äußeren Belegung des Paraffinkondensators und leitet die andere Platte des Schlittenkondensators ab. Der Elektrometerausschlag wird auf sein Vorzeichen geprüft und zugleich mit dem Plattenabstand notiert.

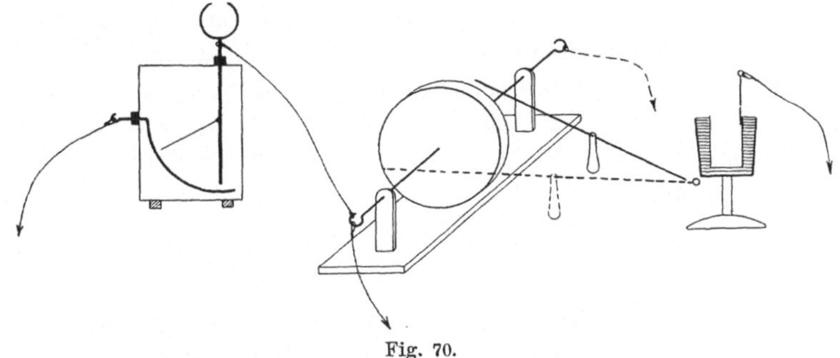

Fig. 70.

War der Elektrometerausschlag —, überwiegt also die Kapazität des Paraffinkondensators, so werden die Kondensatorplatten einander genähert und der Versuch wiederholt, indem man möglichst wieder auf dasselbe Anfangspotential lädt.

In dieser Weise fährt man fort, bis beim Umlegen der Verbindung die Restladung sich als + erweist. Indem man nun aus den Plattenabständen als Abszissen (1 mm Abstand = 1 cm) und den zugehörigen Restladungen als Ordinaten ($1^0 = 1$ mm) eine Kurve zeichnet, findet man sofort in dem Schnittpunkt der Kurve mit der Abszissenachse denjenigen Plattenabstand, für den der Schlittenkondensator dieselbe Kapazität hat, wie der Paraffinkondensator.

123. Bestimmung der Elektrometer-Kapazität durch Teilung der Ladung.

Erklärung. Ist das Elektrometer von der Kapazität γ zum Potential P geladen, so ist die Elektrizitätsmenge, die es enthält,

$Q = \gamma \cdot P$; verbindet man das Elektrometer mit einer bekannten Kapazität, z. B. mit dem Kugelkondensator von der Kapazität 12,5, so sinkt das Potential auf p, denn jetzt ist $Q = (\gamma + 12{,}5) \cdot p$. Aus der Gleichsetzung beider Ausdrücke ergibt sich für die Elektrometer-Kapazität der Wert (vergl. Aufg. 63)

$$\gamma = 10 \cdot p : (P - p).$$

Zubehör. Elektrometer mit Voltskala und Draht, Kugelkondensator, Reibzeug. (P. Z. **15**. 136).

Ausführung. Das Elektrometer wird mit der Stellschraube eingestellt, geladen und das Gehäuse geerdet. Nachdem der Ausschlag notiert ist, wird der nicht geladene Kugelkondensator, dessen äußere Schale geerdet ist, so nahe herangerückt, bis der Elektrometerdraht die Zuleitung zur inneren Schale berührt, darauf wieder entfernt und entladen. Der neue Ausschlag wird ebenfalls notiert. Die gefundenen Zahlen, in obige Formel eingesetzt, ergeben die Elektrometer-Kapazität.

Die Messung wird mit verschiedenen Anfangspotenzialen wiederholt und aus den berechneten Werten von γ das Mittel genommen.

Wenn man das Elektrometer von bekannter Kapazität γ mit einem Leiter unbekannter Kapazität x zur Berührung bringt, so kann man, indem man für 12,5 die Unbekannte x setzt, aus obiger Formel natürlich diese Kapazität $x = \gamma \cdot (P - p) : p$ berechnen.

124. Die Verstärkungszahl eines Kondensators durch alternierende Entladung zu bestimmen.

Erklärung. Das Elektrometer ist mit einer Kollektorplatte ausgerüstet und mit der Elektrizitätsmenge $+ L$ geladen. Setzt man die Kondensatorplatte auf und erdet sie vorübergehend, so nimmt sie eine gewisse Influenzladung $- l$ an. Diese Ladung $- l$ bindet nun auf der unteren Kollektorplatte den Bruchteil x von deren ursprünglicher Ladung L, also den Betrag Lx, während der Rest $L - Lx = L(1 - x)$ frei ist und durch ableitende Berührung entfernt werden kann; x heißt Bindezahl.

Die Folge einer solchen Doppelberührung, erst oben, dann unten, ist also die, daß von der ursprünglichen Ladung L der unteren mit dem Elektrometer verbundenen Platte noch der Betrag Lx vorhanden ist.

Wiederholt man die Doppelberührungen oben — unten ein zweites, drittes, n tesmal, so hat die untere Kollektorplatte die Restladungen Lx^2, $Lx^3 \ldots Lx^n$. Mißt man am Elektrometer L und $L_n = L \cdot x^n$, so kann man die Bindezahl berechnen: $x = \sqrt[n]{L_n : L}$.

Wird die mit dem Elektrometer verbundene Kollektorplatte mit einer Elektrizitätsquelle vom Potential V verbunden, so nimmt sie die ihrer Kapazität entsprechende Ladung q auf. Setzt man aber die Kondensatorplatte auf, erdet sie und verbindet jetzt Kollektorplatte und Elektrometer mit der Elektrizitätsquelle vom Potential V, so steigt die Ladung entsprechend der vergrößerten Kapazität auf den Betrag Q. Der gebundene Teil Qx dieser Ladung hat das Potential 0, dem freien Teil $Q(1-x)$ verdankt die Kollektorplatte nebst Elektrometer das Potential V, das sie durch Verbindung mit der Elektrizitätsquelle annehmen muß. Es ist also $q = Q(1-x)$ oder $Q : q = \dfrac{1}{1-x}$.

Das Verhältnis der Ladung Q, die der geschlossene Kondensator mit anhängendem Elektrometer aufnimmt, zu der Ladung q, die bei gleichem Potential, der offene Kondensator, also die Kollektorplatte nebst Elektrometer annimmt, nennt man die Verstärkungszahl des Kondensators; sie kann berechnet werden, wenn man die Bindezahl x kennt.

Zubehör. Elektrometer mit Ladungsskala und Kollektorplatte, Kondensatorplatte an Hartgummistiel, Reibzeug, BUNSENscher Brenner. (E. M. E. S. 46.)

Ausführung. Das Elektrometer wird senkrecht gestellt, die Kollektorplatte aufgesetzt oder das Elektrometer mit der Kollektorplatte eines Schlittenkondensators verbunden, das Ganze zum Ladungsgrad L geladen und die Ablesung notiert. Nachdem man den Stiel der Kondensatorplatte in der Flamme von etwa anhaftenden Ladungen befreit hat, schließt man den Kondensator, indem man darauf achtet, daß die obere Platte möglichst genau parallel aufgelegt wird; dieselbe Vorsicht ist beim späteren Öffnen des Kondensators zu beobachten.

Nun nimmt man, mit der oberen Platte beginnend, 5 Doppelberührungen der Platten vor (oder mehr, je nach der Bindezahl des Kondensators), hebt die Kondensatorplatte ab und notiert die Restladung L_5 sowie die Zahl der ableitenden Berührungen; dann ist, wie oben gezeigt wurde, $x = \sqrt[5]{L_5 : L}$. Denselben Versuch wiederholt man mit verschiedenen Anfangsladungen L und unter Anwendung von $10, 20 \ldots$ Doppelberührungen. Die einzelnen Zahlen werden zu einem Mittel vereinigt und daraus die Verstärkungszahl des Kondensators berechnet.

125. Die Verstärkungszahl eines Kondensators mit einer 200-Voltbatterie zu bestimmen.

Erklärung. Das Elektrometer zeige mit einer Batterie von V Einvolt-Elementen geladen den Ausschlag α. Verbindet man es mit dem geschlossenen Kondensator, dessen Verstärkungszahl n gesucht wird, so kann man die Elementenzahl v ausfindig machen, mit der die Kollektorplatte und das mit ihr verbundene Elektrometer bei geerdeter Kondensatorplatte geladen werden müssen, damit beim Öffnen des Kondensators wieder der Ausschlag α entsteht; dann ist $v \cdot n = V$, also $n = V : v$.

Zubehör. Elektrometer mit Gradskala, Kondensator, Verbindungsdrähte mit Isoliergriffen, 200-Voltbatterie. (E. M. E. 49.)

Ausführung. Nachdem man das Elektrometer gerichtet und das Gehäuse geerdet hat, verbindet man den Zuleiter mit dem einen Pol der Batterie, deren anderer Pol geerdet ist. Der entstehende Ausschlag α wird notiert. Hierauf verbindet man das Elektrometer mit dem geschlossenen Kondensator und lädt denselben durch vorübergehende Verbindung, z. B. mit dem 10ten Element, während der Kondensator geerdet ist. Wenn man den Kondensator öffnet, entsteht ein Ausschlag, der größer oder kleiner als α sein kann; indem man die Anzahl der ladenden Elemente entsprechend vermindert oder vermehrt, sucht man die Anzahl v von Elementen, die mit Hilfe des Kondensators einen kleineren Ausschlag α_1 geben, während $v + 1$ Elemente einen etwas größeren α_2 liefern. Durch Interpolation findet man hieraus $v + \dfrac{\alpha - \alpha_1}{\alpha_2 - \alpha_1}$ als die richtige Elementenzahl oder Voltzahl.

Daraus berechnet sich in der angegebenen Weise die Verstärkungszahl.

126. Eichung des Elektrometers mit 200-Voltbatterie und Kondensator.

Erklärung. Wird das Elektrometer mit dem Kondensator von der Verstärkungszahl n verbunden und eine Elektrizitätsquelle vom Potential P angelegt, so nimmt der geschlossene Kondensator eine n mal so große Elektrizitätsmenge auf, wie sie der offene aufgenommen hätte, oder wenn der geschlossene Kondensator auf das niedrige Potential P geladen wurde, so zeigt derselbe beim Öffnen wegen der n mal so kleinen Kapazität das höhere Potential $n \cdot P$. Auf Grund dieser Tatsache kann man also das Elektrometer mit Hilfe einer 200-Voltbatterie eichen, sobald die Verstärkungszahl n des Kondensators, z. B. nach Aufg. 124 oder 125, bestimmt worden ist.

Zubehör. Elektrometer mit Ladungsskala und Kondensator, 200-Voltbatterie, Verbindungsdrähte mit Isoliergriffen, Bunsenscher Gasbrenner mit langem Schlauch, Koordinatenpapier (1 mm).

Ausführung. Das Elektrometer wird gerichtet und mit dem Kondensator versehen; dann reinigt man die Platten mit einem breiten Haarpinsel sorgfältig von Staub und befreit sie durch flottes Bestreichen mit der Gasflamme von etwa anhaftenden Ladungen. Nachdem man sich durch vorsichtiges Öffnen des Kondensators überzeugt hat, daß keine Ladung mehr vorhanden ist, wird die Kondensatorplatte mit dem negativen Pol der Batterie und der Erde verbunden, während man die Kollektorplatte z. B. mit dem 10ten + Pol verbindet. Darauf unterbricht man die Verbindungen und öffnet den Kondensator. Der Elektrometerausschlag, den man jetzt beobachtet und notiert, entspricht einem Potential gleich der n fachen Klemmenspannung, also $= 10 \cdot n$ Volt.

Man wird den Versuch einigemal wiederholen, indem man die Kollektorplatte abwechselnd mit dem + oder − Pol der Batterie verbindet, und von den einzelnen Ausschlägen das Mittel nehmen.

Hierauf verfährt man ebenso mit 20, 30, 40 ... Zellen der Batterie und notiert die zusammengehörigen Potentiale und Ausschläge in einer kleinen Tabelle. Schließlich verwendet man die Resultate zu einer graphischen Darstellung auf Koordinatenpapier, die Potentiale als Abszissen, die Ausschläge als Ordinaten, oder man trägt sie geradezu in der Kurve von Aufg. 107 ein.

VIII. Aufgaben über Galvanismus.

127. Graduierung des Galvanometers mit Magneten.

Erklärung. Wirkt auf eine Magnetnadel ein Strom von der Stärke i, der ihr die Ablenkung α_1 erteilt, so wird ein Stromzuwachs von dem gleichen Betrag i den Ausschlag um einen Winkel α_2 vergrößern, der kleiner ist als α_1, denn der Stromzuwachs wirkt auf die Nadel unter ungünstigeren Bedingungen als der erste Strom, sein Hebelarm $b = l \cdot \cos\alpha$ ist kleiner geworden, während das entgegenwirkende Drehmoment des Erdmagnetismus gewachsen ist (Hebelarm $a = l \cdot \sin\alpha$).

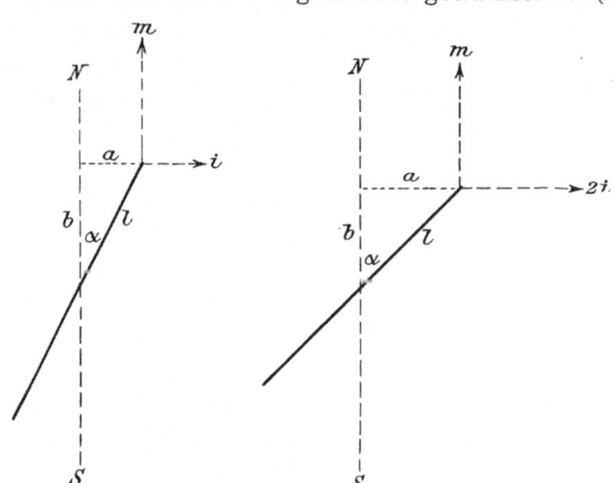

Fig. 71.

Will man demnach ein Galvanometer mit einem zur Verfügung stehenden Strom von bestimmter Stärke graduieren, so kann dies so geschehen, daß man den Ausschlag, den der Strom liefert, notiert, alsdann den Strom unterbricht und durch passend angenäherte Magnete einen gleichen Ausschlag hervorbringt; schließt man jetzt den Strom von neuem, so erhält man den Ausschlag, der einer doppelten Stromstärke entspricht.

Zubehör. Galvanometer (Spulen von 100 Windungen $+$; $C = 0{,}010$; $w = 1$ Ohm) mit Magnetometerschienen, 2 Magnetstäbe, Braunsteinelement, Widerstandskasten, Stromschlüssel, Leitungsdrähte. (P. Z. **23**. 273.)

Ausführung. Die Magnetometerschienen werden in die Spulenträger des Galvanometers eingeschoben, so daß sie deren Verlängerung in ostwestlicher Richtung bilden, und aus dem Galvanometer, Element,

Widerstandskasten und Stromschlüssel nach Fig. 72 der Stromkreis hergestellt. Die Magnete werden zunächst mit ungleichnamigen Polen aufeinander gelegt und einige Meter vom Galvanometer entfernt senkrecht aufgestellt, weil sie dann ohne Wirkung auf die Galvanometernadel sind (warum?).

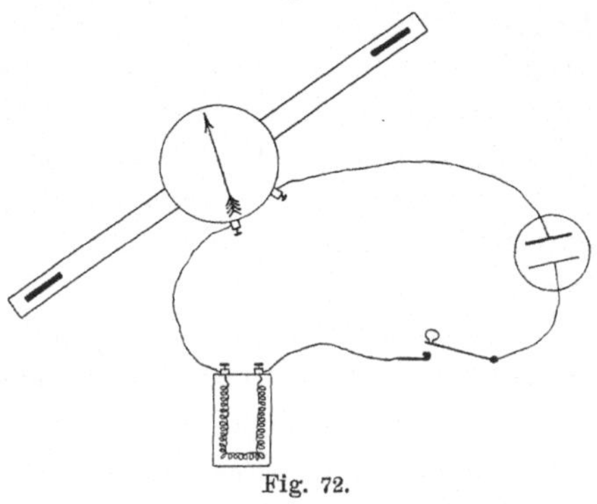

Fig. 72.

Nun wird der Strom geschlossen und so viel Widerstand eingeschaltet, bis ein passender Ausschlag, z. B. 10°, entsteht. Das Weitere ergibt sich aus der Erklärung.

Das Anschreiben der Versuchsergebnisse kann nach folgendem Muster geschehen:

Zahl der Stromstufen n	Galvano-meter-Aus-schlag α	Ort der Magnete	tg α	?
1 ...	10°	36,3 cm	0,1763	

Welche Beziehung besteht zwischen Ausschlag und Stromstärke? Welcher konstante Ausdruck ist in die letzte Kolonne zu schreiben?

128. Graduierung eines Galvanometers mit der Thermobatterie.

Erklärung. Schaltet man die Enden eines zickzackförmig zusammengelöteten Eisen-Konstantandrahtes an ein Galvanometer, so wird dasselbe keinen Strom zeigen. Erwärmt man aber die erste geradzahlige Lötstelle z. B. auf die Temperatur des siedenden Wassers, während die übrigen Lötstellen auf gleichbleibender

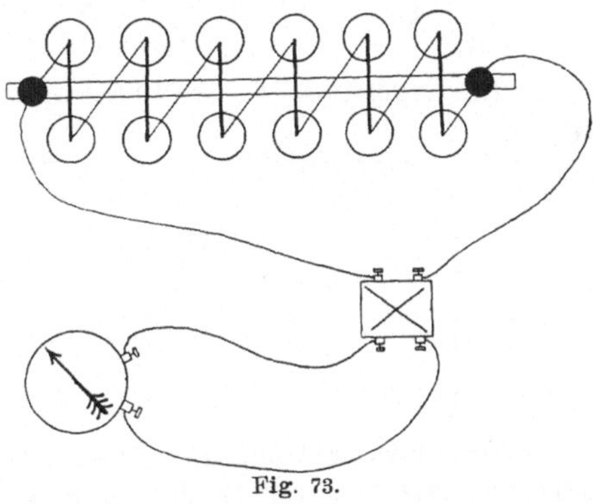

Fig. 73.

Anfangstemperatur gehalten werden, so entsteht ein Strom, dessen

Stärke abhängt von der elektromotorischen Kraft zwischen den verschieden temperierten Lötstellen und dem Gesamtwiderstand des Stromkreises. Erwärmt man nun auch die zweite geradzahlige Lötstelle, so wächst nur die elektromotorische Kraft, nicht aber der Widerstand des Stromkreises (oder wenigstens kaum merklich, vergl. Aufg. 150), und deshalb wird die Stromstärke die doppelte der anfänglichen. Fährt man so fort, so kann also das Galvanometer in 6 Stufen entsprechend der Anzahl der erwärmten geradzahligen Lötstellen graduiert werden.

Zubehör. Thermobatterie mit Wassernäpfen und Schirm, zwei Wasserkannen, Gaskocher, Galvanometer (Spulen von 100 Windungen +; $C = 0,010$; $w = 1$ Ohm), Zuleitungen, Kommutator.

Ausführung. Das Galvanometer wird im Meridian orientiert, so daß die Nadel auf 0 einspielt, die Verbindung mit dem Kommutator hergestellt und die Thermobatterie angeschlossen. Auf den Gaskocher setzt man eine Kanne mit Wasser und füllt zunächst alle 12 Blechnäpfe der Thermobatterie mit kaltem Wasserleitungswasser. Nun überzeugt man sich von der unveränderten Stellung der Galvanometernadel; ist das Wasser in der Kanne am Sieden, so entleert man an der Seite der Gasbrenner den ersten Napf, füllt ihn mit siedendem Wasser, entzündet die Gasflamme und setzt den Schirm zwischen den ersten und zweiten Napf. Ist das Wasser in dem ersten Napf wieder zum Sieden gekommen und steht die Galvanometernadel wieder ruhig ein, so liest man beide Zeigerenden ab, legt den Kommutator um und liest wieder ab. Das Mittel der vier Ablesungen ist der gesuchte Ausschlag für den Strom Eins. Hierauf verfährt man ebenso, nachdem man im zweiten Napf derselben Seite das kalte Wasser durch heißes ersetzt hat.

Die Ergebnisse werden tabellarisch angeschrieben, wie in folgendem Muster:

Zahl der wirksamen Elemente	Mittel der Ausschläge α	tg α	?
1	13,1	0,2327	
...	....	......	

Aus dem Verlauf der Werte tg α wird sich ergeben, welcher Ausdruck als konstant in die letzte Kolonne zu setzen ist und welche Gesetzmäßigkeit zwischen Stromstärke und Ausschlag besteht.

129. Das Galvanometer mit Normalelement und Rheostat zu eichen.

Erklärung. Ein großplattiger Akkumulator kann bei schwachen Strömen als konstante Stromquelle betrachtet werden, deren elektromotorische Kraft ungefähr 2 Volt beträgt. Schließt man ihn also mit dem Galvanometer und einem Widerstandskasten zum Stromkreis, so ist die entstehende Stromstärke durch die Gleichung $i = \dfrac{2,0}{w}$ Amp. gegeben, wenn der Galvanometerwiderstand bekannt ist und w den ganzen äußeren Widerstand des Stromkreises bedeutet, während der innere gleich 0 gesetzt werden kann.

Man kann demnach auf diese Art das Galvanometer nach Ampere graduieren und eichen.

Zubehör. Galvanometer (Spulen von 100 Windungen $+$; $C = 0,010$; $w = 1$ Ohm), Widerstandskasten, Kommutator, Leitungsdrähte, Akkumulator.

Ausführung. Nachdem das Galvanometer im Meridian aufgestellt ist, stöpselt man im Widerstandskasten 1000 Ohm aus und verbindet Akkumulator, Widerstandskasten und Galvanometer unter Zwischenschaltung eines Kommutators nach Fig. 74 zu einem Stromkreis. (Es empfiehlt sich, stets vor Herstellung der Verbindungen einen größeren Widerstand vorzuschalten, damit nicht durch zu starke Ströme Galvanometer, Rheostat oder Batterie beschädigt werden.)

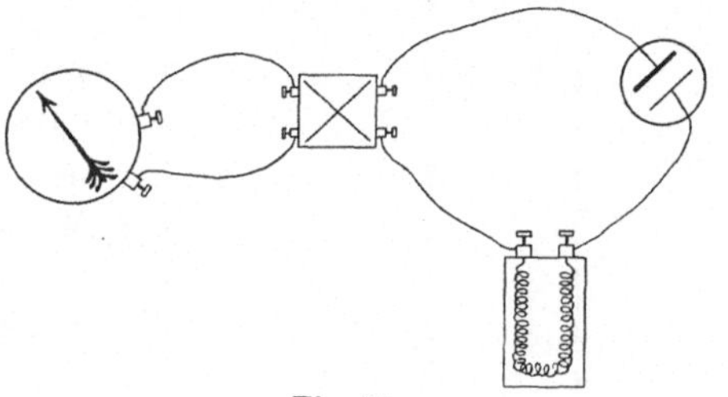

Fig. 74.

Hierauf bestimmt man unter Benutzung des Kommutators die vier Ausschläge und nimmt deren Mittel, wie in der vorigen Aufgabe. In derselben Weise verfährt man mit abnehmenden Widerständen von 500, 350 .... 75 Ohm und trägt die Resultate tabellarisch in folgender Weise ein:

Widerstand des Stromkr. w	Stromstärke $i = \dfrac{2,0}{w}$	Mittel der Ausschläge α	$\dfrac{i}{\operatorname{tg} \alpha}$
1001	0,00200	11,3	0,01011
....	....	....	....

Es zeigt sich, daß der Quotient

$$\frac{i}{\operatorname{tg}\alpha} = C$$

konstant ist; demnach ist $i = C \cdot \operatorname{tg}\alpha$ Amp., d. h., um aus einem an dem vorliegenden Instrument beobachteten Ausschlag die Stromstärke in Ampere zu finden, muß man nur die trigonometrische Tangente des Ausschlagwinkels mit der „Galvanometerkonstante" oder dem „Reduktionsfaktor" C multiplizieren.

130. Eichung eines Amperemanometers mit dem Amperemeter.

Erklärung. Wird in einer geschlossenen Flasche, durch deren Verschluß luftdicht eine Kapillare hindurchgeht, elektrolytisch Knallgas entwickelt, so wird sich in der Flasche ein Überdruck herstellen, der um so beträchtlicher ist, je mehr Knallgas in der Sekunde entwickelt wird, d. h. je stärker der Strom ist. Verbindet man demnach den Raum mit einem Manometer, so kann man zunächst untersuchen, wie die Spannung des Knallgases mit der Stromstärke wächst, und danach vielleicht das Manometer in Ampere eichen. Es ist zu diesem Zweck nur erforderlich, die Angaben des Manometers für eine Anzahl gemessener Stromstärken zu prüfen.

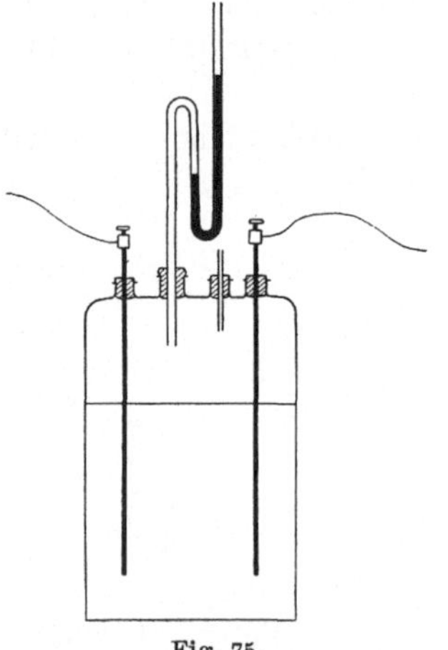
Fig. 75.

Zubehör. Wasserzersetzungsapparat mit Kapillare und Manometer, gefärbtes Wasser, Akkumulatorbatterie von ca. 6 Volt, Widerstandskasten, Kommutator, Verbindungsdrähte, Flasche mit einer Lösung von Baryumhydroxyd, Amperemeter. (P. Z. **15**. 133.)

Ausführung. Das Manometer wird bis zur Nullinie mit der gefärbten Flüssigkeit gefüllt; darauf wird der Wasserzersetzungsapparat mit der Baryumhydroxydlösung gefüllt, verschlossen und mit dem Widerstandskasten, der Batterie, dem Kommutator und dem Amperemeter nach Fig. 76 zu einem Stromkreis vereinigt.

Sobald der Strom geschlossen wird, sieht man die Manometerflüssigkeit steigen; ist der Manometerstand unveränderlich geworden, so werden Stromstärke und Manometerausschlag notiert. Darauf schaltet man am Widerstandskasten 1, 2, 3 . . . 10 Ohm ein und bestimmt in gleicher Weise immer wieder Stromstärke und Manometerstand bis herab zu einer Stromstärke von etwa 0,2 Amp. Hierauf wiederholt man die ganze Versuchsreihe in umgekehrter Folge mit steigenden Stromstärken, indem man nacheinander die eingeschalteten Widerstände wieder ausstöpselt.

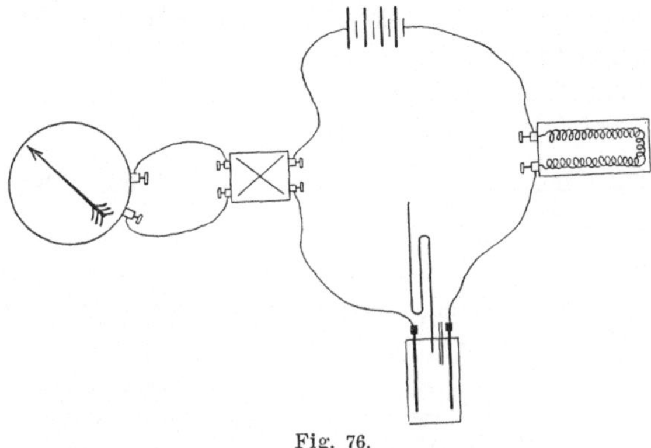

Fig. 76.

Die Resultate können in folgender Weise angeschrieben werden:

Vorge- schalteter Wider- stand w	Strom- stärke i	Gas- spannung h	?
0 Ohm	2,65 Amp.	27,30 cm	
. . . . . .	. . . .	. . . .	

Es zeigt sich bald, daß der Gasdruck mit der Stromstärke wächst. Welcher konstante Ausdruck kommt in die letzte Kolonne? Was bedeutet derselbe?

Indem man das Mittel der Zahlen der letzten Kolonne zugrunde legt, ist es nunmehr möglich, auf einem Streifen Karton, den man an dem Manometer befestigt, eine Ampereteilung aufzutragen.

131. Bestimmung des spezifischen Widerstands durch Substitution.

Erklärung. Zwei Widerstände sind gleich, wenn sie, nacheinander in den sonst unveränderten Stromkreis eingeschaltet, dieselbe Stromstärke, d. h. also denselben Galvanometerausschlag liefern. Soll man also einen Widerstand x bestimmen, so bildet man aus einem Element, dem Galvanometer und x einen Stromkreis und liest den Ausschlag ab; dann schaltet man x aus und bringt an seine Stelle so viel Widerstand

w aus einem Rheostat, bis der Galvanometerausschlag wieder derselbe geworden ist; dann ist $x = w$. Es empfiehlt sich bei diesem Versuch, den übrigen Widerstand des Stromkreises neben x bezw. w möglichst klein zu wählen, damit jede kleine Änderung des Widerstandes w eine möglichst große Änderung des Galvanometerausschlags zur Folge hat.

Soll aus w der spezifische Widerstand, d. h. der Widerstand eines Drahtes von 1 m Länge und 1 qmm Querschnitt, berechnet werden, so sind noch die Länge l des Drahtes in Meter und seine Dicke in Millimeter zu messen. Haben l m Draht von $\left(\dfrac{d}{2}\right)^2 \cdot \pi$ qmm Querschnitt den Widerstand w Ohm, so hat 1 m Draht von 1 qmm Querschnitt den Widerstand $\sigma = \dfrac{w}{l} \cdot \left(\dfrac{d}{2}\right)^2 \cdot \pi$ Ohm.

Zubehör. Galvanometer (Spulen von 100 Windungen $\parallel$; $C = 0{,}020$ bis $0{,}200$; $w = 0{,}25$ Ohm), Akkumulatorbatterie, Widerstandskasten, Ein-Ohm-Draht, Meßband, Verbindungsdrähte, Mikrometer, Trommel mit Nickelindraht, Linienumschalter.

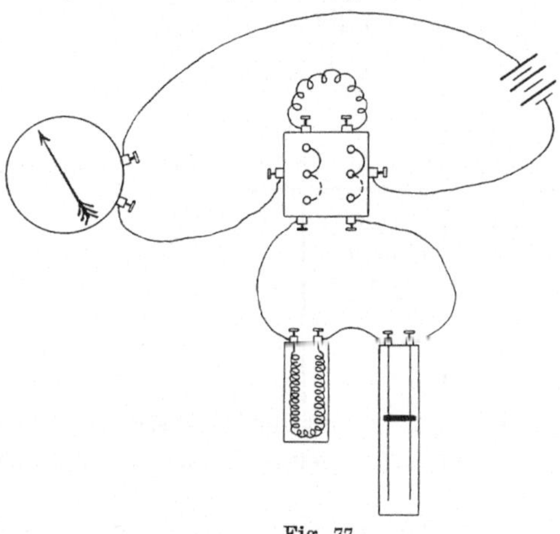

Fig. 77.

Ausführung. Man stellt aus der Batterie, dem Galvanometer und dem Linienumschalter einen Stromkreis her; in den einen Zweig schaltet man den zu bestimmenden Widerstand x, in den anderen den Widerstandskasten und den Ein-Ohm-Draht.

Nun legt man zunächst den Widerstand x in den Stromkreis, wählt die Stellung der Galvanometerspulen und die Schaltung der Elemente so, daß der Ausschlag etwa 45^0 wird, und notiert denselben. Alsdann legt man den Linienumschalter nach der anderen Seite um, stöpselt so viel Widerstand aus, daß der Ausschlag noch etwas größer als der erste ist, und stellt dann den letzten Ausgleich durch Verschieben des Kontaktklotzes am Ein-Ohm-Draht her.

Nun muß die Drahtlänge ermittelt werden; man mißt mit dem Meßband den Trommelumfang u und bestimmt die Zahl n der Lagen, dann ist $l = n \cdot u$. Den Drahtdurchmesser mißt man direkt mit dem

Mikrometer an einer zugänglichen Stelle. Schließlich wird σ nach der in der Erklärung mitgeteilten Formel berechnet.

In gleicher Weise verfährt man mit den anderen Drähten.

132. Bestimmung eines Widerstandes mit dem Differentialgalvanometer.

Erklärung. Werden die Spulen eines WIEDEMANNschen Galvanometers so geschaltet, daß der Strom sich teilt und daß die Zweigstörme die beiden Spulen in entgegengesetztem Sinn durchfließen, wie es Fig. 78 darstellt, so zeigt die Nadel bei vollkommener Gleichheit der Spulen und bei durchaus symmetrischer Stellung derselben keinen Ausschlag. Wird nun in einen Zweig der zu messende Widerstand, in den anderen ein Widerstandssatz eingeschaltet, so zeigt die Nadel nur dann keinen Ausschlag, wenn diese beiden zugeschalteten Widerstände einander gleich sind.

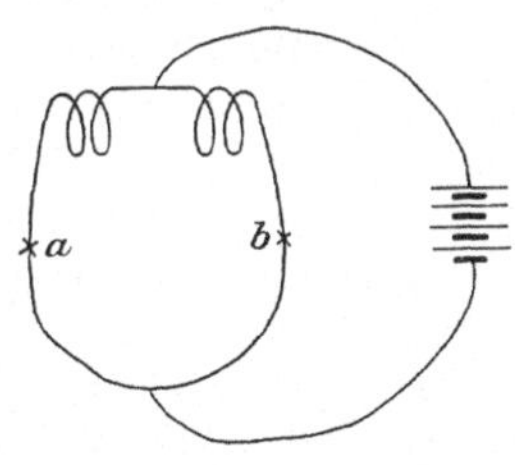

Fig. 78.

Zubehör. WIEDEMANNsches Galvanometer (Spulen von 100 Windungen), GÜLCHERsche Thermosäule, Widerstandskasten, 1 Ohmdraht, Trommel mit Nickelindraht, Verbindungsdrähte, zwei Stromschlüssel. (P. Z. **23**. 272.)

Ausführung. Man schaltet zunächst die beiden Spulen in verkehrter Anordnung (die + Klemmen miteinander verbunden) hintereinander mit Batterie und Stromschlüssel zu einem Stromkreis; schließt man den Strom, so ist die Stromstärke in beiden Spulen dieselbe; gleichwohl wird ein kleiner Ausschlag entstehen, weil die magnetischen Wirkungen der beiden Spulen nicht genau einander entgegengesetzt gleich sind. Durch Verschieben der einen kann man diesen Ausschlag leicht zum Verschwinden bringen.

Man läßt nun die Spulen unverrückt in dieser Stellung stehen, verbindet aber nach Fig. 78 durch einen Gabeldraht den + Pol der Batterie mit zwei entgegengesetzten Klemmen der beiden Spulen, den — Pol mit den beiden anderen. In jeden der beiden Zweige legt man bei a und b einen Unterbrecher. Schließt man jetzt den Strom, so teilt er sich nach Maßgabe der Widerstände beider Zweige und ein etwa entstehender kleiner Ausschlag weist auf eine vorhandene Ungleichheit dieser Widerstände hin, die durch Verkürzen bezw. Verlängern der Verbindungsdrähte leicht behoben werden kann.

Jetzt unterbricht man die Ströme bei a und b und schaltet bei a den zu prüfenden Widerstand x, bei b den Widerstandssatz und den Ein-Ohm-Draht ein; verschwindet der Ausschlag beim Einschalten von w Ohm, so ist $x = w$.

133. Den Spannungsabfall eines Volta-Elementes zu untersuchen.

Erklärung. Wird ein VOLTAsches Element durch ein Galvanometer und einen mäßigen Widerstand geschlossen, so nimmt bekanntlich die anfangs beobachtete Stromstärke rasch ab, und zwar hauptsächlich infolge der im Elemente stattfindenden elektrolytischen Polarisation. Der am

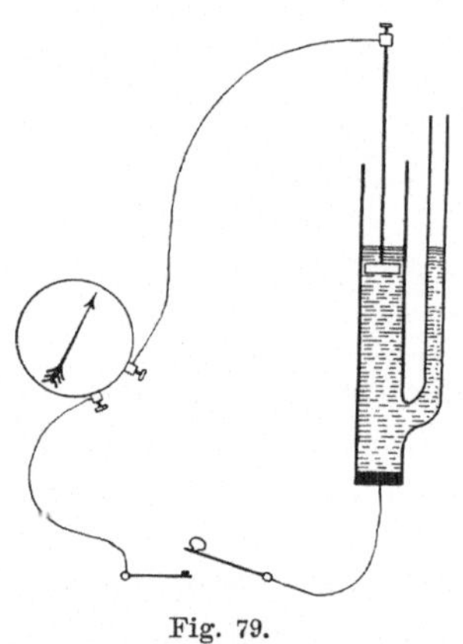
Fig. 79.

Kupfer frei werdende Wasserstoff bewirkt eine elektromotorische Gegenkraft, durch welche die Klemmenspannung des Elementes in kurzer Zeit erheblich vermindert wird. Um diesen Vorgang zu verfolgen, ist es am einfachsten, das Element durch ein Voltmeter von 100—200 Ohm Widerstand zu schließen und an ihm von Minute zu Minute die Klemmenspannung abzulesen.

Um die polarisierende Wirkung des elektrolytischen Wasserstoffs unschädlich zu machen, umgibt man nach DANIELLS Vorschlag die Kupferelektrode mit Kupfervitriollösung, die durch den Wasserstoff reduziert wird; das ausfallende Kupfer schlägt sich an der Kupferelektrode nieder, ohne dieselbe chemisch zu verändern.

Zubehör. Voltmeter, Demonstrationselement, Kristalle von Kupfervitriol, Zinksulfatlösung, Signaluhr, Stromschlüssel, Verbindungsdrähte, Koordinatenpapier (1 mm). (P. Z. **15**. 131.)

Ausführung. Man füllt das Demonstrationselement mit Zinkvitriollösung, gibt den Elektroden 10 cm Abstand und verbindet die Pole unter Einschaltung eines zunächst geöffneten Stromschlüssels mit den Klemmen des Voltmeters. Dann setzt man die Signaluhr in Gang, schließt bei einem Minutensignal den Strom und notiert Zeit und Klemmenspannung; während nun der Strom geschlossen bleibt, wiederholt man von Minute zu Minute die Ablesung, bis die Klemmenspannung hinreichend tief gesunken ist (z. B. auf 0,1 Volt).

Alsdann läßt man, ohne eine weitere Änderung vorzunehmen, durch das Seitenrohr einige Kupfervitriolkristalle in das Gefäß hineingleiten: dieselben fallen auf die Kupferelektrode und bilden dort eine Schicht von Kupfervitriollösung. Infolgedessen steigt sofort die Klemmenspannung und erreicht nach wenigen Minuten, während deren ohne Unterbrechung minutlich abgelesen wird, einen maximalen Wert, von dessen Konstanz man sich noch einige Minuten hindurch überzeugt.

Aus der Tabelle zusammengehöriger Zeiten und Klemmenspannungen kann man eine Kurve des Verlaufs entwerfen; die Zeiten werden Abszissen (1 min. = 2 mm), die Klemmenspannungen Ordinaten ($^1/_{100}$ Volt = 1 mm)

Zu beachten ist das verschiedene Verhalten einer alten (oxydierten) und einer frisch verkupferten Kupferelektrode.

134. Das Galvanometer mit dem Kupfervoltameter zu eichen.

Erklärung. Ein Strom von 1 Amp. schlägt in 1 Min. 19,76 mg Kupfer an der Kathode nieder und die Kupfermenge wächst proportional der Stromstärke. Daher kann ein Strom in Ampere gemessen werden, wenn man die Kathode vor und nach dem Versuch wiegt und die Dauer des Stromdurchgangs bestimmt.

Werden in t Minuten m Milligramm Kupfer niedergeschlagen, so ist die in 1 Min. niedergeschlagene Kupfermenge $m : t$ mg und folglich die Amperezahl des Stromes $i = \dfrac{m}{t} : 19{,}76$ Amp.

Hat man aber auf diese einfache Art die Stromstärke bestimmt und daneben den Ausschlag beobachtet, den dieser Strom an einem gleichzeitig eingeschalteten Galvanometer bewirkt, so kann man das Galvanometer eichen, d. h. die Galvanometerkonstante C berechnen, mit der die Tangente eines beobachteten Ausschlags zu multiplizieren ist, um die Stromstärke in Ampere zu erhalten (vergl. Aufg. 127—129). War der Ausschlag etwa α^0, so ist:

$$\frac{m}{19{,}76 \cdot t} = i = C \cdot \operatorname{tg} \alpha, \qquad C = \frac{i}{\operatorname{tg} \alpha}.$$

Zubehör. Galvanometer (Spulen von 10 Windungen +; $C = 0{,}5$; $w = 0{,}025$ Ohm), großplattiger Akkumulator, Kupfervoltameter, Widerstandskasten, Kommutator, Verbindungsdrähte, Kupfervitriollösung, Wage und Gewichtsatz, Beobachtungsuhr.

Ausführung. Zunächst wird die Aufstellung des Galvanometers und seine Orientierung im Meridian vorgenommen; darauf wird es unter Vorschaltung eines Kommutators, der zugleich als Stromschlüssel dient, mit dem Kupfervoltameter, dem Element und einem Widerstandskasten zu einem Stromkreis vereinigt, wobei darauf zu achten ist, daß die U-förmige Kupferplatte Anode, d. h. mit dem positiven Pol des Akkumulators verbunden wird.

Das Voltameter, in dem sich zunächst eine Hilfskathode von Kupferblech befindet, wird mit Kupfervitriollösung gefüllt und nun der Widerstand am Rheostat so gewählt, daß ein Ausschlag von 40—50⁰ entsteht. Alsdann wird der Strom unterbrochen und die eigentliche Meßkathode — ein Stück Schablonenblech von der Größe der Hilfskathode — sorgfältig bis auf Milligramm gewogen; diese wird nun in das Voltameter eingesetzt und gleichzeitig mit dem Schließen des Stromes

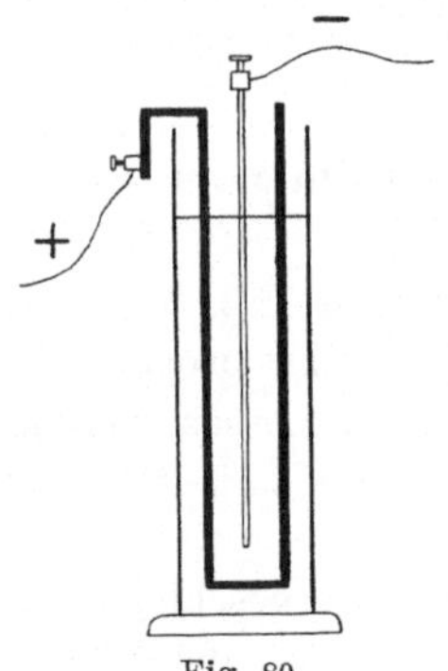
Fig. 80.

die Beobachtungsuhr in Gang gesetzt. Während der Versuchsdauer wird am Galvanometer von Zeit zu Zeit der Ausschlag abgelesen, der Strom kommutiert und wieder abgelesen.

Glaubt man eine zur Wägung genügende Kupfermenge erhalten zu haben (ein orientierender Vorversuch gibt hierüber Aufschluß), so wird gleichzeitig der Strom unterbrochen und die Uhr gestellt. Nun nimmt man die Kathode heraus, spült sie sauber ab und trocknet sie zunächst zwischen Fließpapier, ohne zu reiben, und dann über einem durch eine untergestellte Gasflamme erhitzten Eisenblech. Darauf wird sie abermals sorgfältig gewogen.

Die Resultate können nach folgendem Beispiel angeschrieben werden:

Gewicht der Kathode vorher 7,120 g   Beginn des Versuchs 3 Uhr 5 Min.
Gewichte der Kathode nachher 7,469 g   Schluß des Versuchs 3 Uhr 35 Min.
Niedergeschlagenes Kupfer = 0,349 g.   Versuchsdauer = 30 Min.

$$\text{Galvanometer-Ausschläge} \begin{cases} 50{,}9 & 50{,}7 & 50{,}3 & 50{,}3 & 50{,}2 \\ 50{,}5 & 50{,}6 & 50{,}8 & 50{,}7 & 50{,}6 \\ 50{,}3 & 50{,}3 & 50{,}8 & 50{,}7 & 50{,}6 \\ 50{,}8 & 50{,}7 & 50{,}8 & 50{,}3 & 50{,}2 \end{cases} \alpha = 50{,}54^{0}.$$

Berechnung: in 30 Min. 0,349 g Cu,

$$\text{in 1 Min. } \frac{0{,}349}{30} \text{ g} = 11{,}63 \text{ mg.}$$

19,76 mg 1 Amp.

$$11{,}63 \text{ mg } \frac{1 \text{ Amp.}}{19{,}76} \cdot 11{,}63 = i = 0{,}589 \text{ Amp.}$$

$$C \cdot \text{tg } 50{,}54 = 0{,}589. \qquad C = \frac{0{,}589}{\text{tg} \cdot 50{,}54} = 0{,}485.$$

Die Messungen sind mit anderer Versuchsdauer zu wiederholen.

135. Das Galvanometer mit dem Knallgasvoltameter zu eichen.

Erklärung. Ebenso wie man aus dem Gewicht der niedergeschlagenen Kupfermenge einen Rückschluß auf die Stärke des Stromes ziehen kann, läßt sich auch die Menge des entwickelten Knallgases oder eines seiner Bestandteile für den gleichen Zweck benutzen, mit dem Vorteil, daß die Menge volumetrisch bestimmt werden kann. Das Volumen einer Gasmenge schwankt aber mit dem äußeren Druck und der Temperatur und deshalb ist Tab. 7 sehr bequem, die angibt, wieviel Kubikzentimeter Knallgas der Strom von 1 Amp. in 1 Sekunde bei verschiedenen Drucken und Temperaturen entwickelt. Für die Zwischenwerte können die entsprechenden Volumina leicht durch Interpolation gefunden werden. Im übrigen ist das Verfahren ganz ähnlich dem vorigen, nur ist zu beachten, daß wegen der elektromotorischen Gegenkraft der ausgeschiedenen Gase eine stärkere Stromquelle von mindestens 3 Volt anzuwenden ist.

Zubehör. Galvanometer (Spulen von 10 Windungen +; $C = 0{,}5$; $w = 0{,}025$), 2 großplattige Akkumulatoren hintereinander geschaltet, Wasserstoffvoltameter, 20 $^0/_0$ Schwefelsäure, Widerstandskasten, Kommutator, Verbindungsdrähte, Beobachtungsuhr, Barometer, Thermometer.

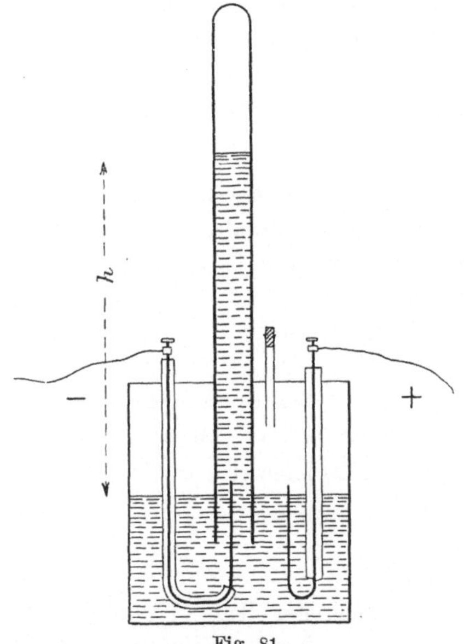

Fig. 81.

Ausführung. Wie in der vorigen Aufgabe wird das Galvanometer aufgestellt und mit Kommutator, Widerstandskasten, den beiden in Serie geschalteten Akkumulatoren und dem Voltameter zum Stromkreis verbunden, wobei die außerhalb der Meßröhre befindliche Elektrode als Anode mit dem + Pol der Batterie zu verbinden ist. Nun wird das Voltameter bis zur Marke mit 20 $^0/_0$ Schwefelsäure gefüllt, verschlossen und umgelegt; nachdem sich die Meßröhre vollständig gefüllt hat, wird es wieder aufgerichtet, der Stromkreis am Kommutator geschlossen und der Widerstand so gewählt, daß das Galvanometer einen passenden Ausschlag, am besten zwischen 40 und 50^0 zeigt. Dann wird der Strom wieder unterbrochen, die Meßröhre durch Umlegen und Wiederaufrichten des Voltameters frisch gefüllt und ein Thermometer daran befestigt. Damit ist der Apparat zum Gebrauch fertig.

Indem man den Strom schließt, setzt man die Beobachtungsuhr in Gang; ist die Meßröhre nahezu mit Wasserstoffgas gefüllt, so unterbricht man den Strom und stellt die Uhr. Darauf liest man die entwickelte Gasmenge, die Temperatur und die Beobachtungsdauer ab und notiert die gefundenen Werte. Ebenso mißt man den Stand h der Flüssigkeitskuppe in der Meßröhre über dem äußeren Niveau und bestimmt den Barometerstand b; der Druck, unter dem das gemessene Gas steht, ist dann $b - \frac{1}{12} h$, denn h cm $20\,^0/_0$ Schwefelsäure haben dasselbe Gewicht wie $\frac{1}{12} h$ cm Quecksilber (spez. Gew. der Säure etwa $1,1 = \dfrac{13,6}{12}$).

Während der Strom geschlossen ist, müssen unter Kommutieren eine Anzahl Ablesungen am Galvanometer gemacht und die Ausschläge notiert werden.

Die Resultate können nach folgendem Beispiel angeschrieben und berechnet werden:

Dauer des Stromdurchgangs = 780 sek.

Entwickeltes Wasserstoffgas = 41,95 ccm bei 19^0 und 75,10 cm Barometerstand ($h = 9$ cm); entsprechende Knallgasmenge = $^3/_2$. 41,95.

$$\text{Galvanometerausschläge:} \quad \left.\begin{array}{cccc} 40,8 & 40,7 & 40,7 & 40,6 \\ 40,6 & 40,5 & 40,4 & 40,3 \\ 40,8 & 40,8 & 40,6 & 40,5 \\ 40,5 & 40,6 & 40,4 & 40,2 \end{array}\right\} \alpha = 40,56^0.$$

Nach der Tab. 7 entwickelt 1 Amp. bei 19^0 und $75,1 - ^9/_{12}$ = 74,3 cm Druck sekundlich 0,1942 ccm Knallgas; unser Strom entwickelte sekundlich $\dfrac{^3/_2 \cdot 41,95}{780} = 0,0807$ ccm Knallgas, betrug demnach $\dfrac{0,0807}{0,1942} = 0,412$ Amp.

Demnach ist $0,412 = C \cdot \mathrm{tg} \cdot 40,56$; $C = 0,481$.

136. Bestimmung von Klemmenspannung und innerem Widerstand eines Daniellschen Elementes.

Erklärung. Stellt man aus dem zu messenden Element, einem Galvanometer kleinen Widerstands und einem Widerstandskasten einen Stromkreis her, und bezeichnet man die elektromotorische Kraft des Elementes mit e, seinen inneren Widerstand mit w_i, den ganzen äußeren

Widerstand mit w_1 und den Ausschlag mit α_1, so ist nach OHMS Gesetz

$$\frac{e}{w_i + w_1} = C \cdot \operatorname{tg} \alpha_1.$$

Macht man mit dem Widerstandskasten den äußeren Widerstand gleich w_2 und wird dadurch der Ausschlag gleich α_2, so ist auch

$$\frac{e}{w_i + w_2} = C \cdot \operatorname{tg} \alpha_2.$$

Es sind also zur Berechnung der beiden Unbekannten e und w_i zwei Gleichungen gegeben. Division der ersten durch die zweite gibt zunächst

$$\frac{w_2 + w_i}{w_1 + w_i} = \frac{\operatorname{tg} \alpha_1}{\operatorname{tg} \alpha_2} = a.$$

Löst man diese Gleichung nach w_i, so findet man

$$w_i = \frac{w_2 - a \cdot w_1}{a - 1},$$

und wenn man diesen Wert in der ersten Gleichung einsetzt, so erhält man außerdem

$$e = (w_i + w_1) \cdot C \cdot \operatorname{tg} \alpha_1 = \frac{w_2 - w_1}{a - 1} \cdot C \cdot \operatorname{tg} \alpha_1.$$

Zubehör. Galvanometer (Spulen von 100 Windungen $+$; $C = 0{,}01$—$0{,}10$; $w = 1$ Ohm), Demonstrationselement, Widerstandskasten, Kommutator, Verbindungsdrähte, Zinkvitriollösung, Kupfervitriolkristalle. (P. Z. **15**. 131.)

Ausführung. Zunächst wird das Demonstrationselement mit Zinkvitriollösung gefüllt, auf die Kupferelektrode etwas Kupfervitriol in kleinen Kristallengebracht und

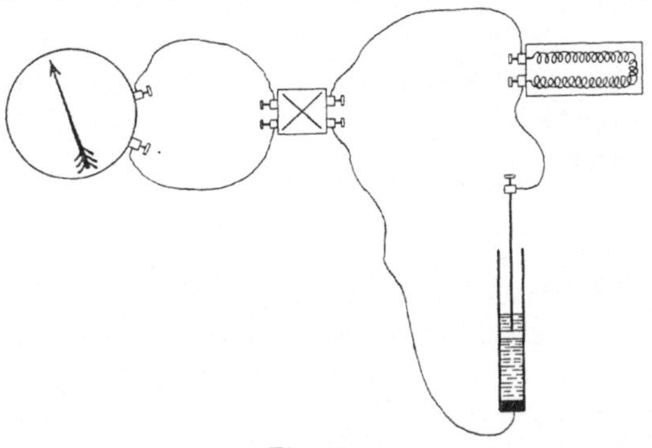

Fig. 82.

das Element bei hochgezogener Zinkelektrode einige Minuten kurz geschlossen. Ist inzwischen das Galvanometer aufgestellt und gerichtet, so wird es mit dem Kommutator, dem Demonstrationselement und dem Widerstandskasten zu einem Stromkreis nach Fig. 82 verbunden. Nun gibt man den Elektroden des Demonstrationselementes einen Abstand von 30 cm und stellt die Galvanometerspulen so ein, daß der Ausschlag ca. 60° wird. (Die Galvanometertabelle liefert zu jedem Spulenabstand die zugehörige Galvanometerkonstante C.)

Unter Kommutieren der Stromrichtung bestimmt man den Galvanometerausschlag als Mittel von vier Ablesungen und notiert Ausschlag, Spulenabstand und Elektrodenabstand. Alsdann stöpselt man so viel Widerstand am Rheostat aus, daß der Ausschlag ungefähr 30° wird, und verfährt ebenso, natürlich ohne am Elektrodenabstand und der Spulenstellung etwas zu ändern.

Setzt man die gefundenen Zahlen in die oben abgeleiteten Formeln ein, so erhält man e und w_i für den Elektrodenabstand von 30 cm.

Nun kann man bei einem zweiten und dritten Versuch einen Elektrodenabstand von 20 cm und 10 cm wählen und jedesmal den Abstand der Galvanometerspulen so regeln, daß bei der ersten Messung, wenn noch kein Rheostatwiderstand vorgeschaltet ist, der Ausschlag ca. 60° beträgt. Bei allen Messungen muß e nahezu denselben Wert haben, während w_i sich natürlich mit dem Elektrodenabstand ändert.

137. Bestimmung von Klemmenspannung und innerem Widerstand einer Thermosäule.

Die Aufgabe wird wie die vorige behandelt.

138. Messung einer elektromotorischen Kraft durch Gegenschaltung.

Erklärung. Das Demonstrationselement, ein Akkumulator, ein Widerstandskasten und ein empfindliches Galvanometer sind zu einem Stromkreis vereinigt. Sind die beiden Elemente gleichgerichtet, so besteht die Gleichung

$$\frac{E+e}{w} = C \cdot \operatorname{tg} \alpha_1,$$

wenn E und e die beiden elektromotorischen Kräfte und w den gesamten Widerstand des Stromkreises bezeichnen. Kehrt man eins der Elemente um, so erhält man einen neuen Ausschlag α_2 gemäß der Gleichung

$$\frac{E-e}{w} = C \cdot \operatorname{tg} \alpha_2.$$

Division beider Gleichungen liefert die Proportion $E+e : E-e = \operatorname{tg} \alpha_1 : \operatorname{tg} \alpha_2$, woraus sich durch korrespondierende Addition und Subtraktion ergibt:

$$E : e = \operatorname{tg} \alpha_1 + \operatorname{tg} \alpha_2 : \operatorname{tg} \alpha_1 - \operatorname{tg} \alpha_2.$$

Kennt man also die elektromotorische Kraft des Akkumulators $= 2{,}0$ Volt, so kann man nach dieser Methode diejenige des Demonstrationselementes lediglich aus den beiden beobachteten Ausschlägen berechnen, ohne daß der Widerstand des Stromkreises und die Galvanometerkonstante bekannt zu sein brauchen.

Zubehör. Akkumulator, Demonstrationselement, Galvanometer (Spulen von 100 Windungen $+$; $C = 0{,}01$; $w = 1$ Ohm), Widerstandskasten, Kommutator, Verbindungsdrähte.

Ausführung. Zuerst wird das Demonstrationselement in der oben (Aufg. 136) angegebenen Weise hergerichtet; dann stellt man das Galvanometer auf, richtet es nach dem Meridian und gibt ihm durch Annähern der Spulen seine größte Empfindlichkeit. Man verbindet es mit dem Kommutator, Demonstrationselement, Akkumulator und Widerstandskasten zu einem Stromkreis, indem man zuerst die Elemente gleichschaltet. Nun reguliert man den Widerstand so, daß der Ausschlag etwa 60° ist, und nimmt unter Kommutieren des Stromes die vier Ablesungen vor, deren Mittel α_1 ist. Hierauf dreht man, ohne sonst das geringste zu ändern, das Demonstrationselement um und liest wieder viermal ab; das Mittel ist α_2. In obige Formel eingesetzt, liefern diese beiden Winkel den gesuchten Wert von e.

Die Versuche können mit anderen Stellungen der Galvanometerspulen und veränderten Widerständen wiederholt werden; je empfindlicher das Galvanometer und je größer der vorgeschaltete Widerstand ist, um so besser wird das Resultat.

139. Wie hängt die thermoelektrische Kraft von der Temperatur ab?

Erklärung. Bei einem thermoelektrischen Element, dessen eine Lötstelle auf einer niedrigen Temperatur gehalten wird, während man die andere mehr und mehr erwärmt, wächst die elektromotorische Kraft mit der Temperaturdifferenz der Lötstellen; es soll der Zusammenhang genauer untersucht werden.

Zubehör. Thermoelement (Eisen-Konstantan) mit Glasmantel für

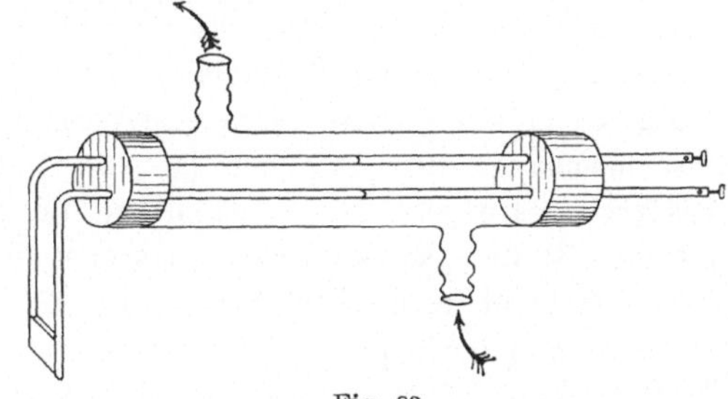

Fig. 83.

Wasserkühlung, Galvanometer (Spulen von 10 Windungen $\parallel$; $C = 0{,}2$; $w = 0{,}01$), Leitungsdrähte, Warmwasserbad mit Dreifuß und Gasbrenner, Thermometer, Gummischläuche, Abflußrohr mit Thermometer, Braunsteinelement, Koordinatenpapier.

Ausführung. Das Galvanometer wird aufgestellt und zunächst mit Hilfe des Braunsteinelementes die Abhängigkeit des Ausschlags von der Stromrichtung festgestellt; dann werden die Pole des Thermoelementes mit dem Galvanometer, der Glasmantel durch einen Schlauch mit der Wasserleitung verbunden und unter das Abflußrohr ein Gefäß zum Auffangen des Kühlwassers gestellt. Wird die Wasserleitung ein wenig geöffnet, so zirkuliert ein langsamer Wasserstrom durch den Kühlmantel, dessen Temperatur an dem Thermometer im Abflußrohr bestimmt werden kann. Nachdem noch unter die andere Lötstelle das Wasserbad auf Dreifuß gesetzt und mit dem Gasbrenner auf die gewünschte Temperatur gebracht ist, kann die Galvanometerablesung vorgenommen werden, event. unter Vertauschung der Leitungsdrähte an den Klemmen des Thermoelementes, da die Einschaltung eines Kommutators den Gesamtwiderstand des Stromkreises unnötig vergrößern würde.

Es werden nun eine Anzahl von Galvanometerablesungen etwa in Temperaturintervallen von 10^0 vorgenommen. Die Temperaturen werden dabei jedesmal vor und nach der Galvanometerablesung bestimmt, indem man mit dem Thermometer das Bad umrührt; von beiden Zahlen nimmt man das Mittel.

Die Resultate können in folgender Weise angeschrieben werden:

Temperatur der kalten Lötstelle	Temperatur der warmen Lötstelle	Ausschlag α	tg α	?
17^0	$20{,}8^0$	$5{,}28^0$	$0{,}0924$	
. . . .	. . . . .	. . . . .	. . . . . .	

Danach stellt man das Wachsen der thermoelektrischen Kraft, wofür tg α ein Maß ist, zunächst graphisch dar, die Temperaturunterschiede als Abszissen ($1^0 = 2$ mm), die Tangenten der Ausschläge als Ordinaten ($1 = 100$ mm). Aus dem Verlauf der Kurve ergibt sich der Zusammenhang, der zwischen ($t_2 - t_1$) und tg α besteht. Welcher Ausdruck wäre also als konstant in die fünfte Kolonne zu setzen? Welches ist die physikalische Bedeutung dieser Konstanten?

Bestimmt man noch den Gesamtwiderstand des Stromkreises w, so kann man nach der Gleichung $e = w \cdot C \cdot$ tg α die elektromotorische Kraft in Volt berechnen und an Stelle von tg α setzen.

140. Die Richtigkeit des Jouleschen Gesetzes über die Stromwärme zu prüfen. (1. Abhängigkeit von der Stromstärke.)

Erklärung. Das Joulesche Gesetz

$$Q = C \cdot e \cdot i = C \cdot w \cdot i^2$$

sagt zunächst aus, daß die in der Zeiteinheit entwickelte Stromwärme bei gleichem Widerstand proportional dem Quadrat der Stromstärke wächst. Um diese Beziehung zu prüfen, müssen demnach Ströme verschiedener Stärke durch einen und denselben in einem Kalorimeter befindlichen Draht geleitet und die entwickelten Wärmemengen kalorimetrisch gemessen werden. Es muß dann die in diesem Drahte sekundlich entwickelte Stromwärme Q dem Quadrat der Stromstärke i proportional oder der Quotient $\dfrac{Q}{i_2}$ konstant sein.

Zum Zweck dieser Untersuchung wird auf das Kalorimeter ein Stopfen gesetzt, durch den das Thermometer und die Zuleitungen zu der ins Kalorimeter eintauchenden Drahtspirale führen. Als Kalorimeterflüssigkeit dient Petroleum (vergl. Aufg. 65 und 66) von der spez. Wärme

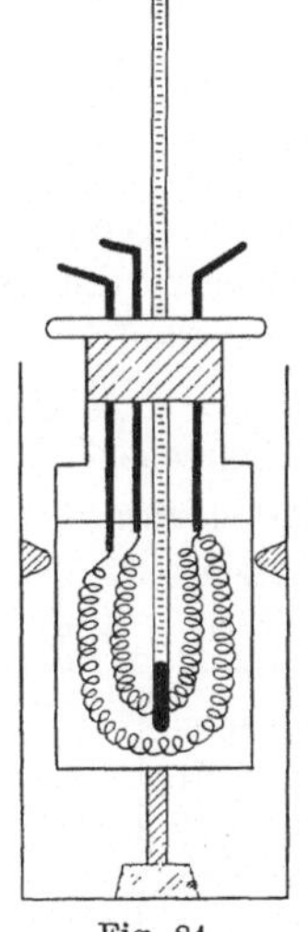

Fig. 84.

0,49. Bezüglich der Bestimmung des Wasserwertes und der besonderen Maßregeln für die kalorimetrische Messung ist Aufg. 64 nachzulesen.

Zubehör. Joulesches Kalorimeter, Amperemeter, Petroleum, Wage, Gewichtsatz, Beobachtungsuhr, Akkumulatorbatterie von 8 Volt, Widerstandskasten, Verbindungsdrähte, Stromschlüssel. (P. Z. **15**. 129.)

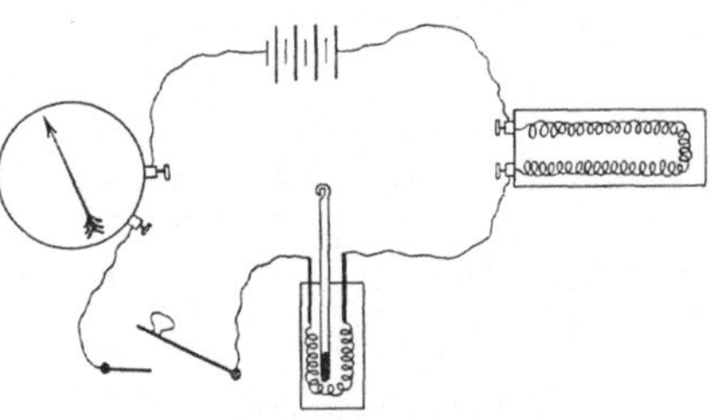

Fig. 85.

Ausführung. Nachdem das leere Kalorimetergefäß gewogen ist (m g), wird es bis zur Marke mit Petroleum gefüllt (etwa 60 ccm) und wieder gewogen (M g). Dann ist der Wasserwert des Kalorimeters nebst Inhalt $W = 0,093\,m + 0,494\,(M - m)$; der Wasserwert des Thermometers ist ungefähr 0,3, kann demnach meist unberücksichtigt bleiben. Eine Temperaturerhöhung dieses Kalorimeters um $(t_2 - t_1)^0$ in z sek. bedeutet also eine Wärmeaufnahme von im ganzen $W \cdot (t_2 - t_1)$ g kal. oder $W \cdot (t_2 - t_1) : z$ g kal. pro Sekunde.

Nun stellt man einen Stromkreis her (Fig. 85) aus der Akkumulatorbatterie, dem Widerstandskasten, dem Amperemeter, einem Stromschlüssel und der Kalorimeterspirale, die vorläufig mit dem sie tragenden Stopfen in ein Glasgefäß von annähernd derselben Größe mit dem

Kalorimeter eingesetzt wird.   Nachdem man den Strom auf 1—3 Amp. eingestellt und die Stromstärke notiert hat (bei kleinem Kalorimeterwiderstand höher und umgekehrt), unterbricht man den Strom, bringt die Spirale in das Kalorimeter, das auf einem kleinen Brettchen steht, und liest die Anfangstemperatur t_1 ab, die 3—4⁰ unter der Lufttemperatur sein soll.   Um diese Anfangstemperatur für jeden folgenden Versuch angenähert immer wieder herzustellen, bedient man sich des Wasserbades von Aufg. 49 u. f., das mit recht kaltem Wasser beschickt und in dessen Hohlraum das Kalorimeter eingesetzt wird.

Jetzt wird der Strom geschlossen, die Beobachtungsuhr in Gang gesetzt und das Steigen der Temperatur beobachtet, während man gleichzeitig durch kreisende Bewegung des Brettchens auf der Tischplatte die Kalorimeterflüssigkeit umrührt.   Ist die Temperatur des Thermometers auf 3—4⁰ über Lufttemperatur gestiegen, so wird die Beobachtungsuhr gestellt, der Strom unterbrochen und die Beobachtungsdauer sowie die Endtemperatur $t_2$⁰ bestimmt und angeschrieben.

Hierauf wiederholt man den Versuch mit anderen, kleineren Stromstärken, indem man die elektromotorische Kraft vermindert bezw. den Rheostatwiderstand vermehrt.

Die Resultate werden in folgender Weise angeschrieben:
Gewicht des Kalorimeters $= m$ g (Wasserwert $= 0{,}093 . m$).
Gewicht von Kalorimeter $+$ Petroleum $= M$ g (Wasserwert des Petroleums $= (M - m) . 0{,}494$, $W = 0{,}093 . m + (M - m) . 0{,}494$.

Anfangstemperatur $t_1$⁰	Endtemperatur $t_2$⁰	Versuchsdauer z	Stromstärke i	Sekundlich entwickelte Wärme Q	$\dfrac{Q}{i^2}$
16⁰	22,1⁰	180 sek.	1,27 Amp.	1,145	0,71
. . . .	. . . . .	. . . . . .	. . . . . .	. . . . .	. . . .

Welche physikalische Bedeutung hat der in der letzten Kolonne enthaltene konstante Quotient $\dfrac{Q}{i^2}$?

141. Die Richtigkeit des Jouleschen Gesetzes über die Stromwärme zu prüfen. (2. Abhängigkeit vom Widerstand.)

Erklärung.   Die Joulesche Formel setzt weiter voraus, daß die sekundlich durch einen Strom von gleichbleibender Stärke in einem Leiterstück entwickelte Wärmemenge dem Widerstand w dieses Leiters proportional ist.   Da nun unsere Kalorimeterspirale aus 2 gleichen Drähten besteht, die parallel geschaltet, einzeln oder hintereinander geschaltet benutzt werden können, so würde es sich darum handeln, die Stromwärme Q zu prüfen, die ein bestimmter Strom, z. B. 1 Amp., pro Sekunde in diesen drei Widerständen entwickelt. Diese Stromwärmen müßten sich verhalten wie die Widerstände, d. h. wie $1:2:4$.

Zubehör. Kalorimeter, Amperemeter, Petroleum, Wage, Gewichtsatz, Beobachtungsuhr, Akkumulatorbatterie von 8 Volt, Widerstandskasten, 1 Ohm-Draht, Verbindungsdrähte, Stromschlüssel. (P. Z. **15**. 129.)

Ausführung. Man muß sich zunächst von der Gleichheit der beiden Kalorimeterwiderstände überzeugen, indem man sie nacheinander in denselben Stromkreis einschaltet (Aufg. 131). Hierauf füllt man das Kalorimeter wieder mit Petroleum und bestimmt den Wasserwert wie in der vorigen Aufgabe. Dann stellt man den Stromkreis nach Fig. 85 zusammen aus der Akkumulatorbatterie, Widerstandskasten und 1 Ohm-Draht, Amperemeter, Stromschlüssel und hintereinander geschalteten Kalorimeterspiralen, zunächst ohne das Kalorimeter, das im Wasserbad nach Aufg. 140 abgekühlt wird, und reguliert die Stromstärke etwa auf 1 Amp.; im übrigen wird genau ebenso verfahren wie bei der vorigen Aufgabe.

Ist der Versuch beendigt und sind die Resultate angeschrieben, so schaltet man eine Spirale ein, reguliert die Stromstärke wieder genau auf den vorigen Wert und mißt von neuem die Stromwärme. Ebenso verfährt man zum Schluß mit beiden parallel geschalteten Spiralen.

Die Resultate werden in folgender Weise angeschrieben:

Gewicht des Kalorimeters $= m$ g (Wasserwert $= 0{,}093 \cdot m$).

Gewicht von Kalorimeter $+$ Petroleum $= M$ g (Wasserwert des Petroleums $= (M - m) \cdot 0{,}494$, also $W = 0{,}0494\ (M - m) + 0{,}093 \cdot m$.

Anfangs-temperatur $t_1{}^0$	End-temperatur $t_2{}^0$	Versuchs-dauer z	Widerstand im Kalorimeter	Sekundlich entwickelte Wärme Q	?
14,3 ⁰	21,1 ⁰	360 sek.	2 w	0,732	
. . . . .	. . . . .	. . . . .	. . . .	. . . . .	

Was ist in die letzte Kolonne zu schreiben?

142. Das Wärmeäquivalent der Stromarbeit zu bestimmen.

Erklärung. Nach dem JOULEschen Gesetze ist $\dfrac{Q}{e \cdot i} = C$, d. h. das Verhältnis der sekundlich entwickelten Wärme in Gramm-Kalorien zu der Stromarbeit in Watt ist eine konstante Zahl, die man definieren kann als die Wärme, die der Strom von 1 Amp. sekundlich in einem

Leiter entwickelt, an dessen Enden die Spannungsdifferenz 1 Volt herrscht. Um dieses Wärmeäquivalent des Stromes zu bestimmen, muß also die sekundlich produzierte Wärmemenge Q kalorimetrisch bestimmt werden, wie dies in den Aufg. 140 und 141 geschehen ist, und es müssen ferner die Stromstärke i in Ampere, sowie die Klemmenspannung e an den Kalorimeterzuleitungen in Volt bestimmt werden. Letzteres geschieht in der Weise, daß man an die Kalorimeterzuleitungen im Nebenschluß ein Voltmeter von solchem Widerstand anlegt, daß in ihm der Stromverbrauch verschwindend klein ist (z. B. 100 Ohm).

Zubehör. Kalorimeter, Petroleum, Wage, Gewichtsatz, Beobachtungsuhr, Akkumulatorbatterie von 8 Volt, Widerstandskasten, Stromschlüssel, Verbindungsdrähte, Voltmeter, Amperemeter. (P. Z. **15**. 129.)

Ausführung. Das Kalorimeter wird gefüllt, gewogen usf. wie in den vorigen Aufgaben. Dann wird der Stromkreis aus Batterie, Stromschlüssel, Amperemeter, Widerstandskasten und Kalorimeterspirale (z. B. 2 Drähte ‖) wie in voriger Aufgabe zusammengestellt und das Voltmeter an die Kalorimeterklemmen angeschlossen, wie Fig. 86 zeigt. Alsdann stellt man auf die gewünschte Stromstärke ein, unterbricht den Strom, bringt die Spirale in das Kalorimeter und verfährt weiterhin genau wie früher.

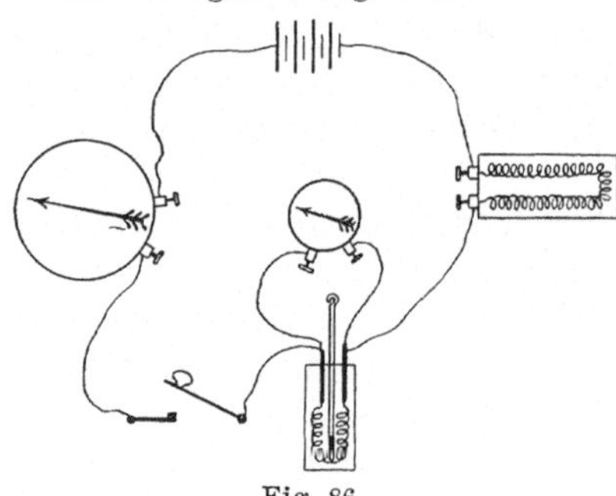

Fig. 86.

Den gleichen Versuch wird man zur Kontrolle mit einer einzelnen bezw. mit zwei hintereinander geschalteten Spiralen und anderen Stromstärken anstellen; dabei bleibt die Kalorimeterfüllung, also auch der Wasserwert, unverändert.

Die Resultate werden in folgender Weise angeschrieben:

Gewicht des Kalorimeters $= m$ g (Wasserwert $= 0{,}093 \cdot m$)

Gewicht des Kalorimeters $+$ Petroleum $= M$ g (Wasserwert $= 0{,}494\ [M - m]$)

$$W = 0{,}494\ (M - m) + 0{,}093 \cdot m$$

Zahl der Kalorim.-Spiralen	Stromstärke i	Klemmenspannung e	Anfangstemper. $t_1{}^0$	Endtemper. $t_2{}^0$	Versuchsdauer z	Sekundlich entwickelte Wärme Q	$C = \dfrac{Q}{e \cdot i}$

143. Das Potentialgefälle in einem ausgespannten homogenen Draht zu untersuchen.

Erklärung. Werden die Enden eines ausgespannten Drahtes mit den Polen einer Stromquelle von konstanter elektromotorischer Kraft verbunden, so findet dem Draht entlang der Ausgleich des Spannungsunterschiedes statt. Berührt man zwei Punkte des Drahtes mit den Zuleitungen zu einem empfindlichen Voltmeter von hohem Widerstand, so muß dasselbe einen Ausschlag zeigen, wenn jene Punkte verschiedenes Potential haben, und man kann aus seinen Angaben die Potentialdifferenz ablesen.

Um das Gefälle des elektrischen Zustandes, d. h. den Spannungsunterschied pro Längeneinheit entlang dem Draht zu prüfen, kann man zwei Wege einschlagen. Entweder man verschiebt die beiden Drahtenden, die zu dem Voltmeter führen, in gleichbleibendem Abstand, beispielsweise von 10 cm, dem Draht entlang und notiert für jede Einstellung die Klemmenspannung, oder man legt ein Drahtende dauernd auf den Anfangspunkt des Drahtes und geht mit dem andern den Draht entlang, indem man die Abstände und die wachsenden Spannungsunterschiede notiert.

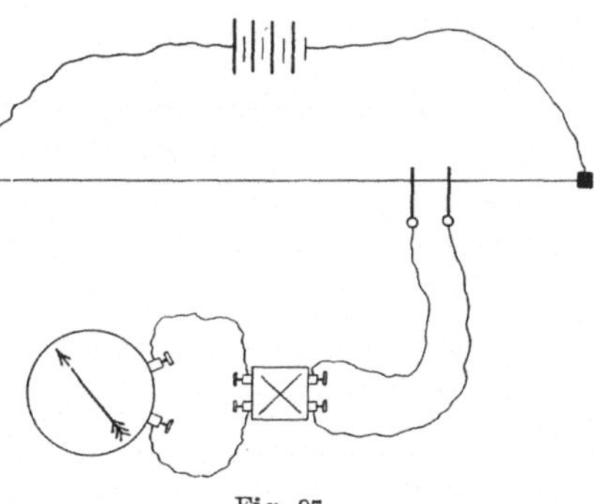

Fig. 87.

Zubehör. Rheochord von 1 m Länge, Thermobatterie von ca. 3 Volt, Leitungsschnüre, Kommutator, Galvanometer in Voltmeterschaltung, Koordinatenpapier (1 mm). (P. Z. **6**. 65.)

Ausführung. Man verbindet die Endklemmen des Rheochordes mit den Polen der Batterie und ebenso die Klemmen an den Schneiden durch Leitungsschnüre mit dem Kommutator und dem Voltmeter.

1. Man setzt die Schneiden auf die Punkte 0 und 10 cm und bestimmt aus zwei Ablesungen unter Kommutieren den Ausschlag, dessen Tangente die Spannungsdifferenz in Volt ist; dann nimmt man die Punkte 10 und 20 cm usf. Die Resultate werden tabellarisch angeschrieben, aber auch graphisch dargestellt, die Drahtlängen als Abszissen (1 dm = 10 mm), die Spannungsdifferenzen, d. h. die Abnahme der Spannung auf dieser Strecke als Ordinaten (0,1 Volt = 50 mm), die aber in der Mitte jeder Strecke von 1 cm anzutragen sind.

2. Man setzt die eine Schneide auf 0, die andere der Reihe nach auf 10, 20, 30 cm usf., indem man jedesmal den Ausschlag als Mittel von zwei Ablesungen bestimmt und nebst der Tangente notiert. Die Resultate werden ebenfalls tabellarisch angeschrieben und graphisch dargestellt. Man nimmt wieder die wachsende Drahtlänge als Abszisse (1 dm = 10 mm) und die am Ende der Strecke gemessene Spannungsdifferenz als Ordinate (1 V = 50 mm), die aber jetzt am Ende der jedesmaligen Abszisse aufzutragen ist.

Was bringt jede dieser Kurven zur Darstellung?

144. Das Potentialgefälle an einem ausgespannten, nicht homogenen Draht zu prüfen.

Die Aufgabe wird durchaus wie die vorige behandelt. Die graphische Darstellung der Resultate kann auf dem nämlichen Blatt mit punktierten Kurven ausgeführt werden.

145. Messung der Klemmenspannung eines Elementes mit dem Meßdraht (Rheochord).

Erklärung. Aus den Resultaten der Aufgabe 143 ergibt sich die Möglichkeit, auf einem stromdurchflossenen Meßdraht zwei Punkte abzugreifen, zwischen denen eine genau bestimmte Potentialdifferenz herrscht, die ein Bruchteil der Klemmenspannung zwischen den Drahtenden ist. Sind die Pole eines Akkumulators von der Klemmenspannung $V = 2$ Volt mit den Enden eines homogenen Drahtes von 1000 mm Länge verbunden, so herrscht zwischen den Punkten 0 und a (Fig. 88) die Potential-

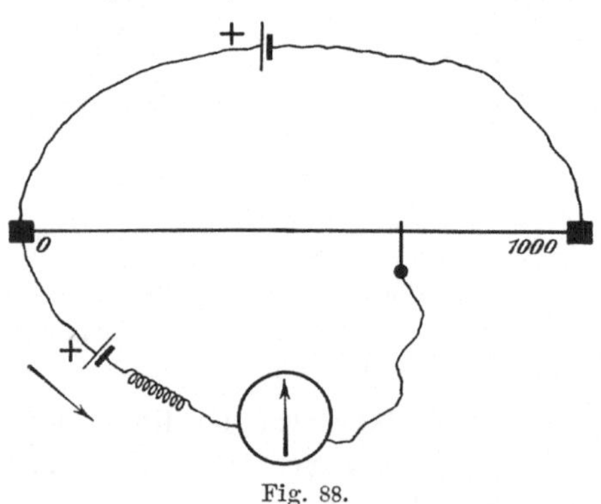

Fig. 88.

differenz $\dfrac{V}{1000} \cdot a$. Verbindet man nun diese Punkte durch eine Abzweigung, die einen größeren Widerstand und ein empfindliches Galvanoskop enthält, so sendet die an den Endpunkten herrschende Potentialdifferenz durch diese Abzweigung einen Strom im Sinne des Pfeiles; legt man aber in die Abzweigung auch noch ein Element E von der Klemmenspannung $E = \dfrac{V}{1000} \cdot a$ (kleiner als die des Akkumulators), dessen $+$ Pol ebenso wie der $+$ Pol des Akkumulators mit dem Nullpunkt des Meßdrahtes verbunden ist, so erzeugt dieses Element einen genau gleichstarken Gegenstrom, und man erkennt an der Nullstellung der Galvanoskopnadel, daß die Abzweigung stromfrei ist. Daraus ergibt sich also ein bequemes Verfahren, die Klemmenspannung von E zu ermitteln.

Zubehör. Rheochord von 1 m Länge und hohem Widerstand, Akkumulator, Verbindungsdrähte, Leitungsschnur, empfindliches Galvanoskop, Widerstandssatz, Demonstrations-Daniell, Normalelement.

Ausführung. Man verbindet nach Fig. 88 den + Pol des Akkumulators mit dem Nullpunkt des Meßdrahtes, den — Pol mit dem Endpunkt. Den + Pol des zu prüfenden Elementes, z. B. des Daniell, verbindet man ebenfalls mit dem Nullpunkt, seinen — Pol unter Zwischenschaltung des Widerstandssatzes und des Galvanoskopes durch eine Leitungsschnur mit der abgehobenen Schneide des Rheochordes.

Nun sucht man die Stellung a der Schneide, für welche das Galvanoskop stromfrei ist, schaltet den Widerstand aus und prüft nochmals nach; dann ist $E = \dfrac{2,0}{1000} \cdot a$.

Will man die Klemmenspannung des Akkumulators nicht als hinreichend genau bekannt annehmen, so kann man einen zweiten ganz gleichen Versuch mit einem Normalelement N (z. B. einem Kadmiumelement von der Klemmenspannung 1,02) ausführen; man findet dann $N = \dfrac{V}{1000} \cdot b$ und durch Kombination mit $E = \dfrac{V}{1000} \cdot a$ folgt:

$$E = N \cdot \frac{a}{b} = 1,02 \cdot \frac{a}{b}.$$

146. Versuche am Brückenmodell.

Erklärung. In einen kreisförmig in sich zurücklaufenden Draht tritt bei A der Strom einer Batterie von $2\,e$ Volt Klemmenspannung ein und an dem verschiebbaren Kontakt B wieder aus; dann bilden die beiden Kreisbögen AXB und AYB eine Verzweigung, in deren beiden Teilen das Potential von $+ e$ bei A auf $- e$ bei B sinkt. Es müssen sich demnach auf beiden Zweigen Punkte finden lassen, an denen derselbe Potentialwert herrscht; verbindet man solche Punkte mit den Zuleitungsdrähten eines empfindlichen Galvanometers,

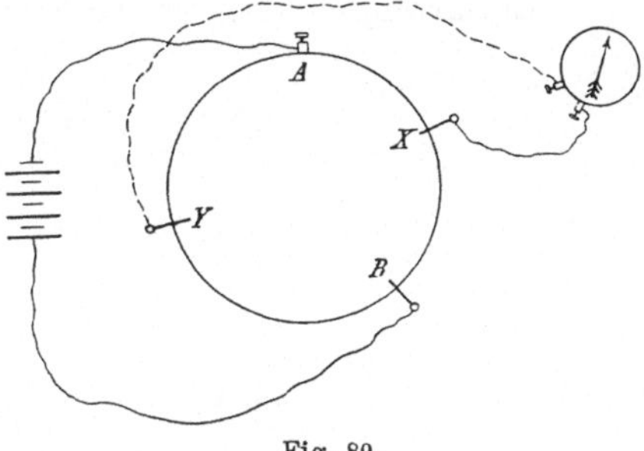

Fig. 89.

so zeigt dasselbe keinen Ausschlag. Damit ist ein Mittel gegeben, die Lage solcher Punkte zu bestimmen und die zugrunde liegende Gesetzmäßigkeit zu untersuchen.

Zubehör. Brückenmodell, Gülchersche Thermobatterie, Galvanoskop, Leitungsdrähte und Schnüre. (P. Z. **6.** 66.)

Ausführung. Die Klemme am Umfang der Kreisscheibe wird mit dem einen Pol der Batterie verbunden, die gegenüberliegende Schneide mit dem andern; die beiden dazwischen liegenden Schneiden werden durch Leitungsschnüre mit dem Galvanoskop verbunden. Die Ausführung einer einzelnen Messung gestaltet sich folgendermaßen: Man gibt zunächst der Schneide B eine willkürliche Stellung, dann stellt man die Schneide X so ein, daß sie den Zweig AB in einem beliebigen Verhältnis, z. B. $2:1$ teilt, darauf sucht man mit Schneide Y den anderen Zweig AB ab, bis das Galvanometer stromfrei ist; dann findet man $$AY:YB = AX:XB.$$

Hierauf wählt man für X ein anderes Teilungsverhältnis auf AB, oder man verschiebt B selbst und macht eine neue Messung.

Die Resultate werden so angeschrieben:

Drahtlänge $AXBYA = 1000$ mm				$AX:XB$	$AY:YB$
Ort von					
A	X	B	Y		
0	200	300	534,5	2,00	1,99
…	…	…	……	….	….

147. Die Abhängigkeit des Leitungswiderstandes eines Drahtes von der Länge zu untersuchen.

Erklärung. Die in der vorigen Aufgabe geprüfte Beziehung liegt dem von Wheatstone angegebenen Verfahren zur Messung eines Widerstandes zugrunde. Der Strom einer Batterie verzweigt sich über einen gerade ausgespannten Draht, auf dem eine Schneide verschoben werden kann, und über zwei hintereinander geschaltete Widerstände w und

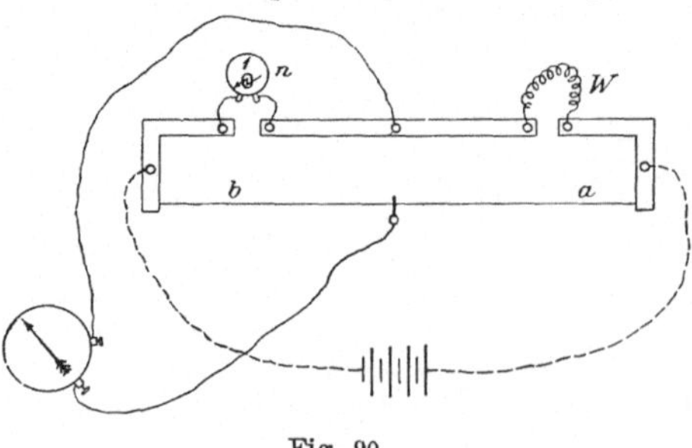

Fig. 90.

n Ohm, von denen der erstere bestimmt werden soll. Von der Schneide sowie von dem Punkte, wo w und n zusammenstoßen, gehen Leitungs-

schnüre nach dem Galvanoskop. Stellt man die Schneide so ein, daß
das Galvanoskop stromfrei ist, so verhalten sich die Abschnitte $a : b$
des Drahtes wie $w : n$, oder der unbekannte Widerstand w ist gleich
$n \cdot \dfrac{a}{b}$ Ohm.

Zur Lösung der gestellten Aufgabe muß demnach der Widerstand
einer Anzahl Drähte von verschiedener Länge bestimmt werden, die
alle von demselben Drahtstück stammen. Ist der Satz von der Proportionalität des Widerstandes w mit der Drahtlänge l (bei gleichbleibendem Material und Querschnitt) richtig, so muß sich der Quotient
$w : l$ (oder sein hundertfacher Wert) als konstant erweisen.

Zubehör. Meßbrücke, GÜLCHERsche Thermobatterie, Galvanoskop,
Vergleichswiderstände ($^1/_2$, 1, 2 Ohm), Verbindungsdrähte, Konstantan-
drähte verschiedener Länge und gleicher Dicke, Längenkomparator.
(P. Z. **5**. 276.)

Ausführung. Die Klemmen an den Enden der Brücke werden
mit den Leitungsdrähten der Batterie verbunden, die mittlere und die
an der Schneide befindliche Klemme dagegen mit den Zuleitungen zum
Galvanoskop. Die Schneide ist anfangs vom Meßdraht abgehoben; in
den anderen Zweig der Brücke legt man zunächst den zu messenden
Draht und in den Zwischenraum jenseits der Galvanoskopableitung den
Vergleichswiderstand, z. B. 1 Ohm, den man durch einen Vorversuch so
bestimmt hat, daß die Schneide nahe an die Drahtmitte zu stehen kommt.

Vor dem Einklemmen der Drähte sind deren Enden, dicke Kupferstifte, gut mit Smirgelleinen abzureiben, um einen sicheren Kontakt
zu erzielen. Wenn die Verbindungen hergestellt sind, bringt man die
Schneide in Kontakt mit dem Meßdraht und verschiebt sie so lange,
bis das Galvanoskop keinen Ausschlag mehr zeigt. Die Einstellung a
der Schneide, sowie der angewendete Vergleichswiderstand werden angeschrieben. Hierauf nimmt man den Draht heraus und bestimmt am
Längenkomparator (Millimetermaßstab von Meterlänge auf Spiegel) seine
Länge, die ebenfalls notiert wird. In gleicher Weise verfährt man
mit den übrigen Drähten.

Die Resultate werden folgendermaßen angeschrieben:

Länge des Meßdrahtes = 50 cm.				
Länge l des Drahtes	Vergleichswiderstand n	Einstellung der Schneide a	Widerstand $w = n\dfrac{a}{50 - a}$	$100 \cdot \dfrac{w}{l}$
59,1 cm	1 Ohm	26.3 cm	1,11	1,88

Zur Berechnung der in der vierten Kolonne vorkommenden Verhältnisse $\dfrac{a}{b} = \dfrac{a}{50 - a}$ kann man sich mit Vorteil der Tab. 6 bedienen. Was bedeutet die in der letzten Kolonne enthaltene Konstante $100 \cdot \dfrac{w}{l}$?

148. Die Abhängigkeit des Leitungswiderstands eines Drahtes vom Querschnitt zu untersuchen.

Erklärung. Mit wachsendem Querschnitt q eines Drahtes (bei gleichem Material und gleicher Länge) nimmt der Leitungswiderstand w ab. Falls umgekehrte Proportionalität besteht, muß das Produkt $q \cdot w$ eine konstante Größe haben. Die Aufgabe läuft also darauf hinaus, von einer Anzahl Drähte gleicher Länge und gleichen Materials Widerstand und Querschnitt zu bestimmen und an diesen Zahlen obige Beziehung zu prüfen. Im übrigen stimmt das Verfahren vollkommen mit der vorigen Aufgabe überein.

Zubehör. Meßbrücke, GÜLCHERsche Thermobatterie, Galvanoskop, Vergleichswiderstände ($^1/_{10}$, $^1/_2$, 1 Ohm), Verbindungsdrähte, Längenkomparator, Mikrometer, Konstantandrähte gleicher Länge und verschiedenen Querschnittes. (P. Z. **5**. 276.)

Ausführung. Es ist über die Ausführung nichts weiter zu sagen. Nur bezüglich der Berechnung wäre noch folgendes zu bemerken: Nachdem das Gesetz der Länge in Aufg. 147 geprüft worden ist, ist es nicht notwendig, daß die verschiedenen Drähte genau gleichlang sind, denn man kann ja den gefundenen Wert w für den Widerstand eines Drahtes von der Länge l leicht auf eine gemeinsame Länge, beispielsweise von 100 cm, umrechnen; es ist einfach $w_{100} = \dfrac{w}{l} \cdot 100$. Danach wird man also bei jedem Draht nicht nur den Durchmesser d mit dem Mikrometer messen, um daraus $q = \left(\dfrac{d}{2}\right)^2 \cdot \pi$ zu berechnen, sondern man wird auch die Länge l wie in der vorigen Aufgabe bestimmen.

Die Tabelle der Resultate gestaltet sich dann so:

Länge des Meßdrahtes = 50 cm.							
Länge l des Drahtes	Dicke d des Drahtes	Querschnitt q	Vergleichswiderst. n	Einstellung d. Schneide a	Widerstand $w = \dfrac{a}{50 - a} \cdot n$	w_{100}	$w_{100} \cdot q$
99,2 cm	0,72 mm	0,407	1 Ohm	22,05	0,7892	0,7955	0,324
. . . . . .	. . . . . .	. . . . . .	. . . . . .	. . . . . .	. . . . . .	. . . . . .	. . . . . .

Welches ist die physikalische Bedeutung der Konstanten der letzten Kolonne?

149. Bestimmung des spezifischen Widerstandes.

Erklärung. Spezifischer Widerstand ist der Widerstand eines Drahtes von 1 m Länge und 1 qmm Querschnitt in Ohm. Nach den Ergebnissen der beiden vorigen Aufgaben hat man demnach zu seiner Bestimmung nur den Widerstand w Ohm, die Länge l cm und den Durchmesser d bezw. den Querschnitt q mm zu messen; dann ist

$$s = w \cdot \frac{100}{l} \cdot \left(\frac{d}{2}\right)^2 \pi.$$

Zubehör. Meßbrücke, Gülchersche Thermobatterie, Galvanoskop, Vergleichswiderstände ($^1/_{10}$, $^1/_2$, 1 Ohm), Verbindungsdrähte, Längenkomparator, Mikrometer, Drähte verschiedenen Materials. (P. Z. **5.** 276.)

Ausführung. Das Verfahren ergibt sich aus dem Gesagten und den Angaben der beiden vorigen Aufgaben. Die Resultate werden in folgender Weise angeschrieben:

Länge des Meßdrahtes = 50 cm.							
Material	Länge l des Drahtes	Dicke d des Drahtes	Querschnitt q	Vergleichswiderstand n	Einstellung der Schneide a	$w = \dfrac{a}{50-a} \cdot n$	$s = w \cdot \dfrac{100}{l} \cdot q$
Neusilber	99,3 cm	0,73 mm	0,418	$^1/_2$ Ohm	26,1 cm	0,546	0,229

150. Den Einfluß der Temperatur auf den Widerstand von Metalldrähten zu prüfen.

Erklärung. Der Leitungswiderstand von Drähten verschiedener Metalle nimmt im allgemeinen mit der Temperatur zu. Es soll untersucht werden, ob eine einfache Beziehung zwischen der Temperaturzunahme und der Vergrößerung des Widerstandes besteht. Zu diesem Zweck muß also nach dem in Aufg. 147 benutzten Verfahren der Widerstand eines Drahtes bei verschiedenen gemessenen Temperaturen bestimmt und für die verschiedenen Intervalle die Zunahme des Widerstandes pro Grad berechnet werden.

Zubehör. Meßbrücke, Gülchersche Thermobatterie, Galvanoskop, Vergleichswiderstand (1 Ohm), Verbindungsdrähte, Kupferdrahtspule,

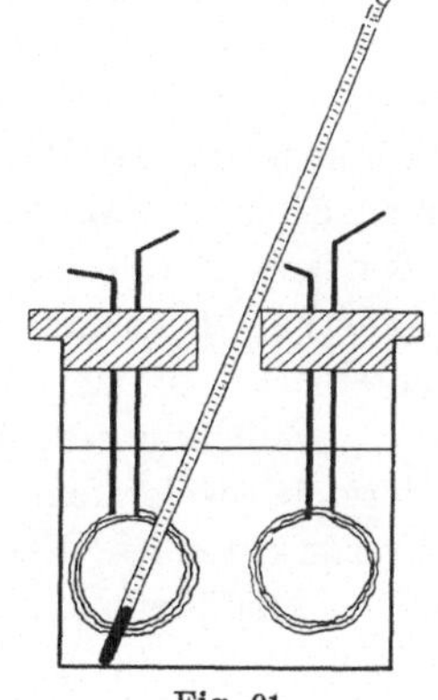

Fig. 91.

Manganindrahtspule von je ca. 1 Ohm Widerstand, Ölbad mit Thermometer, Dreifuß mit Asbestplatte, Bunsenbrenner.

Ausführung. Das Ölbad wird auf den Dreifuß mit Asbestplatte gesetzt und der Deckel, an dem die Drahtspulen befestigt sind, daraufgelegt; durch eine Bohrung im Deckel taucht man das Thermometer in das Bad. Der Dreifuß wird an die nach Aufg. 147 hergerichtete Brücke herangeschoben und nun verbindet man durch kurze, dicke Kabel die aus dem Deckel herausragenden Kupferstifte, an welche die Drahtspulen angelötet sind, mit den entsprechenden Klemmen der Brücke. Bei verschiedenen Temperaturen des Bades werden gleich hintereinander die Widerstände beider Drahtspulen gemessen, zunächst bei Zimmertemperatur; dann erwärmt man das Ölbad um ca. 20° und mißt wieder; in dieser Weise fährt man fort bis etwa 100°.

Die Resultate werden in folgender Weise angeschrieben:

Länge des Meßdrahtes = 50 cm.　Vergleichswiderstand = 1 Ohm.						
	Kupfer:			Manganin:		
Temperatur des Bades	Einstellung der Schneide a	Widerstand w	Zunahme von w pro Grad	Einstellung der Schneide a	Widerstand w	Zunahme von w pro Grad
16,3°	25,9 cm	1,075 Ohm	. . . . .	25,25	1,020	. . . . .
. . . . .	. . . . . .	. . . . . .		. . . . .	. . . . .	

151. Wie ändert sich der Widerstand eines Drahtes durch mechanische Einflüsse und Ausglühen.

Erklärung. Wird ein Draht, dessen Widerstand vorher bestimmt worden war, auf einen Dorn zur Spirale aufgespult, so ist sein Widerstand verändert; zieht man diese Spirale wieder auseinander, so ändert sich abermals der Widerstand. Ebenso findet eine Änderung des Widerstandes statt, wenn man den Draht in seiner ursprünglichen Form oder zur Spirale gewunden in einer Spiritusflamme ausglüht. Diese Änderungen können nach der Brückenmethode von Aufg. 147 leicht untersucht werden.

Zubehör. Meßbrücke, Gülchersche Thermobatterie, Galvanoskop, Vergleichswiderstand (0,2 Ohm), Verbindungsdrähte, harter Messingdraht, Klemmschrauben, Eisenstift, Spirituslampe.

Ausführung. Ein meterlanges Stück von Messingdraht wird mit seinen Enden in die Schlitze zweier Klemmen eingeschraubt und bleibt während der folgenden Vornahmen unverändert in diesen Fassungen. Zwei Kupferstifte an den Klemmen vermitteln die Verbindung mit der Brücke.

Soll der Draht spiralig gewunden werden, so wird in der Bohrung der einen Klemme ein Stahldraht von etwa 3 mm Dicke und 10 cm Länge festgeschraubt, die andere Klemme im Schraubstock befestigt und nun mit der ersten als Kurbel der Stahldraht um seine Achse gedreht, so daß sich der Messingdraht in dichten Windungen aufwickelt; nachträglich wird die Spirale, wenn nötig, so weit ausgezogen, daß sich die Windungen nicht berühren.

Über die Messung selbst ist nichts zu sagen. Es können beispielsweise folgende Widerstandsbestimmungen vorgenommen werden:

1. roh — zur Spirale gewunden — ausgezogen.

2. roh — zur Spirale gewunden — geglüht.

3. roh — geglüht — zur Spirale gewunden — ausgezogen usw.

152. Die Abhängigkeit des Leitungswiderstands einer Flüssigkeit von der Länge zu untersuchen.

Erklärung. Nach dem in Aufg. 147 bei Drähten angewendeten Verfahren können Flüssigkeiten nur zwischen unpolarisierbaren Elektroden untersucht werden, z. B. Kupfervitriollösung zwischen Kupferelektroden.

Zubehör. Meßbrücke, Gülchersche Thermobatterie, Galvanoskop, Vergleichswiderstände (100, 200, 300 Ohm), Verbindungsdrähte, Meßröhre mit verschiebbaren Kupferelektroden, Kupfervitriollösung.

Ausführung. Wie bei Aufg. 147.

153. Einfluß der Temperatur auf den Widerstand einer Kupfervitriollösung zu untersuchen.

Erklärung. Dieselbe Untersuchung, die in Aufg. 150 an Drähten vorgenommen wurde, kann in ganz gleicher Weise für eine Flüssigkeitssäule durchgeführt werden.

Zubehör. Meßbrücke, Gülchersche Thermobatterie, Galvanoskop, Vergleichswiderstände (100, 200 Ohm), Verbindungsdrähte, U-Röhre mit Kupferelektroden, Kupfervitriollösung, Wasserbad, Dreifuß und Gasbrenner, Koordinatenpapier (1 mm).

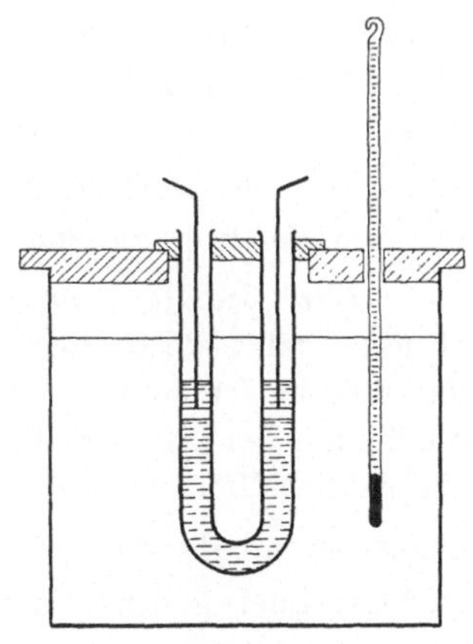

Fig. 92.

Ausführung. Wie bei Aufg. 150. Die Resultate werden graphisch auf Koordinatenpapier dargestellt: die Temperaturen als Abszissen ($1^0 = 1$ mm), die Widerstände als Ordinaten (2 Ohm = 1 mm).

154. Wie hängt der spezifische Widerstand einer Kupfervitriollösung von der Konzentration ab.

Erklärung. Unter dem spezifischen Widerstand σ einer Flüssigkeit versteht man den Widerstand eines Zentimeter-Würfels oder wegen $w = \sigma \cdot \dfrac{l}{q}$ den Widerstand einer Flüssigkeitssäule, deren Länge l in Zentimetern numerisch gleich ihrem Querschnitt q in Quadratzentimetern ist. Will man also den spezifischen Widerstand einer größeren Anzahl von Lösungen bestimmen, so ist es am einfachsten, hierzu eine überall gleichweite zylindrische Röhre zu nehmen und den Elektrodenabstand, gemessen in Zentimetern, gleich ihrem Querschnitt in Quadratzentimetern zu machen.

Demnach muß zuerst der Querschnitt des Meßzylinders bestimmt werden; das geschieht durch Auswiegen einer gemessenen Länge mit Wasser. Darauf werden die zu bestimmenden Lösungen in der Weise hergestellt, wie dies in Aufg. 12 beschrieben wurde. Geeignet sind 2, 4, 6, 8, 10, 20 % Lösungen. Zuletzt werden die Widerstände nach Aufg. 153 bestimmt.

Zubehör. Meßbrücke, Gülchersche Thermobatterie, Galvanoskop, Vergleichswiderstände (40, 70, 100 Ohm), Verbindungsdrähte, Widerstandsgefäß, Kupfervitriol, Wage und Gewichtsatz, Uhrglas, Becherglas für 200 g, Tarierschrot, Meßzylinder von 100 ccm, Tropfenzähler, Hornlöffel, Pinzette, 6 Stück 100 g-Gläschen mit Etiketten, destilliertes Wasser, Koordinatenpapier (1 mm).

Ausführung. Um den Querschnitt des Widerstandsgefäßes zu bestimmen, bringt man dasselbe auf die Wage und tariert es mit Schrot; dann füllt man eine Wassersäule von L cm Länge ein und bestimmt ihr Gewicht P g, alsdann ist $\dfrac{P}{L}$ der Querschnitt in Quadratzentimetern.

Über die Herstellung der Lösungen ist nichts weiter zu sagen; ebenso erfolgt die Bestimmung des Widerstandes durchaus in der Weise, wie dies in den letzten Aufgaben gezeigt worden ist; nimmt man dabei die Länge der Flüssigkeitssäule willkürlich gleich l cm, so wird der spezifische Widerstand σ aus dem gemessenen Widerstand w nach der angegebenen Gleichung $\sigma = w \cdot \dfrac{q}{l}$ gefunden. Hat man aber den Elektrodenabstand gleich q genommen, so ist der gemessene Widerstand ohne weiteres das gesuchte σ.

Die Resultate werden folgendermaßen angeschrieben: 13 cm des Widerstandsgefäßes fassen 49,12 g Wasser; $q = \dfrac{49{,}12}{13} = 3{,}778$ qcm.

Länge des Meßdrahtes = 50 cm. Elektrodenabstand 5 cm.				
Proz. Gehalt der Lösung	Vergleichs-widerstand n	Einstellung der Schneide a	w	$\sigma = w \cdot \dfrac{q}{l}$
20 %	40 Ohm	23,30 cm	34,91 Ohm	26,38 Ohm
....	....	....	....	....

Auch eine graphische Darstellung ist zu empfehlen; man nimmt die Prozentgehalte als Abszissen ($1\,\% = 5$ mm), die spezifischen Widerstände als Ordinaten (1 Ohm $= 1$ mm).

155. Ein Galvanoskop mit Hilfe des Galvanometers zu graduieren und zu eichen.

Erklärung. Da das Galvanoskop und das geeichte Galvanometer im allgemeinen nicht die gleiche Empfindlichkeit haben, so ist es nicht angängig, die beiden Instrumente hintereinander in denselben Stromkreis zu schalten, vielmehr muß das empfindlichere Instrument, hier das Galvanoskop, in einen Nebenschluß des Hauptstromes gelegt werden, der durch das Galvanometer fließt.

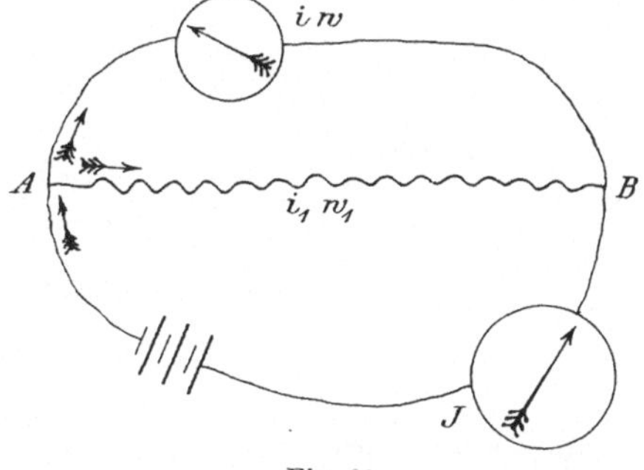

Fig. 93.

Der durch das Galvanometer fließende Hauptstrom J teilt sich in den Punkten A bezw. B in den Teil i, der durch das Galvanoskop fließt, und den Teil i_1, der durch den Widerstand w_1 fließt. Nach den KIRCHHOFFschen Regeln ist dann in A oder B

$$J = i + i_1$$

und ferner

$$i \cdot w = i_1 \cdot w_1,$$

weil in einer Verzweigung, die keine elektromotorische Kraft enthält, die Stromstärken sich umgekehrt wie die Widerstände verhalten. Eliminiert man aus diesen beiden Gleichungen i_1, so erhält man

$$i = J \cdot \frac{w_1}{w + w_1}.$$

Ist also beispielsweise der Widerstand w des Galvanoskops 24 Ohm und schaltet man dasselbe im Nebenschluß zu $w_1 = 12$ Ohm, so fließt durch das Galvanoskop der Strom $i = {}^{12}/_{36} \cdot J = {}^{1}/_{3} \cdot J$, d. h. ein Drittel des Stromes, der durch das Galvanometer fließt. Man wird also das Verhältnis der Widerstände leicht so regeln können, daß die Ausschläge beider Instrumente ungefähr gleich sind.

Ist das geschehen, so muß man zunächst den Widerstand des Hauptstromkreises so wählen, daß ein möglichst großer Ausschlag entsteht, und dann unter allmählicher Vergrößerung des eingeschalteten Widerstandes eine Reihe zusammengehöriger Ausschläge an verschiedenen Punkten der Skala bestimmen und zusammenstellen.

Zubehör. Galvanometer, Galvanoskop, Akkumulator, Wheatstones Brücke, Kommutator, Verzweigungskasten, Widerstandskasten, Satz von Einzelnwiderständen, Verbindungsdrähte, Koordinatenpapier (1 mm).

Ausführung. Zunächst muß der Widerstand w des Galvanoskopes so genau wie möglich mit Hilfe der Wheatstoneschen Brücke bestimmt

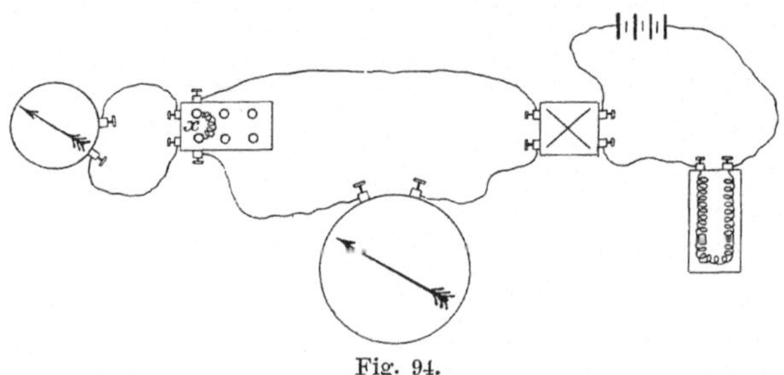

Fig. 94.

werden (Aufg. 147). Dann stellt man nach Fig. 94 den Stromkreis zusammen: zuerst den Akkumulator, Widerstandskasten und Kommutator, dann Galvanometer und Verzweigungskasten und im Nebenschluß an letzterem das Galvanoskop; am Widerstandskasten wird so viel Widerstand ausgestöpselt, daß der Galvanometerausschlag beim Stromschluß etwa 70^0 beträgt.

Nun legt man in den Nebenschluß bei x probeweise einen Widerstand, der ungefähr gleich w ist, so daß $^1/_2 J$ durch das Galvanoskop fließt, und schließt am Kommutator den Strom. Ist der Galvanoskopausschlag immer noch größer als der am Galvanometer, so wird der Nebenschluß bei x so lange verkleinert, bis die Ausschläge ungefähr gleich sind; alsdann wird die Verhältniszahl $\dfrac{w_1}{w + w_1}$ ausgerechnet.

Nun werden die beiden Ausschläge bestimmt und notiert, jeder als Mittel von vier Ablesungen, der Widerstand im Hauptstromkreis vergrößert, die neuen Ausschläge wieder bestimmt und in dieser Weise bis herab zu etwa 10^0 in größeren oder kleineren Intervallen fortgefahren.

Die Resultate werden tabellarisch in folgender Weise zusammengestellt:

Galvanometer-Konstante $C = 0,004\,14$.		Verzweig.-Verhältnis $\left.\right\rbrace \dfrac{12,19}{23,43 + 12,19}$.	
Galvanometer-Ausschlag α	Stromstärke im Hauptstrom $J = C \cdot \mathrm{tg}\,\alpha$	Stromstärke im Nebenschluß $i = 0,342 \cdot J$	Galvanoskop-Ausschlag β
$71,7^0$	0,0125 Amp.	0,004 29 Amp.	$64,8^0$

Alsdann fertigt man eine graphische Darstellung an, die Ausschläge am Galvanoskop als Abzissen ($1^0 = 2$ mm), die Stromstärken als Ordinaten (1 Milliampere $= 50$ mm). Aus dieser Eichungskurve kann man jederzeit die Stromstärke aus dem beobachteten Ausschlag ablesen.

156. Prüfung der Voltaschen Spannungsreihe.

Erklärung. Um die Spannungsreihe einer Anzahl Metalle zu untersuchen, ist es notwendig, die elektromotorischen Kräfte der verschiedenen Kombinationen je zweier dieser Metalle beim Eintauchen in einen gemeinsamen Elektrolyt zu messen. Damit dieser Elektrolyt nicht durch die eingetauchten Metalle reduziert wird, nimmt man eine Salzlösung des elektropositivsten, d. h. oxydierbarsten Metalles, also etwa Magnesiumsulfat. Um außerdem die Polarisation zu vermeiden, umgibt man bei jeder Kombination das elektronegative, d. h. weniger oxydierbare Metall mit einigen Kristallen seines Sulfates.

Die Messung der Potentialdifferenz kann am einfachsten mit einem Voltmeter sehr großen Widerstandes geschehen.

Zubehör. Elementenglas von H-Form auf Fuß, Elektroden (Mg, Zn, Cd, Cu, Ag), Voltmeter, Kristalle von Zink-, Kadmium-, Kupfer- und Silbersulfat, Magnesiumsulfatlösung, Smirgelleinen, Leitungsdrähte.

Ausführung. Es mag zuvor bemerkt werden, daß die größte Reinlichkeit Bedingung für gutes Gelingen der Versuche ist.

Das Glasgefäß wird zunächst sorgfältig mit Wasser ausgespült, mit Magnesiumsulfatlösung bis über die Querröhre gefüllt und auf den Fuß gesetzt; die Elektroden, z. B. Magnesium und Zink, werden abgesmirgelt, mit Wasser sauber abgespült und mittels der Korkstopfen in den Schenkeln des Gefäßes befestigt, das weniger oxydierbare Metall, hier das Zink, in den Schenkel mit Seitenrohr. Durch das Seitenrohr werden einige Kristalle von Zinkvitriol zur Zinkelektrode gebracht und nun die Elektroden mit dem Voltmeter verbunden.

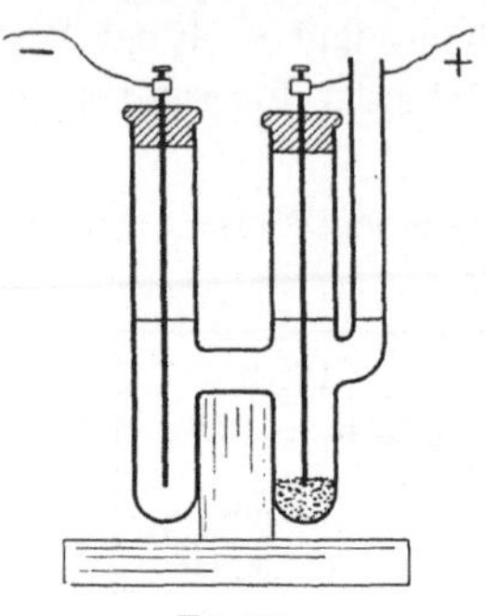

Fig. 95.

Ist die elektromotorische Kraft bestimmt, so wird der Elektrolyt weggegossen, alles gut abgespült und die nächste Kombination zusammengestellt.

Die Resultate können in folgender Weise angeschrieben werden:

Kombination	Elektr. Kraft beobachtet	Elektromot. Kraft berechnet
$Mg - Zn$	0,66	
$Mg - Cd$		
$Mg - Cu$	1,73	$\Big\}$ 1,07
$Mg - Ag$		
$Zn - Cd$		
$Zn - Cu$	1,08	
$Zn - Ag$		
$Cd - Cu$		
$Cd - Ag$		
$Cu - Ag$		

1. Dichtigkeit einiger Stoffe.

Aluminium . . .	2,7	Kalkspat . . .	2,7	Silber . . .	10,5
Blei	11,3	Kupferdraht . .	8,7	Wachs . . .	0,96
Eisendraht . . .	7,8	Messingdraht . .	8,4	Zink. . . .	7,1
Stahldraht . . .	7,7	Neusilberdraht .	8,5	Zinn. . . .	7,3
Glas	2,5	Nickel	8,8	Äther . . .	0,72
Gold	19,2	Paraffin	0,88	Alkohol . .	0,79
Holz, Buche. . .	0,7	Platin	21,4	Petroleum . .	0,80
Holz, Tanne. . .	0,5	Quarz	2,6	Quecksilber .	13,55
Kork	0,2	Schwefel . . .	2,0	Luft (0°, 760 mm)	0,00129

2. Volumen R_4 eines Glasgefäßes bei 4°, das bei t^0 1 g Wasser faßt (nach Leß).

t^0	R_4 ccm	t	R_4	t	R_4	t	R_4
9°	1,001 16	13°	1,001 45	17°	1,001 93	21°	1,002 60
10°	1,001 21	14°	1,001 55	18°	1,002 08	22°	1,002 79
11°	1,001 28	15°	1,001 66	19°	1,002 24	23°	1,002 99
12°	1,001 36	16°	1,001 79	20°	1,002 41	24°	1,003 21

3. Volumen R eines Glasgefäßes bei t^0, das bei 0° 1 g faßt.

t	R ccm	t	R	t	R	t	R
0	1,000 00	26	1,000 65	52	1,001 30	78	1,001 95
2	1,000 05	28	1,000 70	54	1,001 35	80	1,002 00
4	1,000 10	30	1,000 75	56	1,001 40	82	1,002 05
6	1,000 15	32	1,000 80	58	1,001 45	84	1,002 10
8	1,000 20	34	1,000 85	60	1,001 50	86	1,002 15
10	1,000 25	36	1,000 90	62	1,001 55	88	1,002 20
12	1,000 30	38	1,000 95	64	1,001 60	90	1,002 25
14	1,000 35	40	1,001 00	66	1,001 65	92	1,002 30
16	1,000 40	42	1,001 05	68	1,001 70	94	1,002 35
18	1,000 45	44	1,001 10	70	1,001 75	96	1,002 40
20	1,000 50	46	1,001 15	72	1,001 80	98	1,002 45
22	1,000 55	48	1,001 20	74	1,001 85	100	1,002 50
24	1,000 60	50	1,001 25	76	1,001 90		

4. Siedetemperatur t des Wassers beim Barometerstand b.

b	t	b	t	b	t	b	t
730	98,88	740	99,26	750	99,63	760	100,00
731	98,92	741	99,30	751	99,67	761	100,04
732	98,96	742	99,33	752	99,70	762	100,07
733	98,99	743	99,37	753	99,74	763	100,11
734	99,03	744	99,41	754	99,78	764	100,15
735	99,07	745	99,45	755	99,82	765	100,18
736	99,11	746	99,48	756	99,85	766	100,22
737	99,15	747	99,52	757	99,89	767	100,26
738	99,18	748	99,56	758	99,93	768	100,29
739	99,22	749	99,59	759	99,96	769	100,33

5. Ein Kubikmeter Luft enthält bei t^0 gesättigten Wasserdampf:

t	Gramm Wasserdampf	t	Gramm Wasserdampf	t	Gramm Wasserdampf	t	Gramm Wasserdampf
— 6	3,0	2	5,6	10	9,4	18	15,4
— 5	3,3	3	6,0	11	10,0	19	16,3
— 4	3,6	4	6,4	12	10,7	20	17,3
— 3	3,9	5	6,8	13	11,4	21	18,3
— 2	4,2	6	7,3	14	12,1	22	19,4
— 1	4,5	7	7,8	15	12,8	23	20,6
0	4,9	8	8,2	16	13,7	24	21,8
1	5,2	9	8,8	17	14,5	25	23,1

6. Werte von $a : (50 - a)$ für die Brücke.

a	0	1	2	3	4	5	6	7	8	9	a
11	0,2821	2853	2887	2920	2953	2987	3021	3055	3089	3123	11
12	0,3158	3193	3227	3263	3298	3333	3369	3405	3441	3477	12
13	0,3514	3550	3587	3624	3661	3699	3736	3774	3812	3850	13
14	0,3889	3928	3967	4006	4045	4084	4124	4164	4205	4245	14
15	0,4286	4327	4368	4409	4451	4493	4535	4577	4620	4663	15
16	0,4706	4749	4793	4837	4881	4925	4970	5015	5060	5106	16
17	0,5152	5198	5244	5290	5337	5385	5432	5480	5528	5576	17
18	0,5625	5674	5723	5773	5823	5873	5924	5974	6026	6077	18
19	0,6129	6181	6234	6287	6340	6393	6447	6502	6556	6611	19
20	0,6667	6722	6778	6835	6892	6949	7007	7065	7123	7182	20
21	0,7241	7300	7361	7422	7482	7544	7606	7668	7731	7793	21
22	0,7857	7921	7986	8050	8116	8182	8248	8315	8382	8450	22
23	0,8519	8587	8657	8727	8797	8868	8939	9011	9084	9157	23
24	0,9231	9305	9380	9455	9531	9608	9685	9762	9841	9920	24
25	1,0000	1,008	1,016	1,024	1,032	1,041	1,049	1,058	1,066	1,075	25
26	1,0833	1,092	1,101	1,110	1,119	1,128	1,137	1,146	1,155	1,165	26
27	1,1739	1,183	1,193	1,203	1,212	1,222	1,232	1,242	1,252	1,262	27
28	1,2727	1,283	1,294	1,304	1,315	1,326	1,336	1,347	1,359	1,370	28
29	1,3810	1,392	1,404	1,415	1,427	1,439	1,451	1,463	1,475	1,488	29
30	1,5000	1,513	1,525	1,538	1,551	1,564	1,577	1,591	1,604	1,618	30
31	1,6316	1,646	1,659	1,674	1,688	1,703	1,717	1,732	1,747	1,762	31
32	1,7777	1,793	1,809	1,825	1,841	1,857	1,874	1,890	1,907	1,924	32
33	1,9412	1,959	1,976	1,994	2,012	2,030	2,049	2,067	2,086	2,106	33
34	2,1250	2,145	2,165	2,185	2,205	2,226	2,247	2,268	2,289	2,311	34
35	2,3333	2,356	2,378	2,401	2,425	2,448	2,472	2,496	2,521	2,546	35
36	2,5714	2,597	2,623	2,650	2,676	2,704	2,731	2,759	2,788	2,817	36
37	2,8461	2,876	2,906	2,937	2,968	3,000	3,032	3,065	3,098	3,132	37
38	2,1666	3,202	3,237	3,273	3,310	3,348	3,386	3,425	3,464	3,505	38
39	3,5455	3,587	3,630	3,673	3,717	3,762	3,808	3,854	3,902	3,950	39
40	4,0000	4,050	4,102	4,155	4,208	4,263	4,319	4,376	4,435	4,495	40

7. Knallgasmenge in Kubikzentimeter, die ein Strom von 1 Amp. sekundlich bei t^0 und p mm $= (b \pm \frac{1}{12} h)$ mm Druck entwickelt.

t^0	700 mm	705	710	715	720	725	730	735	740	745	750	755	t^0
10	0,1982	0,1967	0,1953	0,1940	0,1927	0,1913	0,1899	0,1886	0,1872	0,1860	0,1848	0,1836	10
11	0,1991	0,1976	0,1961	0,1948	0,1935	0,1921	0,1907	0,1894	0,1880	0,1868	0,1856	0,1844	11
12	0,2000	0,1984	0,1969	0,1956	0,1943	0,1929	0,1915	0,1902	0,1889	0,1877	0,1864	0,1852	12
13	0,2008	0,1993	0,1978	0,1965	0,1951	0,1938	0,1924	0,1911	0,1898	0,1885	0,1872	0,1860	13
14	0,2017	0,2002	0,1987	0,1974	0,1960	0,1947	0,1933	0,1920	0,1907	0,1894	0,1880	0,1868	14
15	0,2026	0,2011	0,1996	0,1983	0,1969	0,1956	0,1942	0,1929	0,1916	0,1903	0,1889	0,1877	15
16	0,2035	0,2020	0,2005	0,1992	0,1978	0,1964	0,1950	0,1937	0,1924	0,1911	0,1897	0,1885	16
17	0,2044	0,2029	0,2014	0,2001	0,1987	0,1973	0,1959	0,1946	0,1932	0,1919	0,1905	0,1893	17
18	0,2053	0,2038	0,2023	0,2010	0,1996	0,1982	0,1968	0,1955	0,1941	0,1928	0,1914	0,1902	18
19	0,2063	0,2048	0,2033	0,2019	0,2005	0,1991	0,1977	0,1964	0,1950	0,1937	0,1923	0,1911	19
20	0,2073	0,2058	0,2043	0,2029	0,2014	0,2000	0,1986	0,1973	0,1959	0,1946	0,1932	0,1920	20
21	0,2083	0,2068	0,2053	0,2039	0,2024	0,2010	0,1995	0,1982	0,1968	0,1955	0,1941	0,1929	21
22	0,2093	0,2078	0,2063	0,2049	0,2034	0,2019	0,2004	0,1992	0,1977	0,1964	0,1951	0,1938	22
23	0,2103	0,2088	0,2073	0,2059	0,2044	0,2029	0,2014	0,2001	0,1987	0,1974	0,1961	0,1948	23
24	0,2113	0,2098	0,2083	0,2069	0,2054	0,2039	0,2024	0,2011	0,1997	0,1984	0,1971	0,1958	24
25	0,2123	0,2108	0,2094	0,2079	0,2064	0,2049	0,2034	0,2021	0,2007	0,1994	0,1981	0,1968	25

8. Reziproke der Zahlen von 10 bis 100.

n	0	1	2	3	4	5	6	7	8	9	n
10	0,100 00	9901	9804	9709	9615	9524	9434	9346	9259	9174	10
11	0,090 91	9009	8928	8849	8772	8696	8621	8547	8475	8403	11
12	0,083 33	8264	8197	8130	8064	8000	7936	7874	7812	7752	12
13	0,076 92	7633	7576	7519	7463	7407	7353	7299	7246	7194	13
14	0,071 43	7092	7042	6993	6944	6897	6850	6803	6757	6711	14
15	0,066 67	6623	6579	6536	6493	6452	6410	6369	6329	6289	15
16	0,062 50	6211	6173	6135	6098	6061	6024	5988	5952	5917	16
17	0,058 82	5848	5814	5780	5747	5714	5682	5650	5618	5587	17
18	0,055 56	5525	5494	5464	5435	5405	5376	5347	5319	5291	18
19	0,052 63	5236	5208	5181	5155	5128	5102	5076	5050	5025	19
20	0,050 00	4975	4950	4926	4902	4878	4854	4831	4808	4785	20
21	0,047 62	4739	4717	4695	4673	4651	4630	4608	4587	4566	21
22	0,045 45	4525	4504	4484	4464	4444	4425	4405	4386	4367	22
23	0,043 48	4329	4310	4292	4273	4255	4237	4219	4202	4184	23
24	0,041 67	4149	4132	4115	4098	4082	4065	4049	4032	4016	24
25	0,040 00	3984	3968	3953	3937	3922	3906	3891	3876	3861	25
26	0,038 46	3831	3817	3802	3788	3774	3759	3745	3731	3717	26
27	0,037 04	3690	3676	3663	3650	3636	3623	3610	3597	3584	27
28	0,035 71	3559	3546	3534	3521	3509	3497	3484	3472	3460	28
29	0,034 48	3436	3425	3413	3401	3390	3378	3367	3356	3344	29
30	0,033 33	3322	3311	3300	3289	3279	3268	3257	3247	3236	30
31	0,032 26	3215	3205	3195	3185	3175	3165	3155	3145	3135	31
32	0,031 25	3115	3106	3096	3086	3077	3067	3058	3049	3040	32
33	0,030 30	3021	3012	3003	2994	2985	2976	2967	2959	2950	33
34	0,029 41	2933	2924	2916	2907	2899	2890	2882	2874	2865	34
35	0,028 57	2849	2841	2833	2825	2817	2809	2801	2793	2786	35
36	0,027 78	2770	2762	2755	2747	2740	2732	2725	2717	2710	36
37	0,027 02	2695	2638	2681	2674	2667	2660	2653	2646	2639	37
38	0,026 32	2625	2618	2611	2604	2597	2591	2584	2577	2571	38
39	0,025 64	2558	2551	2545	2538	2532	2525	2519	2513	2506	39

Noch: 8. Reziproke der Zahlen von 10 bis 100.

n	0	1	2	3	4	5	6	7	8	9	n
40	0,025 00	2494	2488	2481	2475	2469	2463	2457	2451	2445	40
41	0,024 39	2433	2427	2421	2415	2410	2404	2398	2392	2386	41
42	0,023 81	2375	2370	2364	2358	2353	2347	2342	2336	2331	42
43	0,023 26	2320	2315	2309	2304	2299	2294	2288	2283	2278	43
44	0,022 73	2268	2262	2257	2252	2247	2242	2237	2232	2227	44
45	0,022 22	2217	2212	2207	2203	2198	2193	2188	2183	2179	45
46	0,021 74	2169	2165	2160	2155	2151	2146	2141	2137	2132	46
47	0,021 28	2123	2119	2114	2110	2105	2101	2096	2092	2088	47
48	0,020 83	2079	2075	2070	2066	2062	2058	2053	2049	2045	48
49	0,020 41	2037	2033	2028	2024	2020	2016	2012	2008	2004	49
50	0,020 00	1996	1992	1988	1984	1980	1976	1972	1969	1965	50
51	0,019 61	1957	1953	1948	1946	1942	1938	1934	1931	1927	51
52	0,019 23	1919	1916	1912	1908	1905	1901	1898	1894	1890	52
53	0,018 87	1883	1880	1876	1873	1869	1866	1862	1859	1855	53
54	0,018 52	1848	1845	1842	1838	1835	1832	1828	1825	1821	54
55	0,018 18	1815	1812	1808	1805	1802	1799	1795	1792	1789	55
56	0,017 86	1783	1779	1776	1773	1770	1767	1764	1761	1757	56
57	0,017 54	1751	1748	1745	1742	1739	1736	1733	1730	1727	57
58	0,017 24	1721	1718	1715	1712	1709	1706	1704	1701	1698	58
59	0,016 95	1692	1689	1686	1684	1681	1678	1675	1672	1669	59
60	0,016 67	1664	1661	1658	1656	1653	1650	1647	1645	1642	60
61	0,016 39	1637	1634	1631	1629	1626	1623	1621	1618	1616	61
62	0,016 13	1610	1608	1605	1603	1600	1597	1595	1592	1590	62
63	0,015 87	1585	1582	1580	1577	1575	1572	1570	1567	1565	63
64	0,015 62	1560	1558	1555	1553	1550	1548	1546	1543	1541	64
65	0,015 38	1536	1533	1531	1529	1527	1524	1522	1520	1517	65
66	0,015 15	1513	1511	1508	1506	1504	1501	1499	1497	1495	66
67	0,014 93	1490	1488	1486	1484	1481	1479	1477	1475	1473	67
68	0,014 71	1468	1466	1464	1462	1460	1458	1456	1453	1451	68
69	0,014 49	1447	1445	1443	1441	1439	1437	1435	1433	1431	69

Noch: 8. Reziproke der Zahlen von 10 bis 100.

n	0	1	2	3	4	5	6	7	8	9	n
70	0,014 29	1427	1425	1422	1420	1418	1416	1414	1412	1410	70
71	0,014 08	1406	1404	1403	1401	1399	1397	1395	1393	1391	71
72	0,013 89	1387	1385	1383	1381	1379	1377	1376	1374	1372	72
73	0,013 70	1368	1366	1364	1362	1361	1359	1357	1355	1353	73
74	0,013 51	1350	1348	1346	1344	1342	1340	1339	1337	1335	74
75	0,013 33	1332	1330	1328	1326	1325	1323	1320	1319	1318	75
76	0,013 16	1314	1312	1311	1309	1307	1305	1304	1302	1300	76
77	0,012 99	1297	1295	1294	1292	1290	1289	1287	1285	1284	77
78	0,012 82	1280	1279	1277	1276	1274	1272	1271	1269	1267	78
79	0,012 66	1264	1263	1261	1259	1258	1256	1255	1253	1252	79
80	0,012 50	1248	1247	1245	1244	1242	1241	1239	1238	1236	80
81	0,012 35	1233	1232	1230	1229	1227	1225	1224	1222	1221	81
82	0,012 20	1218	1217	1215	1214	1212	1211	1209	1208	1206	82
83	0,012 05	1203	1202	1200	1199	1198	1196	1195	1193	1192	83
84	0,011 90	1189	1188	1186	1185	1183	1182	1181	1179	1178	84
85	0,011 76	1175	1174	1172	1171	1170	1168	1167	1166	1164	85
86	0,011 63	1161	1160	1159	1157	1156	1155	1153	1152	1151	86
87	0,011 49	1148	1147	1145	1144	1143	1142	1140	1139	1138	87
88	0,011 36	1135	1134	1133	1131	1130	1129	1127	1126	1125	88
89	0,011 24	1122	1121	1120	1119	1117	1116	1115	1114	1112	89
90	0,011 11	1110	1109	1107	1106	1105	1104	1102	1101	1100	90
91	0,010 99	1098	1096	1095	1094	1093	1092	1090	1089	1088	91
92	0,010 87	1086	1085	1083	1082	1081	1080	1079	1078	1076	92
93	0,010 75	1074	1073	1072	1071	1070	1068	1067	1066	1065	93
94	0,010 64	1063	1062	1060	1059	1058	1057	1056	1055	1054	94
95	0,010 53	1052	1050	1049	1048	1047	1046	1045	1044	1043	95
96	0,010 42	1041	1040	1038	1037	1036	1035	1034	1033	1032	96
97	0,010 31	1030	1029	1028	1027	1026	1025	1024	1022	1021	97
98	0,010 20	1019	1018	1017	1016	1015	1014	1013	1012	1011	98
99	0,010 10	1009	1008	1007	1006	1005	1004	1003	1002	1001	99